“十三五”国家重点出版物出版规划项目
现代机械工程系列精品教材
普通高等教育“十一五”国家级规划教材

控制工程基础

第4版

主　编　孔祥东　姚成玉
参　编　艾　超　李建雄　王跃灵
　　　　方一鸣　王洪斌
主　审　杨华勇　焦宗夏

机　械　工　业　出　版　社

本书由燕山大学液压专业与自动化专业合作编写，由华中科技大学李培根院士作序，并由浙江大学杨华勇院士和北京航空航天大学焦宗夏教授主审。

本书此次修订按照打造新工科精品教材的要求，以“培养新素养、形成新能力”为牵引重构课程边界，按教学实践积累总结和新工科要求重塑课程知识点，按与时俱进的时代特征要求提供多媒体教学内容，使内容更为优化，更切合时代需求。本书主要介绍控制工程中分析和综合线性定常系统的时域与频域的理论和方法，内容包括绪论、数学模型、时域分析、频域分析、综合与校正。

本书融入有针对性的例题，并精选习题，附有 MATLAB/Simulink 软件在控制工程中的应用实例、实践项目工程教学案例、控制系统的分析与综合以及习题参考答案。

本书配套有 PPT 教学课件（www.cmpedu.com）和微信公众教学资源（登录方法见封底勒口）。微信公众教学资源包括教学课件、习题详解、扩展阅读等内容，以便于学习与交流互动。

本书适于作泛机械类工科专业的教材，也可供有关科技人员参考。

图书在版编目（CIP）数据

控制工程基础/孔祥东，姚成玉主编. —4 版. —北京：机械工业出版社，2019.1（2024.11 重印）

“十三五”国家重点出版物出版规划项目　现代机械工程系列精品教材

普通高等教育“十一五”国家级规划教材

ISBN 978-7-111-60951-3

Ⅰ.①控…　Ⅱ.①孔… ②姚…　Ⅲ.①自动控制理论-高等学校-教材　Ⅳ.①TP13

中国版本图书馆 CIP 数据核字（2018）第 216964 号

机械工业出版社（北京市百万庄大街 22 号　邮政编码 100037）

策划编辑：刘小慧　责任编辑：刘小慧　徐鲁融　陈文龙　刘丽敏

责任校对：樊钟英　封面设计：张　静

责任印制：常天培

北京机工印刷厂有限公司印刷

2024 年 11 月第 4 版第 16 次印刷

184mm×260mm · 13.75 印张 · 323 千字

标准书号：ISBN 978-7-111-60951-3

定价：39.80 元

电话服务

客服电话：010-88361066

010-88379833

010-68326294

网络服务

机　工　官　网：www.cmpbook.com

机　工　官　博：weibo.com/cmp1952

金　书　网：www.golden-book.com

机工教育服务网：www.cmpedu.com

序 言

2017年2月，教育部发布了“新工科”计划。在“新工科”计划推进之际，孔祥东教授、姚成玉教授等即推出了基于创新教育新思想和新方法的力作——《控制工程基础》(第4版) 书稿，令人欣喜。

华中科技大学和燕山大学两校在液压专业等诸多学科有着广泛的学术交流。燕山大学作为河北省、教育部、工业与信息化部、国防科工局四方共建的全国重点大学，在与控制工程相关的流体传动与电液伺服控制技术、工业自动化控制理论与技术等研究领域具有国际先进水平。燕山大学是国内首批加入工程教育改革的高校之一。作为教育部选定的两所高校之一，燕山大学的工程教育专业认证接受了《华盛顿协议》国际专家的观摩考察，支撑了我国正式加入《华盛顿协议》，体现了其工程教育实力。本书是在传承前3版教材基础上的再创新，契合了工程教育的改革方向。

课程和教材是专业知识结构和体系的基础。控制工程基础是为泛机械类工科专业开设的学科基础课，也是学科交叉课，是研究如何控制各种被控对象或系统使其动态和稳态性能达到期望性能的工程基础理论和技术。控制工程基础的重要性在于它的基础性，其大量的概念、方法、原理和理论，对于泛机械类工科专业的后续课程和控制工程的许多学科分支，都具有十分重要的作用。控制科学的应用和影响已经遍及国民经济的各个领域，大到航空航天、航海、高铁，小到家电、3C、网络通信，而贯穿其中的系统、动态、协调之思想和方法更丰富了方法论。在实际工程中，机电液技术被广泛应用，机器设备的运行离不开机械本体、电液传动与控制系统（类比于人之骨骼、肌肉与神经系统)，这就需要泛机械类工科学生具备一定的机电液多学科的空间感乃至大工程观。本书的一大特色正是将自动控制技术与机电液系统相结合，研究工程系统自动控制问题的基础理论和技术。

燕山大学编写的《控制工程基础》教材，自第1版出版以来已近30年，已为多所高校采用并广受好评。这些教学实践，为提高和改善本书的质量，特别是使本书的安排和编写更加符合泛机械类工科学生的认识规律，处理好抽象性和直观性，以及数学方法和工程概念间的关系，提供了重要的帮助。以孔祥东教授为带头人的机电液一体化国家级教学团队，在轧机厚控系统、压机控制系统、电液比例与伺服控制系统等领域完成了多项国家、省部级重大课题和工程项目，其所形成的工程视角和学术思考，为教材的顶层设计和边界再设计提供了基础。本书以大学泛机械类工科为背景，系统且有重点地阐述了分析和综合线性定常系统的时域、频域理论和方法，并适应科技的发展，更新了教材知识内容，重构了课程知识体系。

本书体现了关联、启发教学设计的思想。如将梅逊公式并入“2.4 框图及其简化”一节中，删除了信号流图，使得框图等效变换与梅逊公式呈并列且递进关系，直接由框图使用梅逊公式，可以化繁为简，以问题为导向；同时，知识点之后留有启发思考和分析总结内容，并关联后续章节，如框图特征式全文协调、引申出特征方程等。又如在“3.5 稳定性及其劳斯稳定判据”一节中，注意稳定性定义与后续课程内容如李雅普诺夫稳定性的关联协调，通过判定系统的稳定性和开环稳定性，将概念模糊、学生疑问之处解析清楚。将劳斯表列写方法用图示化方法给出，并对两种特殊情况进行分析总结，内容编写以学生为视角，将启发、引申、关联穿插其中，简练而有特色，读之宛若师生互动。

本书第3版出版至今已有10年。10年间，以全球化、网络化为代表的一系列颠覆性技术的发展，使得教育、学习、信息共享的方式都发生了深刻的变化。今天，智能手机已广为普及，大学生可以随时利用智能手机上网。本书推出适应网络化与新媒体特征的教学课件、微信公众教学资源，用以同步辅助教学，与学生交互，切合智能手机时代的信息获取与学习特征，便于学生随时查询和学习课程内容，进行扩展阅读，反馈问题，使碎片知识、查询式学习成为正式学习的良好补充，这是本书所提供的与时俱进的创新教学模式。总之，本书的编写团队对于教材、教学内容及教学方法进行了诸多新的尝试，这是难能可贵的。

如何构建工科新的教材体系及新的教材，体现基础知识、工程知识与前沿知识的交融，并兼具凝炼固化与改进开放，且充分利用现代科技的多元、交互、易学、易传播的特点，这都有待工程教育工作者的探索与实践，甚至社会科技力量的参与和创新，正所谓“独行快，众行远”。本书的出版，对更新该门课程知识、改善教学教材现状将起到积极的作用。

工程改变世界，科技创造未来，工程教育决定着人类的今天，更关系到人类的未来。最后，希望学习和使用本书的同学们，在学习过程中不断超越，为成为创新型卓越的工程人才奠定基础；也希望使用本书的教师们为探索新的教学方法、重塑工程教育文化做出自己的贡献！

华中科技大学教授

第 4 版前言

本书第 3 版荣获中国机械工业科学技术奖三等奖。本书前 3 版分别于 1989 年、2000 年、2008 年出版，累计 30 余印次，深受高校师生与读者的好评、支持和肯定。本书自第 3 版出版以来，我们得到了兄弟院校师生反馈的许多宝贵建议。为打造精品教材，编者在教学一线与科研实践中不断思考和总结。适逢教育部推出以培养未来多元化、创新型卓越工程人才为目标的“新工科”计划，以适应新科技革命、新产业革命和新经济发展背景下对工程教育的新需求。为此，我们根据“新工科”计划并在教学实践积累总结的基础上，对本书进行了边界再界定和内容再修订。

本次修订的内容主要有以下几个方面:

(1) 按培养新素养、形成新能力的要求确定课程边界　控制工程基础是为泛机械类工科专业开设的学科基础课，也是学科交叉课，其大量的概念、方法和原理，对于泛机械类工科专业的后续课程和控制工程的许多学科分支，都具有十分重要的基础作用。基于此，本书设计总学时为 32~40 学时(授课 28~36 学时，实验 4 学时)，主要针对经典控制理论中的线性定常系统，阐明控制工程的模型、分析和综合三个基本问题。全书共分 5 章，内容包括绪论、数学模型、时域分析、频域分析、综合与校正。

(2) 按教学实践积累、总结和“新工科”要求重塑课程知识点　本书编写团队涵盖了机械、液压和自动化等专业的教师，具有丰富的教学与科研经验，在总结第 3 版以来的教学规律和经验，汲取兄弟院校教学实践中的建议和意见，尤其是在“新工科”对工程教育的改革方向和要求的基础上，对全书重新编排和调整，对各章内容进行更新和凝炼，对核心知识点进行凸显和关联，对例题和习题进行修改和精炼，新增课程“工程实践项目教学案例”和“控制系统的分析与综合工程实例”，并有 MATLAB/Simulink 软件在控制工程中的应用实例和习题参考答案。

(3) 按与时俱进的时代特征要求提供多媒体教学内容　为切合新媒体时代的信息获取与学习特征，本书配有 PPT 教学课件(请使用本书的老师到机械工业出版社教育服务网 www.cmpedu.com 下载)；同时，本书配套微信公众教学资源(有教学课件、习题详解、扩展阅读等内容，登录方法见封底勒口)，用于同步辅助教学，便于教学互动、各校互联、反馈改进，方便学生随时查询和学习课程内容，进行延伸关联阅读，使碎片式、查询式学习与正式学习相互补充，有利于进行大数据反馈分析并持续改进，提升教学与教材质量。

本书由燕山大学孔祥东教授、姚成玉教授担任主编。第1~2章、附录B由孔祥东教授和艾超副教授编写，第3章和附录A由姚成玉教授编写，第4章由王跃灵博士后和王洪斌教授编写，第5章及附录C由李建雄副教授和方一鸣教授编写。各章教学课件和习题详解由各章编者完成。全书由孔祥东、姚成玉统稿。研究生陈立娟、陈玉婷为本书部分内容的编写给予了帮助。

衷心感谢华中科技大学前校长、中国机械工程学会第十一届理事会理事长、教育部机械类教学指导委员会主任委员(2013~2017年)、中国工程院院士李培根教授为本书作序。

衷心感谢浙江大学机械工程学院院长、中国工程院院士杨华勇教授和北京航空航天大学自动化科学与电气工程学院院长、长江学者特聘教授焦宗夏担任本书主审。

本书是在前3版基础上进一步改进和更新完成的，这里向不再参与本次编写但具有历史性贡献的编者——东北重型机械学院/燕山大学王益群、李久彤、韩德才、高英杰、焦晓红、祁晓野、权凌霄和西安交通大学的阳含和、杨公仆、王馨等以及前3版的主审东北大学周士昌、西安交通大学史维祥、北京航空航天大学王占林、上海交通大学范崇托等表示崇高的敬意。

燕山大学焦晓红教授审阅了本书部分章节，东北大学段洪君、湖南师范大学金耀、武汉轻工大学严清华、北京信息科技大学陈秀梅、同济大学靳文瑞、湘潭大学张大兵、内蒙古工业大学孟瑞锋、河北科技大学陈继荣、河北科技师范学院陈春明等兄弟院校的任课教师，以及燕山大学李慧剑、刘爽、李峰磊、刘志新、贺有智、杨晟刚、罗小元、马锴、唐英干、詹志坤、赵新秋等教师提出了许多宝贵意见，在此一并表示衷心的感谢。

衷心感谢机械工业出版社责任编辑刘小慧老师多年来对本书第3、4版工作的支持和帮助。

为贯彻党的二十大精神，落实立德树人根本任务，加强教材建设，本书以二维码的形式引入“精神的追寻”“功勋科学家”“科普之窗”模块，树立学生的科技自立自强意识，熏陶科学家精神，助力培养德才兼备的高素质人才。

本书难免有漏误和不足，敬请读者批评指正。

联系方式：邮箱 control@ysu.edu.cn，电话 13930358822(QQ微信同号)。

编　者

第3版前言

本书在《控制工程基础》第2版(王益群、孔祥东主编，机械工业出版社，2000)的基础上重新修订编写，是普通高等教育"十一五"国家级规划教材。

本书在编写过程中结合编者近几年的教学改革经验、科研积累以及读者的反馈意见，并广泛参考了国内外同类教材和相关文献，从教学、考研及工程实用性需求等角度出发，力求做到使教材内容概念表达准确、知识结构调整合理、教学安排层次清晰，并进一步突出"控制工程基础"的主要特点。

本书主要介绍工程中广为应用的经典控制理论和现代控制理论中系统分析与综合的基本方法。全书共分十章：前六章属于经典控制理论中的线性定常连续控制系统问题，阐明了自动控制的三个基本问题，即模型、分析和控制；第七章和第八章分别为非线性系统及采样控制系统；第九章为现代控制理论基础；第十章为典型控制系统的分析与设计实例。

本书主要在以下几个方面进行了删改和补充：

(1) 调整知识构成体系　增加了在工程中经常应用的根轨迹法；增添了现代控制理论内容，如第九章"现代控制理论基础"；突出机电系统作为主要控制对象，适当增加了工程控制系统实际应用的例子，如第十章"典型控制系统的分析与设计实例"等；精简了部分章节的内容。

(2) 调整章节结构体系　在本书经典控制理论部分中，以时域分析、根轨迹法、频率分析为主线，将原来独立成章的"控制系统的稳定性分析"和"控制系统的误差分析和计算"进行拆分，融入上述主线中，使知识构成和结构体系更加合理，也便于学习和阅读。

(3) 调整增添例题、习题　对不够典型且已陈旧的例题和习题进行了删减，增加了与工程应用结合紧密、具有代表性的例题和习题。部分习题附有参考答案。

(4) 集中介绍软件应用　在附录"基于 MATLAB 的控制系统分析与设计"中作为专题来论述 MATLAB 和 Simulink 软件在控制工程中的应用，便于读者查阅。

使用本书讲授课程约需50学时，实验约需6学时。凡有"*"号的章节，属加深拓宽的内容，各学校可根据教学时数安排酌情讲授。

本书由燕山大学孔祥东教授、王益群教授主编。参加编写工作的有孔祥东教授(第一章、第二章)、高英杰教授(第三章、第五章)、姚成玉副教授(第四章、附录、习题及答案)、方一鸣教授(第六章、第七章、第八章)、王洪斌教授(第九章、第十章)。全书由孔祥东、王益群教授统稿，姚成玉副教授协助整理。研究生权凌霄、谷彦鹏、赵琳琳、李萍等为本书部分章节的文字和绘图工作给予了帮助。

本书由北京航空航天大学王占林教授、上海交通大学范崇托教授主审。燕山大学王跃灵、刘爽、魏立新副教授等提出了许多宝贵意见。在此一并表示衷心感谢。

由于编者水平所限，书中缺点和错误之处在所难免，欢迎读者批评指正。联系方式：control@ysu.edu.cn。

编　者

2007 年 5 月

第2版前言

根据全国高校机械工程教学指导委员会1998年武汉会议的决定，我们修订了这本适应教学计划40~50学时的“控制工程基础”教材。

本书是在原《控制工程基础》(王益群、阳含和主编，机械工业出版社，1989)统编教材的基础上，结合编者近些年教改实践和计算机技术的普及重新编写而成的。

本书以介绍工程上广为应用的经典控制论为主，以使读者能够学会信息处理和系统分析与综合的基本方法。在编写时，力求重点突出，使读者对经典控制论有较全面的了解。考虑到近些年计算机应用的推广和求解手段的进步，还简要介绍了计算机采样控制系统和控制系统计算机辅助分析的基本方法，以使读者建立起这方面的基本概念。

全书共分九章，包括绪论、数学模型、时域响应分析、频域响应分析、稳定性分析、误差分析、系统的综合与校正、非线性系统和计算机采样控制系统等。有“*”号的章节为加深拓宽的内容，可根据需要选讲。

本书在论述上力求做到概念准确、层次清晰、深入浅出、易教易学，适当结合机、电、液方面编入一些易于理解的例题和习题。本书适于作机械设计制造及其自动化、材料成型与控制工程专业及其他非电类专业的教材，也可供有关科技人员参考。

本书由燕山大学王益群教授、孔祥东教授主编。参加编写工作的有王益群(第一章)、孔祥东(第二章、第四章、第五章)、李久彤(第三章)、高英杰(第六章、附录)、焦晓红(第七章、第八章)、方一鸣(第九章)。

本书由西安交通大学史维祥教授主审。2000年4月在秦皇岛燕山大学召开了本书的审稿会，西安交通大学、北京航空航天大学、燕山大学和机械工业出版社的有关专家出席了会议并提出了许多宝贵意见，在此，对上述单位及有关专家表示衷心感谢。

由于编者水平有限，书中如有不当之处，恳请读者批评指正。

编　者

2000年5月

第 1 版前言

根据全国高等学校工科机电类 1986~1990 年教材编审、出版规划，全国流体传动及控制教材编审组于 1983 年 12 月和 1984 年 12 月先后两次在西安开会，起草并通过了本书的教学大纲。1986 年 10 月在南京召开的流体传动及控制专业教材编审组会议上，根据加强基础、增强适应性的精神，对本书的编写内容又做了进一步讨论。本书就是按照上述会议所通过的大纲，结合编者多年的教学实践编写而成的。

本书以介绍工程上广为应用的经典控制论为主，以期读者能够学会信息的处理和系统的分析和综合，为学习专业课程和进一步学习控制理论打下基础。鉴于频域法是经典控制论的核心，故在阐述上以频域法为主线展开，同时还介绍了瞬态分析法、根轨迹法、控制系统的非线性分析等，力求重点突出，使读者对经典控制论有较全面的了解。考虑时延环节在工程上广泛存在，故设置了一章介绍时延控制系统分析。又因多数院校在大学本科教学中未单独设置现代控制理论课程，故又设置了现代控制理论概述一章。书中凡有“*”号的章节，属加深拓宽的内容，各校可视具体情况进行适当增减。

本书在论述上力求做到概念准确、层次清晰、深入浅出、精讲多练，适当结合机、电、液方面编入一些易于理解的例题和一定数量的习题，以加深对基本概念的理解。本书适于作流体传动及控制专业及其他机械类专业的教材，也可供有关科技人员参考。

本书由东北重型机械学院(秦皇岛分校)王益群教授和西安交通大学阳含和教授主编。阳含和教授生前对本书的编写大纲提出过精辟、有益的见解。参加编写工作的有东北重型机械学院(秦皇岛分校)王益群(第三章、第四章、第八章、附录)、李久彤(第五章、第六章)、韩德才(第九章、第十章、第十一章)、西安交通大学杨公仆(第一章、第七章)、王馨(第二章)。

本书由东北工学院周士昌教授主审。1988 年 8 月在秦皇岛燕山大学(东北重型机械学院分校)召开了审稿会，东北工学院、北京理工大学、太原工业大学、甘肃工业大学、沈阳工业大学的代表参加了会议并提出许多宝贵意见。燕山大学徐征明教授审阅了本书的部分章节，编者和宋维公教授进行过讨论，祈晓野同志在计算机应用方面给予了积极的帮助。在此，对上述单位及有关人员一并表示衷心感谢。

由于编者水平有限，书中缺点和错误在所难免，恳请广大读者批评指教。

编　者

1988 年 10 月

目录

第1章 绪论

1.1 概述

控制论(Cybernetics)是研究生物、机器等各种系统控制和调节规律的科学，是由信息论的先驱、控制论的奠基人维纳(Wiener)提出的。控制论不仅是一门极为重要的科学，而且也是一门卓越的方法论，横跨基础科学、技术科学和社会科学等学科，具有普遍适用于各门科学和各个领域的思想和方法。将控制论推广到工程技术领域，产生了工程控制论；将控制论推广到生物系统、经济运行及社会治理等领域，产生了生物控制论、经济控制论、社会控制论等。

工程控制论是研究机器设备和工程系统自动控制问题的技术科学。控制论、工程控制论是在早期自动控制理论的基础上发展起来的。工程控制论通常也被理解为自动控制理论(Automatic Control Theory)，而自动控制理论通常简称为控制理论。所谓自动控制，就是在没有人直接参与的情况下，采用控制装置使被控对象(如机器设备的运行或生产过程的进行)的某些物理量(如力、位移、速度、温度、电压、电流、压力、流量等)在既定精度范围内按照给定的规律变化。自动控制是人类在认识世界和劳动创造过程中发展起来的。有了自动控制，人类可以从笨重、重复性的劳动中解放出来，从事更富创造性的工作。自动控制技术广泛应用于工业、农业、国防等领域和智能家居、网络通信、无人驾驶汽车、航空航天等产品中，人类生活已一时一刻也离不开它。自动控制技术是当代发展迅速、引人瞩目的高新技术之一，是推动新技术革命和新产业革命的关键核心技术。

精神的追寻
载人航天精神

控制工程基础(Fundamentals of Control Engineering)，也称控制理论基础，主要阐述的是工程控制论的基础理论。在实际工程中，机械、电气、液压和自动控制技术被广泛应用。机器设备的服役运行类似人体机能的运转，离不开机械本体(类似骨骼)、机械电气流体传动(类似肌肉)与控制系统(类似神经系统)，这就需要研究机器设备和工程系统自动控制的基础理论(即控制理论基础)。

控制理论的诞生源于解决工程问题的需要，实际生产需求和工业进步促进了控制理论的发展，而控制理论的发展反过来又推动了工业的进步。控制理论的发展与工业的进步互为促进，经历了四个历史阶段，如图 1-1 所示。

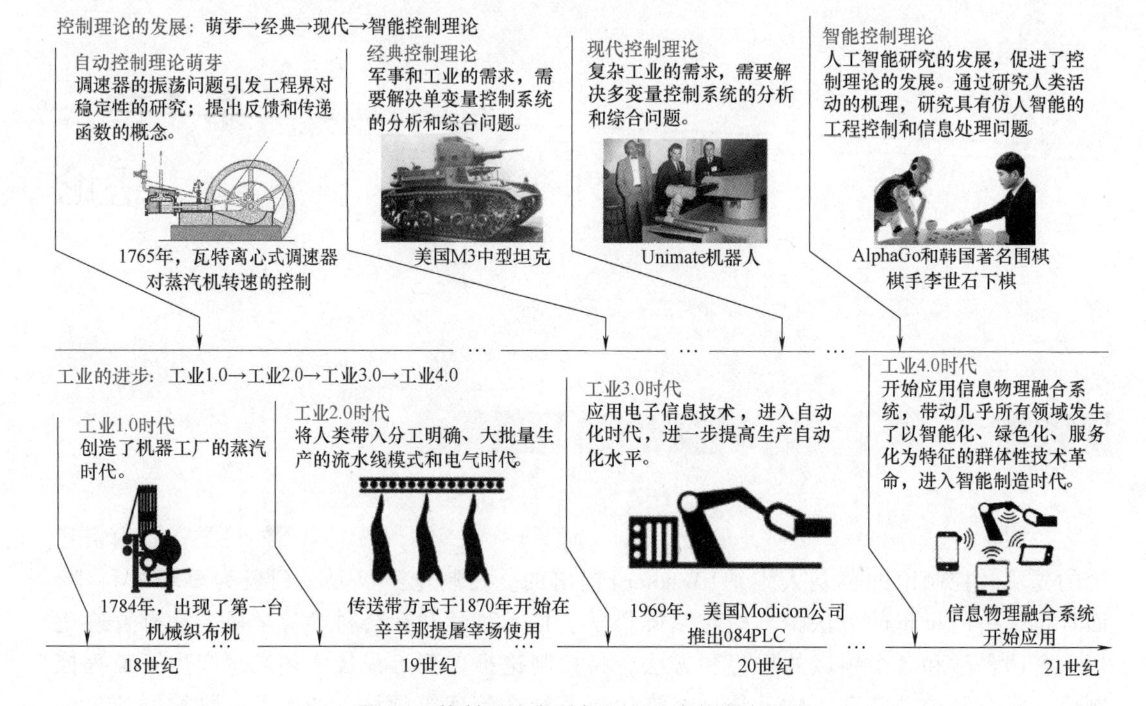

图 1-1 控制理论发展与工业进步的历史进程

第一阶段：自动控制理论萌芽(18 世纪末~20 世纪 30 年代)

自动控制理论的产生可追溯到 18 世纪的第一次工业革命，此时工业进入工业 1.0 时代——蒸汽时代，通过水力和蒸汽机实现工厂机械化。1769 年瓦特发明了蒸汽机离心式飞锤调速器，用来自动调节蒸汽机的转速。调速器的振荡问题引发了工程界对系统稳定性的讨论；1868 年麦克斯韦发表了讨论这种反馈系统稳定性问题的论文《论调节器》；1877 年劳斯(Routh)和 1895 年赫尔维茨(Hurwitz)分别提出了代数稳定判据；1892 年李雅普诺夫(Lyapunov)提出了系统稳定性判定方法。19 世纪末~20 世纪上半叶，电机引发了第二次工业革命，使人类进入了电气时代，即工业 2.0 时代。工业生产中广泛应用各种自动调节装置，促进了对控制系统的分析和综合研究。针对电子管放大器失真的问题，1927 年布莱克引入了反馈的概念，使人们对自动控制系统中反馈控制的结构有了更深刻的认识。至此，自动控制理论发展为一门新兴学科的前提条件已经基本具备，此后，自动控制理论历经了经典控制理论、现代控制理论和智能控制理论发展阶段。

第二阶段：经典控制理论(20 世纪 30~50 年代)

经典控制理论产生于工业 2.0 时代的成熟期。第二次世界大战期间，为了解决防空火力控制系统和飞机自动导航系统等军事技术问题，各国科学家设计出各种精密的自动调节装置。在拉普拉斯(Laplace)变换基础上的传递函数、劳斯和赫尔维茨提出的代数稳定判据和1932年奈魁斯特(Nyquist)提出的判别稳定性的奈氏判据、1948年伊万斯(Evans)提出的根轨迹法等，奠定了适用于单变量控制系统的经典控制理论(又称古典控制理论)的基础。1945年，维纳把反馈的概念推广到生物等一切控制系统，并在1948年出版了《控制论——关于在动物和机器中控制和通信的科学》一书，奠定了控制论这门学科的基础。控制论的原理和方法被运用于工程技术领域，形成了工程控制论，1954年，钱学森(扫描右侧二维码观看相关视频)总结了控制理论的研究成果并出版了《工程控制论》。

功勋科学家
“两弹一星”功勋科学家
钱学森

第三阶段：现代控制理论(20世纪50~70年代)

20世纪下半叶，信息技术、自动化技术引发了第三次工业革命，人类进入工业3.0时代，社会生产从电气化、半自动化向自动化转变，劳动生产率再次大飞跃。复杂工业过程和航天技术的自动控制问题，都是多变量控制系统的分析和综合问题，迫切需要解决，但经典控制理论的直接应用遇到了困难，需要新控制方法的出现。这期间计算机技术和空间技术有了巨大进步，1960年卡尔曼(Kalman)提出的状态空间法、能控性、能观性，加之系统稳定性的李雅普诺夫判定方法等，标志着适用于多变量控制系统的现代控制理论的诞生。现代控制理论可有效解决多变量控制问题，并逐渐形成了最优控制、自适应控制等多个重要分支。

第四阶段：智能控制理论(20世纪70年代~至今)

智能控制理论产生于工业3.0时代向工业4.0时代的过渡阶段。随着工业进步，人们开始将人工智能引入自动控制系统中，控制理论因此向着智能控制理论的方向发展。智能控制理论是运用人工智能的概念和方法，来解决复杂被控对象的建模和系统的控制、优化等问题，具体来说就是运用神经网络、迭代学习、模糊控制等理论方法以及由知识库、数据库、学习机、推理机等组成的智能决策单元来解决复杂控制问题(扫描右侧二维码观看相关视频)。控制理论的发展助推了工业4.0时代的到来。在当前的工业4.0时代，新一轮科技革命和产业变革正在孕育兴起，全球科技创新呈现新的发展态势和特征，开始应用信息物理融合系统(Cyber-Physical Systems，CPS)，以智能制造为核心，信息技术、生物技术、新材料技术、新能源技术广泛渗透，带动几乎所有领域发生了以智能化、绿色化、服务化为特征的群体性技术革命，这是新一轮的工业革命，由此，美国提出了“先进制造国家战略计划”，德国发布了“工业4.0”战略，我国提出了“中国制造2025”战略。这对控制理论的发展提出了更高的要求，对控制理论的应用提供了更广阔的空间。

科普之窗
中国创造：无人驾驶

从控制理论的发展历程可以看出，经典控制理论、现代控制理论、智能控制理论适应于不同的控制问题，且在当下并存应用、各具特色、相辅相成，其中，经典控制理论是基础，现代控制理论、智能控制理论是经典控制理论的延伸和拓展。同时，控制理论的发展反映了人类社会由机械化(工业1.0)到电气化(工业2.0)，再到自动化(工业3.0)，继而走向全面实现数字化、网络化和智能化(工业4.0)时代(扫描右侧二维码观看相关视频)。

科普之窗
轨道上的交通

1.2 控制系统的基本概念

在各种机器设备和生产过程中，常常要求某些物理量(如力、位移、速度、温度、电压、电流、压力、流量等)保持恒定或者按照给定的规律变化，这就要求控制系统进行控制和调整，以减小或消除系统参数摄动和外界扰动的影响。下面介绍控制系统如何实现这些物理量的自动控制。

1.2.1 控制系统的工作原理

1. 恒温系统的人工控制与自动控制

首先研究恒温系统，实现恒温控制有两种办法：人工控制和自动控制。

图 1-2 所示为人工控制的恒温控制箱。人们可以通过调压器改变加热电阻丝的电流，以达到控制温度的目的。箱内温度是由温度计检测的。人工控制过程可归结如下：

1) 观测由检测元件(温度计)测出的恒温箱温度(被控制量)。

2) 与要求的温度值(期望值)比较，得出偏差的大小和方向。

3) 根据偏差的大小和方向再进行控制：当恒温箱温度高于所要求的给定温度值时，就调节调压器，使电流减小，温度降低；若温度低于给定温度值，则调节调压器，使电流增加，温度升高。

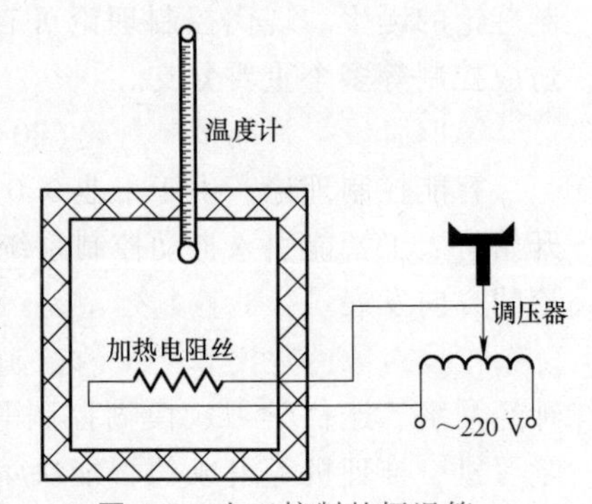

图 1-2　人工控制的恒温箱

因此，控制的过程就是检测、求偏差、再控制，以纠正偏差的过程。简单地讲就是“检测偏差用以纠正偏差”的过程。如果用控制器等装置实现人的“检测偏差用以纠正偏差”的职能，就是自动控制系统。

图 1-3 所示为恒温箱自动控制系统。图中，恒温箱的温度是由给定信号电压 u_1 控制的。当外界因素引起箱内温度变化时，作为检测元件的热电偶，把温度转换成对应的电

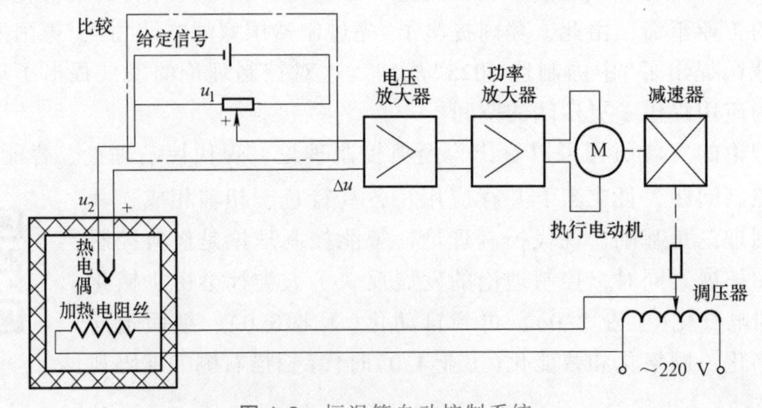

图 1-3　恒温箱自动控制系统

压信号 u_2 并反馈回去与给定信号 u_1 相比较，所得结果即为温度的偏差信号 $\Delta u=u_1-u_2$，再经过电压、功率放大后，用以改变电动机的转速和方向，并通过传动装置移动调压器动触头。当温度偏高时，动触头向着降低输出电压减小电流的方向移动，反之则加大电流，直到温度达到给定值为止。即只有在偏差信号 $\Delta u=0$ 时，电动机才停转。这样就实现了自动控制。而所有这些装置便组成了一个自动控制系统。

人工控制系统和自动控制系统的原理是相似的。检测装置相当于人的眼睛，控制器类似于人脑，执行机构类似于人手。其共同的特点是都要检测偏差并用检测到的偏差去纠正偏差，而没有偏差便没有调节过程。在自动控制系统中，这一偏差是通过反馈建立起来的。给定量叫作控制系统的输入量，被控制量叫作控制系统的输出量。反馈（Feedback）就是指输出量通过适当的检测装置将信号全部或一部分返回输入端，使之与输入量进行比较，通常为负反馈（Negative Feedback），即反馈信号起到与输入信号相反的作用，或者说反馈信号与输入信号极性相反（或变化方向相反），比较的结果即为偏差。因此，基于反馈基础上的“检测偏差用以纠正偏差”的原理又称为反馈控制原理。利用反馈控制原理组成的系统称为反馈控制系统。虽然实现自动控制的装置各不相同，但反馈控制的原理却是相同的。可以说，反馈控制是实现自动控制最基本的方法。

本书主要针对自动控制系统进行分析与研究，所以后文将自动控制系统简称控制系统。

2. **板带轧机的板厚自动控制**

图 1-4 所示为板带轧机液压厚度自动控制（Automatic Gauge Control，AGC）系统。由于板带轧制的速度和精度要求越来越高，现代化轧机的电液伺服压下机构已经代替了机械式压下机构。图中，板带出口厚度 h 由检测元件测出并反馈到电液伺服系统中，电液伺服系统发出控制信号以驱动液压缸，从而调节轧制辊缝，使得板带出口厚度 h 保持在要求的误差范围内。

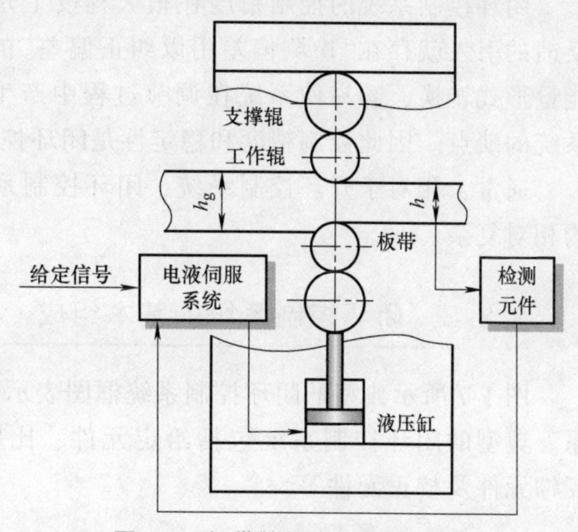

图 1-4　板带轧机液压 AGC 系统

1.2.2　开环控制系统与闭环控制系统

根据有无反馈作用可把控制系统分为两类：开环控制系统与闭环控制系统。

1. **开环控制系统**

如果控制器和被控对象之间只有正向作用而没有反向联系，即输出端和输入端之间不存在反馈回路，输出对系统的控制作用没有影响，这样的系统称为开环控制系统。图 1-5 所示的电动机转速控制系统

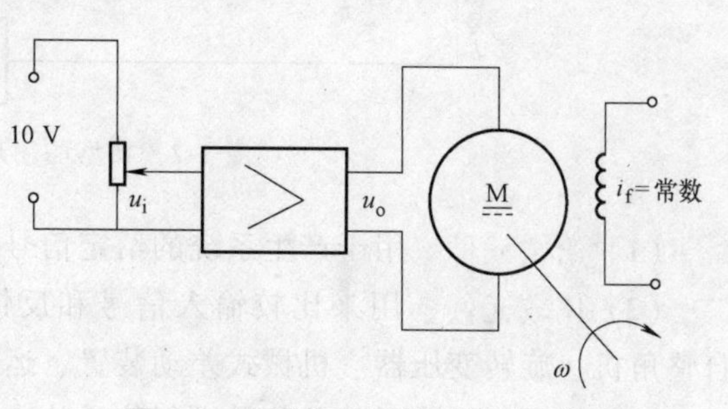

图 1-5　电动机转速开环控制系统

就是开环控制系统。当给定电压改变时，电动机转速也跟着改变，但这个控制系统易受负载转矩的影响，即当负载转矩改变时，转速也要随之改变。

2. 闭环控制系统

闭环控制系统即反馈控制系统。这种系统的特点是系统的输出端和输入端之间存在反馈回路，即输出量对系统的控制作用有直接影响。闭环的作用就是利用反馈来减少偏差。闭环控制的突出优点是系统控制精度高，当系统出现干扰时，只要被控制量的实测值偏离给定值，闭环控制就会产生控制作用来减小这一偏差。图 1-6 所示的闭环调速系统就能大大降低负载转矩对转速的影响，例如负载加大，转速就会降低，但有了反馈，偏差就会增大，电动机电压就会升高，转速又会上升，并在一定误差范围内保持为设定值。

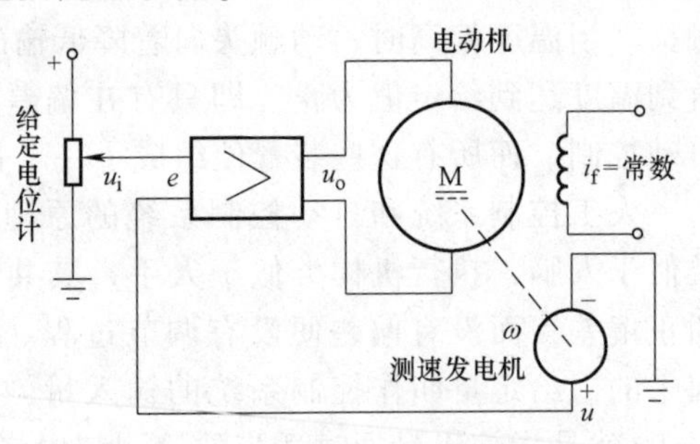

图 1-6　闭环调速系统

闭环控制系统的控制精度在很大程度上是由形成反馈的检测元件的精度决定的，但反馈的引入就存在“检测偏差用以纠正偏差”的调节过程，由于元件惯性、储能耗能元件能量形式转换，容易使系统在调节过程中产生振荡、甚至使系统不稳定，这是闭环控制系统的缺点。因此控制精度和稳定性是闭环控制系统存在的一对矛盾。

通常，相对于开环控制系统，闭环控制系统抗干扰能力强、控制精度高，但系统结构相对复杂。

1.2.3　闭环控制系统的基本组成

图 1-7 所示典型的闭环控制系统框图表示了系统中各个元件的位置和它们相互间的关系。典型的闭环控制系统包括给定元件、比较元件、放大元件、执行元件、控制对象、反馈元件及校正元件等。

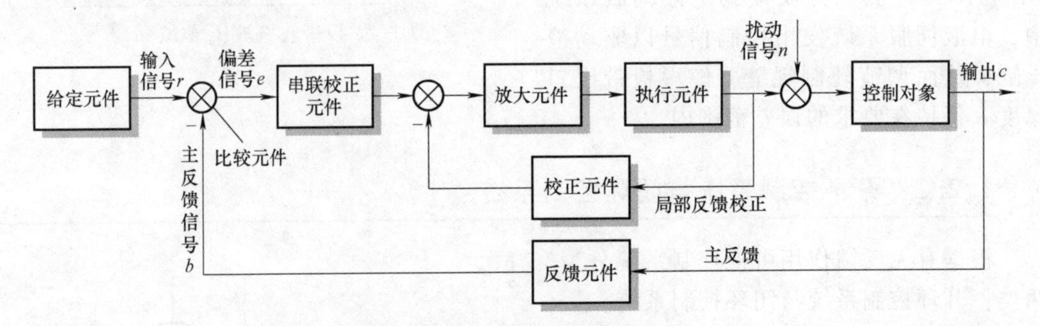

图 1-7　典型的闭环控制系统框图

（1）给定元件　用于产生系统的给定信号或输入信号。例如调速系统的给定电位计。

（2）比较元件　用来比较输入信号和反馈信号大小，得到偏差。例如差接的电路、自整角机、旋转变压器、机械式差动装置、运算放大器等。

（3）放大元件　对偏差信号进行信号放大和功率放大的元件。例如伺服功率放大器、电液伺服阀等。

(4) 执行元件　直接对控制对象进行操作的元件。例如执行电动机、马达、液压缸等。

(5) 控制对象　控制系统所要操纵的对象，它的输出量即为系统的被控制量。例如机床的工作台、轧机的工作辊等。

(6) 反馈元件　检测被控制量或系统输出量，并产生反馈信号，该信号与输出量存在着确定的函数关系(通常为比例关系)。例如压力传感器、温度传感器、调速系统的测速发电机等。

(7) 校正元件　或称校正装置，用以稳定控制系统，提高系统控制性能，有串联校正、反馈校正和复合校正等形式。

1.2.4 控制系统的基本类型

控制系统的类型很多，它们的结构类型和所完成的任务各不相同。控制系统可以按有无反馈作用分为开环控制系统和闭环控制系统，还可以根据其他不同的分类方法进行类型的划分，概括如下。

1. 按输入量的运动规律划分

(1) 恒值调节系统　系统输入量为常值。系统控制器的基本任务是当出现扰动时，使系统的输出量保持恒定的期望值，例如稳压电源、恒温系统等。对于这类系统，分析重点是研究各种扰动对控制对象的影响以及抗扰动的措施。

(2) 程序控制系统　又称为过程控制系统，系统输入量为给定的时间函数。近年来，随着计算机的发展，数字程序控制系统已被广泛应用。

(3) 随动控制系统　又称为伺服控制系统或跟踪控制系统，系统的输入量是未知的时间函数，即输入量的变化规律事先无法确定，要求输出量能够快速、准确地复现输入量，如火炮自动瞄准敌机的系统。

2. 按系统线性特性划分

(1) 线性系统　组成系统的元器件特性均为线性(或基本为线性)，能用线性常微分方程描述其输入与输出关系的系统。线性系统满足叠加原理，其时间响应的特征与初始状态无关。

(2) 非线性系统　只要有一个元器件特性不能用线性方程描述，即为非线性系统。在描述非线性系统的常微分方程中，输出量及其各阶导数不全是一次的，或者有的输出量导数项的系数是输入量的函数。非线性系统不能应用叠加原理，其时间响应的特征与初始状态有很大关系。

严格地讲，自然界不存在线性系统，因为各种物理系统总是具有不同程度的非线性。但只要非线性不严重，能用线性系统理论和方法对待的系统均可称为线性系统。

3. 按参数是否为常数划分

(1) 时变系统　又称非定常系统，当系统数学描述中含时间 t 时，即数学描述中的系数是包含 t 的函数，则称相应的系统为时变系统。

(2) 定常系统　又称时不变系统，定常系统的特点是系统数学描述中不含时间 t。定常系统在物理上代表了结构和参数都不随时间变化的一类系统。

如果系统既是线性的，又是定常的，则称为线性定常系统。本书以线性定常系统为研究对象。

科普之窗
新中国最早的万吨水压机

按系统组成元件的物理性质又可分为电气控制系统、液压控制系统和气动控制系统等。按被控制量的不同又可分为位置控制系统、速度控制系统、温度控制系统、电压控制系统、电流控制系统、压力控制系统、(流体或网络的)流量控制系统等。按机器设备及工艺的不同又可分为轧机控制系统、压机控制系统(扫描右侧二维码观看相关视频)、连铸控制系统、3D 打印(增材制造)控制系统、盾构掘进机控制系统、飞机制动与防滑控制系统、汽车防抱死制动系统(Antilock Braking System，ABS)、机床控制系统、机器人控制系统、锅炉控制系统、风力发电机组控制系统(扫描右侧二维码观看相关视频)、电池充放电控制系统等。

科普之窗
风力发电

1.2.5 对控制系统的基本要求

对控制系统的基本要求一般可归结为稳定性、快速性、准确性，即稳、快、准三个方面。

(1) 稳定性　由于系统存在着惯性，当系统的各个参数匹配不当时，将会引起系统的振荡、甚至使系统失去工作能力。稳定性就是指动态过程的振荡倾向和系统能否恢复平衡状态的能力。通常，一个能够实际运行的控制系统，必须是稳定的系统，因此，稳定性是系统工作的首要条件。

(2) 快速性　快速性是指当系统输出量与输入量之间产生偏差时，消除偏差过程的快慢程度。

(3) 准确性　准确性是指在调整过程结束后输出量与输入量之间的偏差，或称为静态精度，这也是衡量系统工作性能的重要指标。例如数控机床精度越高，则加工精度也越高。

同一系统的稳、快、准是相互制约的，例如，改善稳定性，系统控制过程又可能变得迟缓、快速性变差，准确性也可能变坏；提高快速性，可能会引起系统强烈振荡、使稳定性变差。由于被控对象的工况和要求不同，不同的系统对稳、快、准的要求各有侧重，因而要具体问题具体分析。

对于控制系统而言，对其稳定性、快速性和准确性方面的性能指标可在时域或频域内给出。

(1) 时域性能指标　时域性能指标包括瞬态性能(稳定性与快速性)指标和稳态性能(准确性)指标。

(2) 频域性能指标　频域性能指标不仅反映系统在频域方面的特性，而且当时域性能指标难以求得时，一般可先用频率特性实验来求出该系统的频域性能指标，再由此推出其时域性能指标。

这两种形式的指标之间有确定的关系，因此是等价的(见 5.1.2 节)。

1.3 控制工程基础的主要任务与知识体系

1.3.1 主要任务

控制工程基础实际上是研究线性定常系统的分析和综合问题。通常，研究系统运动规律的问题称为分析问题，研究改变运动规律的可能性和方法的问题称为综合问题。前者属于认识系统，后者则为改造系统。

对于分析问题而言，主要是研究当系统和输入已知时的系统输出，进而通过输出来研究系统自身的问题，即分析系统的稳定性、快速性和准确性。

对于综合问题而言，主要是研究使系统输出符合给定稳、快、准某一或某些要求的控制规律。

无论解决哪类问题，都必须具有丰富的控制理论知识和专业课程知识。

更重要的是，要以系统全面而不是零散片面的、动态发展而不是静止不变的、协调关联而不是单一孤立的观点和方法来处理问题，方能达到预期目标。这是控制理论所体现的方法论。

1.3.2 知识体系

本书系统且简要地阐述时域和频域内分析与综合线性定常系统的理论和方法，其知识体系如图 1-8 所示。

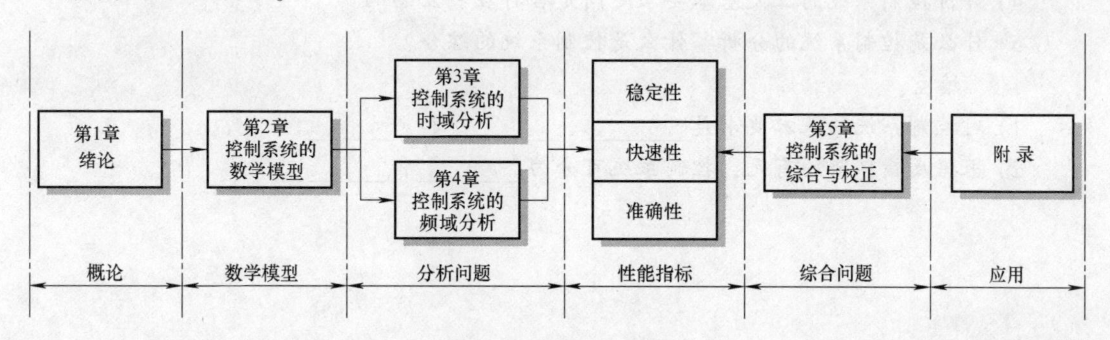

图 1-8 本书知识体系

第 1 章介绍了控制工程基础的基本概念及控制理论的发展历程，论述控制系统的工作原理、开环控制与闭环控制、闭环控制系统的基本组成、控制系统的基本类型、对控制系统的基本要求以及控制工程基础的主要任务和知识体系。

第 2 章针对机器设备工程系统中的控制问题，就其数学模型进行阐述，主要介绍控制系统的微分方程及线性化方程、拉普拉斯变换及反变换、传递函数及基本环节的传递函数、框图及其简化等内容。

基于上述数学模型，第 3、4 章分别从时域和频域分析系统性能。时域分析方法介绍控制系统时间响应及性能指标、一阶系统时域分析、二阶系统时域分析、高阶系统时域分析、稳定性及其劳斯稳定判据、稳态误差分析与计算和根轨迹法等内容；频域分析方法介绍频率特性的基本概念、频率特性图形表示法、几何稳定判据、相对稳定性、闭环频率特性等内容。

在上述分析的基础上，对系统进行综合与校正来提升系统性能。第5章主要阐述基本控制规律及PID参数整定、串联校正、反馈校正、复合校正等内容。

最后，通过MATLAB/Simulink软件在控制工程中的应用实例、阀控缸位置闭环控制系统实践项目工程教学案例和转速反馈直流调速控制系统的分析与综合等工程实际案例，建立理论方法与工程实践的联系。

本章小结

本章介绍了控制工程基础的基本概念及控制理论的发展历程，论述了控制系统的工作原理、开环控制与闭环控制、闭环控制系统的基本组成、控制系统的基本类型及对控制系统的基本要求，最后阐述了控制工程基础的主要任务和本书知识体系。

习 题

1-1 思考以下问题。

1）闭环控制系统的基本组成有哪些？

2）什么是反馈？反馈控制原理是什么？

3）开环控制系统和闭环控制系统各有什么特点？

4）评价控制系统的三大基本要求之间是否存在相互影响？

5）什么是控制系统的分析？什么是控制系统的综合？

1-2 填空。

1）对控制系统的基本要求是________、________和________。

2）根据反馈环节的有无，控制系统可分为________和________。

第2章 控制系统的数学模型

研究控制系统，不仅要定性地了解系统的工作原理及其特性，更要定量地描述系统的动态性能，揭示系统的结构和参数与性能之间的关系，这就需要建立系统的数学模型。按钱学森的观点，控制系统的数学模型是通过对问题的分析，利用考察来的机理，吸收一切主要因素、略去一切次要因素所创造出来的对系统的数学表示(数学表达式、几何图形等)。显然，数学模型是用数学语言描述的模型，模型可以是语义模型、数学模型、图形化模型等。本书涉及的控制系统的数学模型有微分方程、传递函数和框图等。建立控制系统的数学模型，并在此基础上对控制系统进行分析、综合，这是控制工程的基本方法。建立控制系统的数学模型有两种方法：分析法和实验法。分析法是根据系统和元件所遵循的有关定律(如力学、电学等定律)来推导出数学表达式，从而建立数学模型；实验法是通过对实验数据进行处理，拟合出最接近实际系统的数学模型(扫描右侧二维码观看相关视频)。本章采用分析法建立数学模型，依次介绍控制系统微分方程的建立方法及微分方程线性化方法、由微分方程转换为代数方程的数学工具——拉普拉斯变换、传递函数、系统框图及其简化方法。

科普之窗
中国创造：蛟龙号

2.1 控制系统的微分方程及线性化方程

微分方程是控制系统的一种基本数学模型，是根据控制系统的动力学特性列出来的反映其动态特性的基本方程，是列出传递函数的基础。

工程中的机械系统、电气系统和液压系统等，一般都可以用微分方程加以描述，下面将依次进行介绍。

2.1.1 机械系统的微分方程

机械系统的微分方程可用牛顿第二定律推导。在机械系统中，平移系统和回转系统是典型的机械系统，如图 2-1 所示。

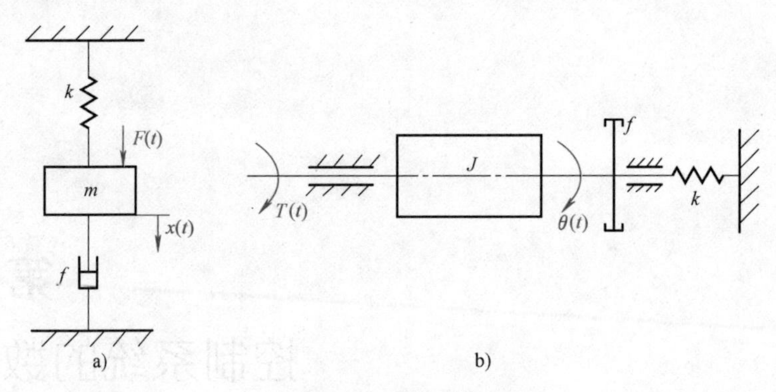

图 2-1 机械系统

a）平移系统 b）回转系统

牛顿第二定律：一物体的加速度，与其所受的合外力成正比，与其质量成反比，而且加速度与合外力同方向。达朗伯原理：作用在物体上的合外力与该物体的惯性力构成平衡力系，用公式可表示为

$$-m\ddot{x}(t)+\sum F_{\mathrm{i}}(t)=0 \tag{2-1}$$

式中，$\sum F_{\mathrm{i}}(t)$为作用在物体上的合外力；$\ddot{x}(t)$为物体的加速度；m 为物体的质量；$-m\ddot{x}(t)$为物体的惯性力。

如图 2-1a 所示的机械平移系统，用牛顿第二定律列出的运动微分方程式为

$$m\frac{\mathrm{d}^2x(t)}{\mathrm{d}t^2}+f\frac{\mathrm{d}x(t)}{\mathrm{d}t}+kx(t)=F(t) \tag{2-2}$$

式中，$x(t)$为运动体的位移，单位为 m；f为黏性阻尼系数，单位为 $\mathrm{N\cdot s\cdot m^{-1}}$；$k$ 为弹簧刚度，单位为 $\mathrm{N\cdot m^{-1}}$；$F(t)$为外力，单位为 N。

图 2-1b 所示为机械回转系统，相应的运动微分方程为

$$J\frac{\mathrm{d}^2\theta(t)}{\mathrm{d}t^2}+f\frac{\mathrm{d}\theta(t)}{\mathrm{d}t}+k\theta(t)=T(t) \tag{2-3}$$

式中，J 为旋转体的转动惯量，单位为 $\mathrm{kg\cdot m^2}$；$\theta(t)$为旋转体的转角，单位为 rad；f为转动时的黏性阻尼系数，单位为 $\mathrm{N\cdot m\cdot s\cdot rad^{-1}}$；$k$ 为扭转弹簧刚度，单位为 $\mathrm{N\cdot m\cdot rad^{-1}}$；$T(t)$为外加转矩，单位为 $\mathrm{N\cdot m}$。

例 2-1 组合机床动力滑台铣平面时，当切削力 $F_{\mathrm{i}}(t)$变化时，滑台可能产生振动，从而降低被加工工件的切削表面质量。可将动力滑台连同铣刀抽象成如图 2-2 所示的质量-弹簧-阻尼系统的力学模型。其中，m 为等效质量，k_1、k_2 分别为铣刀系和工件的弹簧刚度，f为黏性阻尼系数，$x_{\mathrm{o}}(t)$为输出位移。试建立其以 $F_{\mathrm{i}}(t)$为输入、$x_{\mathrm{o}}(t)$为输出的微分方程。

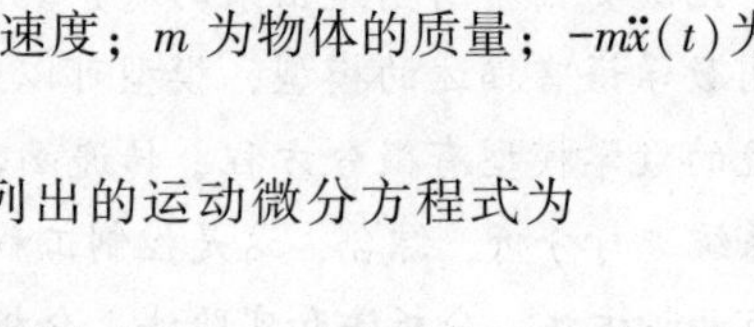

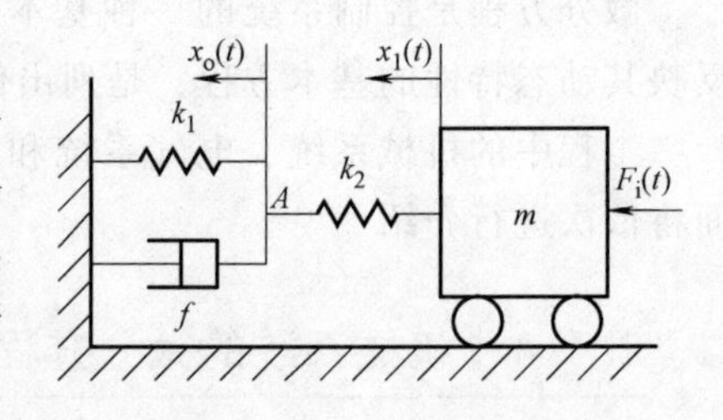

图 2-2 质量-弹簧-阻尼系统

解　对系统进行受力分析。

1）对质量块进行受力分析，如图 2-3a 所示，设质量块的位移为 $x_1(t)$，所以弹簧 k_2 的压缩量为$[x_1(t)-x_o(t)]$，根据牛顿第二定律得

$$F_i(t)-k_2[x_1(t)-x_o(t)]=m\ddot{x}_1(t)$$

2）对连接点 A 进行受力分析，如图 2-3b 所示，列出如下平衡方程

$$k_2[x_1(t)-x_o(t)]=k_1x_o(t)+f\dot{x}_o(t)$$

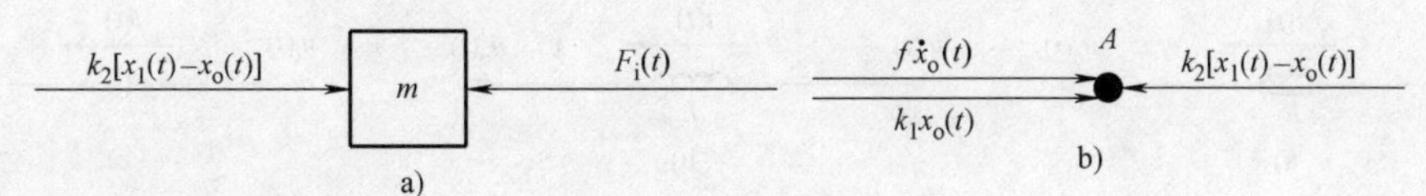

图 2-3　质量-弹簧-阻尼系统力学模型的受力分析

a）质量块 m　b）连接点 A

所以，联立上述两式，得

$$\frac{mf}{k_2}\dddot{x}_o(t)+\left(\frac{mk_1}{k_2}+m\right)\ddot{x}_o(t)+f\dot{x}_o(t)+k_1x_o(t)=F_i(t)$$

例 2-2　机械式加速度计用于测量运动物体的加速度。测量时，加速度计的框架固定在待测的运动物体上，当运动物体做加速运动时，该框架随之做同样的加速运动，具体的工作原理如图 2-4 所示。其中，$x(t)$为运动物体(即加速度计框架)相对于某固定参照物(例如地面)的位移，简写为 x；$y(t)$为质量块 m 相对于框架的位移(可以从刻度线上读出)，简写为 y。x 和 y 的正方向如图中所示。试建立机械式加速度计的微分方程。

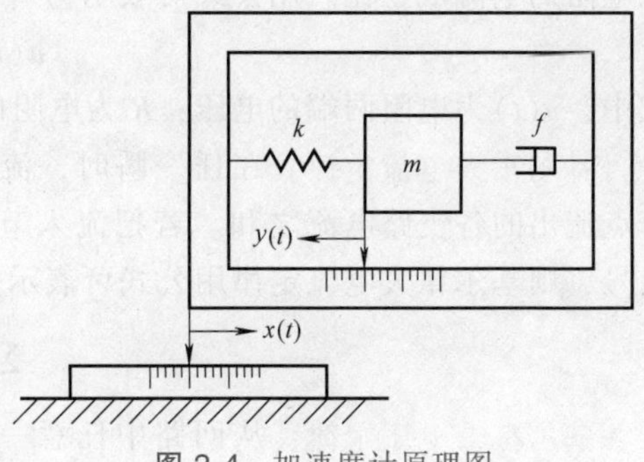

图 2-4　加速度计原理图

解　由于 y 是相对于框架而度量的，所以质量块 m 相对于地面的位移为$(y-x)$，于是根据牛顿第二定律可得

$$m\frac{\mathrm{d}^2(y-x)}{\mathrm{d}t^2}+f\frac{\mathrm{d}y}{\mathrm{d}t}+ky=0$$

上式可改写为

$$m\frac{\mathrm{d}^2y}{\mathrm{d}t^2}+f\frac{\mathrm{d}y}{\mathrm{d}t}+ky=m\frac{\mathrm{d}^2x}{\mathrm{d}t^2}=ma$$

式中，a 为运动物体的加速度，即加速度计的输入。

说明：从上述微分方程分析可知，如果输入一个恒加速度，则在稳定情况下其输出 y 也是常数，从而其导数就为零，此时加速度计质量块 m 的输入加速度 a 正比于稳态输出位移 y，即可用 y 值来衡量其加速度的大小；如果输入加速度不是常量，而是随时间变化的，则式中的$\frac{\mathrm{d}y}{\mathrm{d}t}$和$\frac{\mathrm{d}^2y}{\mathrm{d}t^2}$均不为零。

2.1.2 电气系统的微分方程

电气系统的微分方程可根据欧姆定律、基尔霍夫定律、电磁感应定律等基本物理规律推导。在电气系统中，电阻 R、电感 L 和电容 C 是电路中的三种基本元件，如图 2-5 所示。

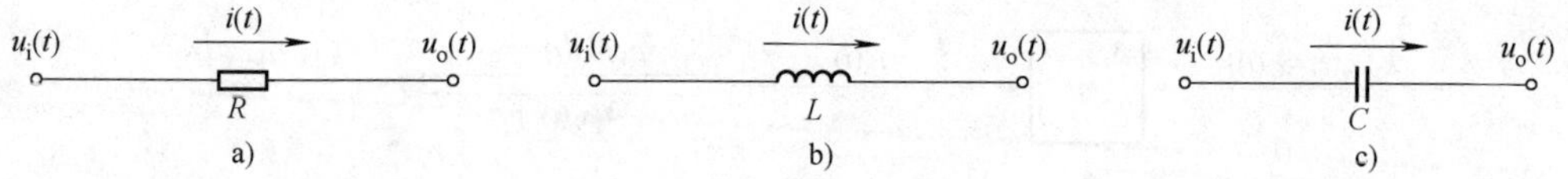

图 2-5 电气系统三种基本元件

a) $u_i(t)-u_o(t)=Ri(t)$ b) $u_i(t)-u_o(t)=L\dfrac{di(t)}{dt}$ c) $i(t)=C\dfrac{d[u_i(t)-u_o(t)]}{dt}$

欧姆定律：在电压和电流取关联参考方向下，任何时刻线性电阻两端的电压与流过该电阻的电流成正比。用公式可表示为

$$u(t)=Ri(t) \tag{2-4}$$

式中，$u(t)$为电阻两端的电压；R 为电阻的阻值；$i(t)$为流过电阻的电流。

基尔霍夫电流定律：在任一瞬时，流入电路中任一节点的各支路电流之和等于从该节点流出的各支路电流之和。若把流入节点的支路电流取正号，流出节点的支路电流取负号，则基尔霍夫电流定律用公式可表示为

$$\sum i(t)=0 \tag{2-5}$$

基尔霍夫电压定律：从回路中任意一点出发，以顺时针方向或逆时针方向沿回路循环一周，则在这个方向上的电位降之和等于电位升之和。若规定电位降取正号，电位升取负号，则基尔霍夫电压定律用公式可表示为

$$\sum u(t)=0 \tag{2-6}$$

电磁感应定律：电路中感应电动势的大小和通过导体回路的磁通量的变化率成正比。用公式可表示为

$$e(t)=-\frac{d\Phi(t)}{dt} \tag{2-7}$$

式中，$e(t)$为电路中的感应电动势；$\Phi(t)$为通过导体回路的磁通量。

$\Phi(t)$的正方向与感应电动势 $e(t)$的正方向成右手螺旋关系。

下面通过例题加以说明。

例 2-3 如图 2-6 所示的无源电路系统中，$u_i(t)$为输入电压，$u_o(t)$为输出电压，试建立其微分方程。

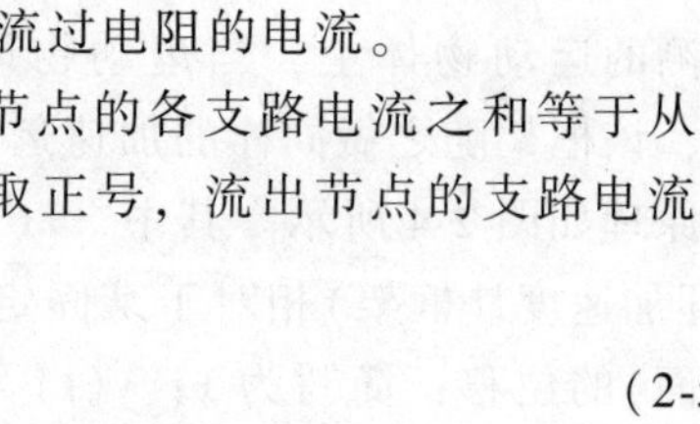

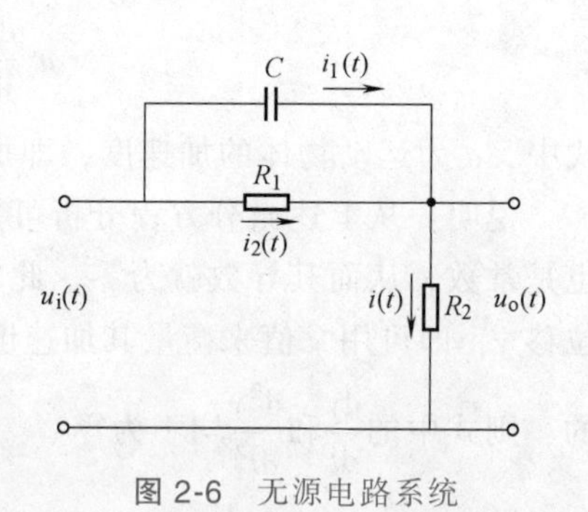

图 2-6 无源电路系统

解 根据欧姆定律和基尔霍夫定律，有

$$i(t)=i_1(t)+i_2(t) \tag{2-8}$$

$$u_i(t)=u_o(t)+R_1 i_2(t) \tag{2-9}$$

$$i_1(t)=C\frac{\mathrm{d}[u_i(t)-u_o(t)]}{\mathrm{d}t} \tag{2-10}$$

$$u_o(t)=R_2 i(t) \tag{2-11}$$

由式(2-9)得

$$i_2(t)=\frac{u_i(t)-u_o(t)}{R_1} \tag{2-12}$$

由式(2-11)得

$$i(t)=\frac{u_o(t)}{R_2} \tag{2-13}$$

将式(2-10)、式(2-12)、式(2-13)代入式(2-8)，得

$$\frac{u_o(t)}{R_2}=C\left[\frac{\mathrm{d}u_i(t)}{\mathrm{d}t}-\frac{\mathrm{d}u_o(t)}{\mathrm{d}t}\right]+\frac{u_i(t)-u_o(t)}{R_1}$$

即

$$R_1 C\frac{\mathrm{d}u_o(t)}{\mathrm{d}t}+\frac{R_1+R_2}{R_2}u_o(t)=R_1 C\frac{\mathrm{d}u_i(t)}{\mathrm{d}t}+u_i(t)$$

例 2-4　在图 2-7 所示的有源电路系统中，$u_i(t)$ 为输入电压，$u_o(t)$ 为输出电压，K_0 为运算放大器开环放大倍数。试建立其微分方程。

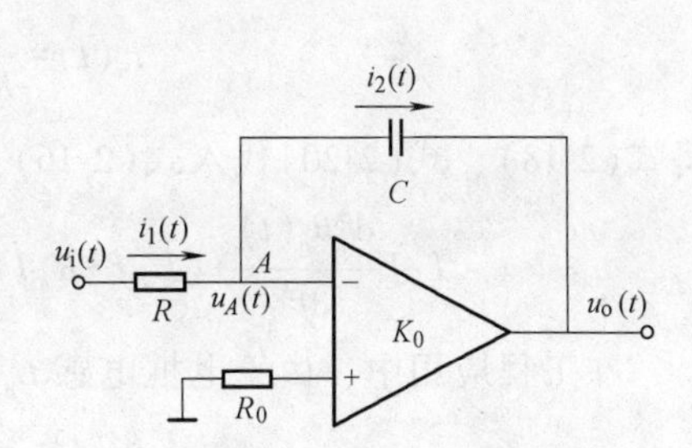

图 2-7　有源电路系统

解　设运算放大器的反相输入端为 A 点。因为一般 K_0 值很大，又 $u_o(t)=-K_0u_A(t)$，所以，A 点电位可表示为

$$u_A(t)=-\frac{u_o(t)}{K_0}\approx 0 \tag{2-14}$$

因为一般运算放大器的输入阻抗很高，所以

$$i_1(t)\approx i_2(t) \tag{2-15}$$

据此可列出

$$\frac{u_i(t)}{R}=-C\frac{\mathrm{d}u_o(t)}{\mathrm{d}t}$$

即

$$RC\frac{\mathrm{d}u_o(t)}{\mathrm{d}t}=-u_i(t)$$

例 2-5　如图 2-8 所示的电枢控制式直流电动机系统中，$u_i(t)$ 为电动机电枢输入电压；$\theta_o(t)$ 为电动机输出角位移；R_a 为电枢绕组的电阻；L_a 为电枢绕

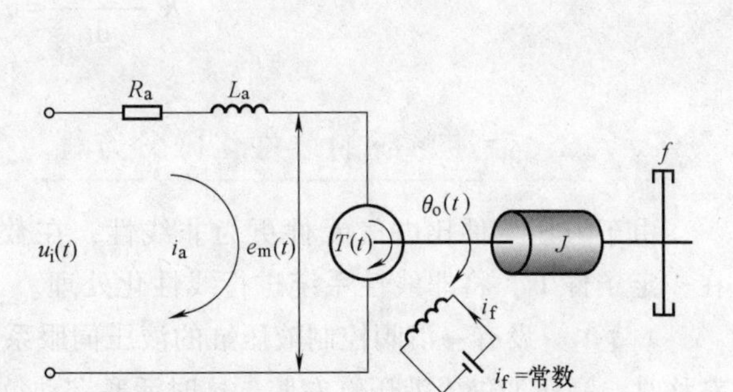

图 2-8　电枢控制式直流电动机

组的电感；$i_a(t)$为流过电枢绕组的电流；$e_m(t)$为电动机感应电动势；$T(t)$为电动机转矩；J为电动机及负载折合到电动机轴上的转动惯量；f为电动机及负载折合到电动机轴上的黏性阻尼系数。试建立其微分方程。

解 根据基尔霍夫定律，有

$$u_i(t)=R_a i_a(t)+L_a\frac{\mathrm{d}i_a(t)}{\mathrm{d}t}+e_m(t) \tag{2-16}$$

根据磁场对载流线圈的作用定律，有

$$T(t)=K_T i_a(t) \tag{2-17}$$

式中，K_T 为电动机转矩常数。

根据电磁感应定律，有

$$e_m(t)=K_e\frac{\mathrm{d}\theta_o(t)}{\mathrm{d}t} \tag{2-18}$$

式中，K_e为反电动势常数。

根据牛顿第二定律，有

$$T(t)-f\frac{\mathrm{d}\theta_o(t)}{\mathrm{d}t}=J\frac{\mathrm{d}^2\theta_o(t)}{\mathrm{d}t^2} \tag{2-19}$$

将式(2-17)代入式(2-19)，得

$$i_a(t)=\frac{J}{K_T}\frac{\mathrm{d}^2\theta_o(t)}{\mathrm{d}t^2}+\frac{f}{K_T}\frac{\mathrm{d}\theta_o(t)}{\mathrm{d}t} \tag{2-20}$$

将式(2-18)、式(2-20)代入式(2-16)，得

$$L_aJ\frac{\mathrm{d}^3\theta_o(t)}{\mathrm{d}t^3}+(L_af+R_aJ)\frac{\mathrm{d}^2\theta_o(t)}{\mathrm{d}t^2}+(R_af+K_TK_e)\frac{\mathrm{d}\theta_o(t)}{\mathrm{d}t}=K_Tu_i(t)$$

在工程应用中，由于电枢电感 L_a 较小，通常忽略不计，因而系统微分方程可简化为

$$R_aJ\frac{\mathrm{d}^2\theta_o(t)}{\mathrm{d}t^2}+(R_af+K_TK_e)\frac{\mathrm{d}\theta_o(t)}{\mathrm{d}t}=K_Tu_i(t)$$

当电枢电感 L_a 和电阻 R_a 均较小，都忽略时，系统微分方程可进一步简化为

$$K_e\frac{\mathrm{d}\theta_o(t)}{\mathrm{d}t}=u_i(t)$$

2.1.3 液压系统的线性化微分方程

由于液压元件比电气元件更为非线性，在数学描述上更加复杂，为便于分析，往往在一定条件下，将非线性系统进行线性化处理。

例 2-6 设有一滑阀控制液压缸的液压伺服系统，如图 2-9 所示。其工作原理是当阀芯右移时，高压油进入液压缸左腔，这时活塞推动负载右移；反之，当阀芯左移时，活塞推动负载左移。其中，x 为阀芯位移输入；y 为液压缸活塞位移输出；q_L 为负载流量；q_1、q_2 分别为液压缸左、右腔的输入、输出流量；p_L 为负载压差；p_s 为供油压力；m 为负载质量；A

为活塞工作面积；d 为阀芯直径。试建立滑阀的压力-流量特性线性化微分方程和系统的微分方程。

解　由液压流体力学可知

$$q_1 = C_d A_0 \sqrt{\frac{2\Delta p}{\rho}} \tag{2-21}$$

式中，C_d 为阀口流量系数；A_0 为阀口过流面积，若为全周矩形开口，有 $A_0 = x\pi d$；Δp 为阀口压力降；ρ 为油液密度。

若阀口结构完全相同且对称，不考虑阀和缸的泄漏，则 $q_1 = q_2 = q_L$，$\Delta p = p_s - p_1 = p_2 - p_0 = p_2$，于是有 $p_s = p_1 + p_2$。因为 $p_L = p_1 - p_2$，所以可以导出 $\Delta p = \frac{p_s - p_L}{2}$，于是式(2-21)变为

$$q_L = C_d x\pi d \sqrt{\frac{p_s - p_L}{\rho}} \tag{2-22}$$

或

$$q_L = f(p_L, x) \tag{2-23}$$

式(2-23)称为滑阀的静态特性方程，是一个非线性函数，如图 2-10 所示。

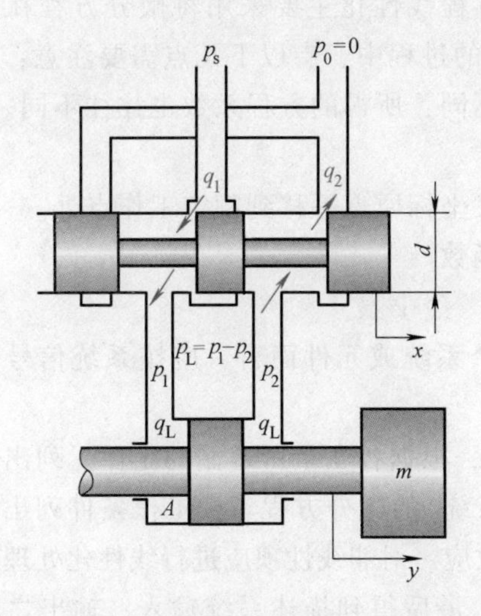

图 2-9　滑阀控制液压缸的液压伺服系统

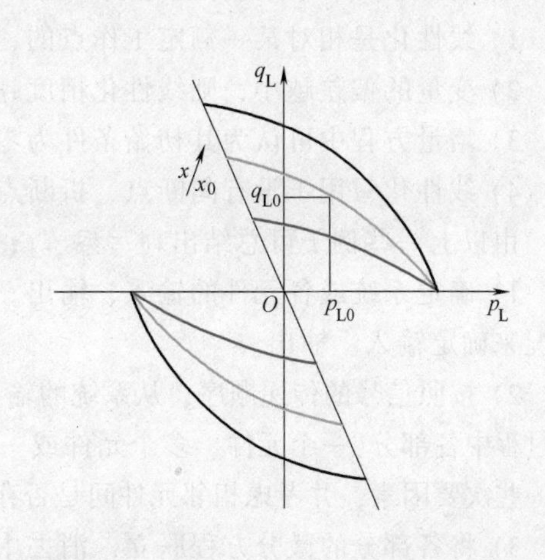

图 2-10　$q_L = f(p_L, x)$ 曲线

设阀的额定工作点参量为 p_{L0} 和 x_0，则

$$q_{L0} = f(p_{L0}, x_0) \tag{2-24}$$

将式(2-22)在额定工作点附近展成泰勒级数，有

$$q_L = f(p_{L0}, x_0) + \left[\left.\frac{\partial f(p_L, x)}{\partial x}\right|_{\substack{x=x_0 \\ p_L=p_{L0}}}\right]\Delta x + \left[\left.\frac{\partial f(p_L, x)}{\partial p_L}\right|_{\substack{x=x_0 \\ p_L=p_{L0}}}\right]\Delta p_L + \cdots \tag{2-25}$$

将式(2-25)减去式(2-24)，并舍去高阶项，得滑阀压力-流量特性的线性化方程为

$$\Delta q_L = K_q \Delta x - K_c \Delta p_L \tag{2-26}$$

式中，K_q 为流量增益，$K_q=\left.\frac{\partial f(p_L,x)}{\partial x}\right|_{\substack{x=x_0\\p_L=p_{L0}}}$；$K_c$ 为流量-压力系数，$K_c=-\left.\frac{\partial f(p_L,x)}{\partial p_L}\right|_{\substack{x=x_0\\p_L=p_{L0}}}$。

当不考虑泄漏时，液压缸流量的连续性方程为

$$\Delta q_L=A\frac{\mathrm{d}(\Delta y)}{\mathrm{d}t} \tag{2-27}$$

当不考虑阻尼力等时，液压缸的力平衡方程为

$$\Delta p_L A=m\frac{\mathrm{d}^2(\Delta y)}{\mathrm{d}t^2} \tag{2-28}$$

将式(2-26)、式(2-27)和式(2-28)联立，消去中间变量，即得系统压力-流量特性线性化微分方程为

$$\frac{K_c m}{A}\frac{\mathrm{d}^2(\Delta y)}{\mathrm{d}t^2}+A\frac{\mathrm{d}(\Delta y)}{\mathrm{d}t}=K_q\Delta x$$

在经典控制理论学习阶段，对于系统的微分方程线性化主要采用将微分方程在某一工作点展开成泰勒级数的方法完成。在系统线性化的过程中，有以下几点需要注意：

1）线性化是相对某一额定工作点的，工作点不同，所得的方程系数也往往不同。

2）变量的偏差越小，则线性化精度越高。

3）增量方程中可认为其初始条件为零，即广义坐标原点平移到额定工作点处。

4）线性化只用于没有间断点、折断点的单值函数。

由以上一些例子可总结出列写系统微分方程的一般步骤：

1）确定系统或各元件的输入、输出。对于一个系统或元件而言，应按系统信号传递情况来确定输入、输出。

2）按照信号的传递顺序，从系统的输入端开始，根据各变量所遵循的定律，列出在运动过程中各部分(一个元件、多个元件或一个简单系统)的微分方程。按工作条件列出，忽略一些次要因素，并考虑相邻元件间是否存在负载效应。对非线性项应进行线性化处理。

3）将各部分的微分方程联立，消去中间变量，最后得到描述系统输入、输出之间关系的微分方程，方程中只含输入、输出以及系统参量。

4）一般情况下，将整理所得的微分方程式写为标准形式，即与输出相关的各项放在方程的左侧，与输入相关的各项放在方程的右侧，方程两端变量的导数项均按降幂排列。

2.1.4　机电液系统的相似性

数学模型相同的物理系统称为相似系统。在相似系统的数学模型中，作用相同的变量称为相似变量。表2-1为相似系统(机械平移系统、机械回转系统、电气系统和液压系统)的相似变量。

表 2-1 相似系统的相似变量

机械平移系统	机械回转系统	电气系统	液压系统
力 F	转矩 T	电压 U	压力 p
质量 m	转动惯量 J	电感 L	液感 L_h
黏性阻尼系数 f	黏性阻尼系数 f	电阻 R	液阻 R_h
弹簧刚度 k	扭转弹簧刚度 k	电容的倒数 $1/C$	液容的倒数 $1/C_h$
线位移 y	角位移 θ	电荷 q	容积 V
速度 v	角速度 ω	电流 i	流量 q

相似系统的特点是可以将一种物理系统研究的结论推广到其他相似系统中去。利用相似系统的这一特点，可以进行模拟研究，即用一种比较容易实现的系统模拟其他较难实现的系统。

2.2 拉普拉斯变换及反变换

应用拉普拉斯变换(Laplace Transform)，可将微分方程转换为代数方程，使系统分析和方程求解大为简化，因而拉普拉斯变换是分析工程控制系统的基本数学方法之一。

2.2.1 拉普拉斯变换及其运算法则

1. 拉普拉斯变换的定义

时间函数 $f(t)$，当 $t<0$ 时，$f(t)=0$；当 $t\geqslant 0$ 时，$f(t)$(原函数)的拉普拉斯变换记为 $L[f(t)]$ 或 $F(s)$(象函数)，且定义为

$$L[f(t)]=F(s)=\int_0^{\infty} f(t)\mathrm{e}^{-st}\mathrm{d}t \tag{2-29}$$

式中，$s=\sigma+\mathrm{j}\omega$。

若式(2-29)的积分收敛于一确定值，则函数 $f(t)$ 的拉普拉斯变换 $F(s)$ 存在，这时 $f(t)$ 必须满足：

1）在任一有限区间内，$f(t)$ 分段连续，只有有限个间断点。

2）当时间 $t\to\infty$，$f(t)$ 不超过某一指数函数，即满足

$$|f(t)|\leqslant M\mathrm{e}^{at}$$

式中，M、a 为实常数。

在复平面上，对于满足 $\mathrm{Re}(s)>a$[$\mathrm{Re}(s)$ 表示 s 的实部]的所有复数 s 都使式(2-29)的积分绝对收敛，则 $\mathrm{Re}(s)>a$ 为拉普拉斯变换的定义域。

例 2-7 单位阶跃函数的拉普拉斯变换。

解 单位阶跃函数如图 2-11a 所示，定义为

$$1(t)=\begin{cases}0 & (t<0)\\ 1 & (t\geqslant 0)\end{cases}$$

由式(2-29)可求得 $1(t)$ 的拉普拉斯变换为

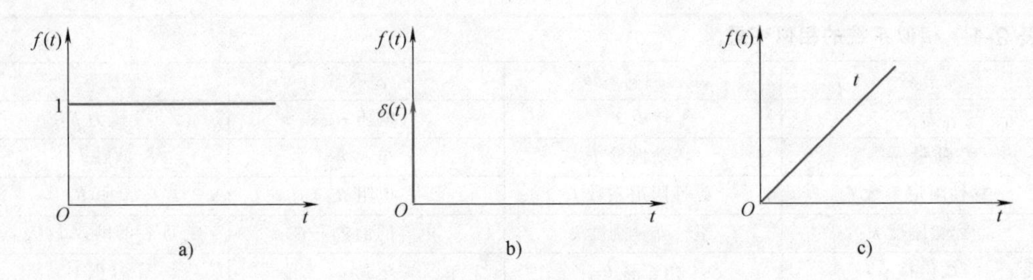

图 2-11 函数曲线

a）单位阶跃函数 b）单位脉冲函数 c）单位斜坡函数

$$L[1(t)]=\int_0^{\infty}1(t)\mathrm{e}^{-st}\mathrm{d}t=\left.\frac{-\mathrm{e}^{-st}}{s}\right|_0^{\infty}=\frac{1}{s}$$

例 2-8 单位脉冲函数的拉普拉斯变换。

解 单位脉冲函数如图 2-11b 所示，定义为

$$\begin{cases}\delta(t)=\begin{cases}0 & (t\neq 0)\\ \infty & (t=0)\end{cases}\\ \int_{-\infty}^{\infty}\delta(t)\mathrm{d}t=1\end{cases}$$

且 $\delta(t)$ 有如下特性

$$\int_{-\infty}^{\infty}\delta(t)f(t)\mathrm{d}t=f(0)$$

式中，$f(0)$ 为 $t=0$ 时刻的 $f(t)$ 的函数值。

根据式(2-29)求得 $\delta(t)$ 的拉普拉斯变换为

$$L[\delta(t)]=\int_0^{\infty}\delta(t)\mathrm{e}^{-st}\mathrm{d}t=\mathrm{e}^{-st}\big|_{t=0}=1$$

例 2-9 单位斜坡函数的拉普拉斯变换。

解 单位斜坡函数如图 2-11c 所示，定义为

$$t=\begin{cases}0 & (t<0)\\ t & (t\geqslant 0)\end{cases}$$

由式(2-29)可求得 t 的拉普拉斯变换为

$$L[t]=\int_0^{\infty}t\mathrm{e}^{-st}\mathrm{d}t=-t\left.\frac{\mathrm{e}^{-st}}{s}\right|_0^{\infty}-\int_0^{\infty}\left(-\frac{\mathrm{e}^{-st}}{s}\right)\mathrm{d}t=\int_0^{\infty}\frac{\mathrm{e}^{-st}}{s}\mathrm{d}t=-\left.\frac{1}{s^2}\mathrm{e}^{-st}\right|_0^{\infty}=\frac{1}{s^2}$$

例 2-10 指数函数 e^{at} 的拉普拉斯变换。

解 由式(2-29)可求得 e^{at} 的拉普拉斯变换为

$$L[\mathrm{e}^{at}]=\int_0^{\infty}\mathrm{e}^{at}\mathrm{e}^{-st}\mathrm{d}t=\int_0^{\infty}\mathrm{e}^{-(s-a)t}\mathrm{d}t=-\left.\frac{1}{s-a}\mathrm{e}^{-(s-a)t}\right|_0^{\infty}=\frac{1}{s-a}$$

例 2-11 正弦函数 $\sin\omega t$ 和余弦函数 $\cos\omega t$ 的拉普拉斯变换。

解 根据欧拉公式，有

$$\mathrm{e}^{\mathrm{j}\theta}=\cos\theta+\mathrm{j}\sin\theta,\qquad \mathrm{e}^{-\mathrm{j}\theta}=\cos\theta-\mathrm{j}\sin\theta$$

则

$$\sin\theta=\frac{e^{j\theta}-e^{-j\theta}}{2j},\quad \cos\theta=\frac{e^{j\theta}+e^{-j\theta}}{2}$$

于是，可以利用例 2-10 指数函数拉普拉斯变换的结果，求出正弦函数和余弦函数的拉普拉斯变换为

$$L[\sin\omega t]=\int_0^{\infty}\sin\omega t e^{-st}dt=\int_0^{\infty}\frac{e^{j\omega t}-e^{-j\omega t}}{2j}e^{-st}dt=\frac{1}{2j}\left(\frac{1}{s-j\omega}-\frac{1}{s+j\omega}\right)=\frac{\omega}{s^2+\omega^2}$$

$$L[\cos\omega t]=\int_0^{\infty}\cos\omega t e^{-st}dt=\int_0^{\infty}\frac{e^{j\omega t}+e^{-j\omega t}}{2}e^{-st}dt=\frac{1}{2}\left(\frac{1}{s-j\omega}+\frac{1}{s+j\omega}\right)=\frac{s}{s^2+\omega^2}$$

常用函数的拉普拉斯变换见表 2-2。

表 2-2 常用函数的拉普拉斯变换

序号	$f(t)$	$F(s)$	序号	$f(t)$	$F(s)$
1	$\delta(t)$	1	6	$t^n e^{-at}(n=1,2,\cdots)$	$\frac{n!}{(s+a)^{n+1}}$
2	$1(t)$	$\frac{1}{s}$	7	$\sin\omega t$	$\frac{\omega}{s^2+\omega^2}$
3	t	$\frac{1}{s^2}$	8	$\cos\omega t$	$\frac{s}{s^2+\omega^2}$
4	$t^n(n=1,2,\cdots)$	$\frac{n!}{s^{n+1}}$	9	$e^{-at}\sin\omega t$	$\frac{\omega}{(s+a)^2+\omega^2}$
5	e^{-at}	$\frac{1}{s+a}$	10	$e^{-at}\cos\omega t$	$\frac{s+a}{(s+a)^2+\omega^2}$

2. 拉普拉斯变换的运算法则

(1) 线性定理 拉普拉斯变换是一个线性变换，若有常数 k_1、k_2，函数 $f_1(t)$、$f_2(t)$，则

$$L[k_1 f_1(t)+k_2 f_2(t)]=k_1 L[f_1(t)]+k_2 L[f_2(t)]=k_1 F_1(s)+k_2 F_2(s) \tag{2-30}$$

(2) 延迟定理 设 $f(t)$ 的拉普拉斯变换为 $F(s)$，对任一正实数 T 有

$$L[f(t-T)]=e^{-Ts}F(s) \tag{2-31}$$

式中，$f(t-T)$ 为函数 $f(t)$ 的延时函数，延时时间为 T，如图 2-12 所示。

证明：设 $(t-T)=\tau$，则

$$L[f(t-T)]=\int_0^{\infty}f(t-T)e^{-st}dt=\int_{-T}^{\infty}f(\tau)e^{-s(\tau+T)}d\tau=$$

$$e^{-Ts}\left[\int_{-T}^{0}f(\tau)e^{-s\tau}d\tau+\int_0^{\infty}f(\tau)e^{-s\tau}d\tau\right]=$$

$$e^{-Ts}F(s)$$

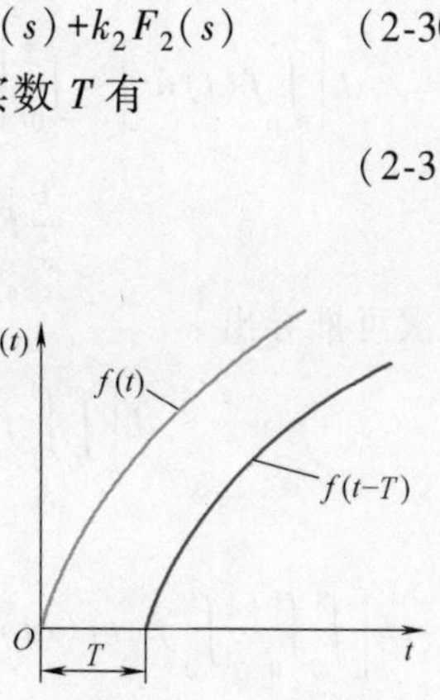

图 2-12 延时函数

(3) 位移定理 设 $f(t)$ 的拉普拉斯变换为 $F(s)$，对任一常数 a(实数或复数)有

$$L[e^{-at}f(t)]=F(s+a) \tag{2-32}$$

证明：

$$L[e^{-at}f(t)]=\int_0^{\infty}e^{-at}f(t)e^{-st}dt=\int_0^{\infty}f(t)e^{-(s+a)t}dt=F(s+a)$$

（4）微分定理 设$f^{(n)}(t)$表示$f(t)$的n阶导数，$n=1,2,\cdots$，$f(t)$的拉普拉斯变换为$F(s)$，则

$$L[f^{(1)}(t)]=sF(s)-f(0) \tag{2-33}$$

式中，$f(0)$为当$t\to 0$时的$f(t)$值。

证明：由分部积分法得

$$\int u dv = uv-\int v du$$

令$e^{-st}=u$、$f(t)=v$、$dv=f^{(1)}(t)dt$，则

$$L[f^{(1)}(t)]=\int_0^{\infty}f^{(1)}(t)e^{-st}dt=e^{-st}f(t)\Big|_0^{\infty}-\int_0^{\infty}f(t)(-se^{-st})dt=$$

$$s\int_0^{\infty}f(t)e^{-st}dt-f(0)=sF(s)-f(0)$$

可进一步推出$f(t)$的2~n阶导数的拉普拉斯变换为

$$L[f^{(2)}(t)]=s^2F(s)-sf(0)-f^{(1)}(0)$$

$$\vdots$$

$$L[f^{(n)}(t)]=s^nF(s)-s^{n-1}f(0)-s^{n-2}f^{(1)}(0)-\cdots-sf^{(n-2)}(0)-f^{(n-1)}(0) \tag{2-34}$$

式中，$f^{(i)}(0)$为$f(t)$的第i阶导数在$t\to 0$时的取值，$i=1,2,\cdots,n$。

（5）积分定理 设$f(t)$的拉普拉斯变换为$F(s)$，则

$$L\left[\int_0^t f(t)dt\right]=\frac{F(s)}{s}+\frac{1}{s}f^{(-1)}(0) \tag{2-35}$$

式中，$f^{(-1)}(0)$为当$t\to 0$时$\int_0^t f(t)dt$的值。

证明：由分部积分公式得

$$L\left[\int_0^t f(t)dt\right]=\int_0^{\infty}\left[\int_0^t f(t)dt\right]e^{-st}dt=-\frac{1}{s}e^{-st}\int_0^t f(t)dt\Big|_0^{\infty}-\int_0^{\infty}\left(-\frac{1}{s}e^{-st}\right)f(t)dt=$$

$$\frac{1}{s}F(s)+\frac{1}{s}\left[\int_0^t f(t)dt\right]\Big|_{t=0}=\frac{1}{s}F(s)+\frac{1}{s}f^{(-1)}(0)$$

依次可推导出

$$L\left[\int_0^t\int_0^t f(t)(dt)^2\right]=\frac{1}{s^2}F(s)+\frac{1}{s^2}f^{(-1)}(0)+\frac{1}{s}f^{(-2)}(0)$$

$$\vdots$$

$$L\left[\int_0^t\int_0^t\cdots\int_0^t f(t)(dt)^n\right]=\frac{1}{s^n}F(s)+\frac{1}{s^n}f^{(-1)}(0)+\frac{1}{s^{n-1}}f^{(-2)}(0)+\cdots+\frac{1}{s}f^{(-n)}(0) \tag{2-36}$$

式中，$f^{(-i)}(0)$为$f(t)$的第i重积分在$t\to 0$时的取值，$i=1,2,\cdots,n$。

（6）初值定理 若$f(t)$及其一阶导数均可拉普拉斯变换，则$f(t)$的初值为

$$f(0)=\lim_{t\to 0}f(t)=\lim_{s\to\infty}sF(s) \tag{2-37}$$

证明：由微分定理得

$$\int_0^{\infty} f^{(1)}(t)\mathrm{e}^{-st}\mathrm{d}t = sF(s) - f(0)$$

令 $s\to\infty$，对上式两边取极限

$$\lim_{s\to\infty}\left[\int_0^{\infty} f^{(1)}(t)\mathrm{e}^{-st}\mathrm{d}t\right] = \lim_{s\to\infty}[sF(s) - f(0)]$$

当 $s\to\infty$ 时，$\mathrm{e}^{-st}\to 0$，则

$$\lim_{s\to\infty}[sF(s) - f(0)] = 0$$

即

$$f(0) = \lim_{t\to 0} f(t) = \lim_{s\to\infty} sF(s)$$

(7) 终值定理　若 $f(t)$ 及其一阶导数均可拉普拉斯变换，则 $f(t)$ 的终值为

$$\lim_{t\to\infty} f(t) = \lim_{s\to 0} sF(s) \tag{2-38}$$

证明：由微分定理得

$$\int_0^{\infty} f^{(1)}(t)\mathrm{e}^{-st}\mathrm{d}t = sF(s) - f(0)$$

令 $s\to 0$，对上式两边取极限

$$\lim_{s\to 0}\left[\int_0^{\infty} f^{(1)}(t)\mathrm{e}^{-st}\mathrm{d}t\right] = \lim_{s\to 0}[sF(s) - f(0)]$$

上式左边

$$\lim_{s\to 0}\left[\int_0^{\infty} f^{(1)}(t)\mathrm{e}^{-st}\mathrm{d}t\right] = \int_0^{\infty} f^{(1)}(t)\lim_{s\to 0}\mathrm{e}^{-st}\mathrm{d}t = \lim_{t\to\infty}\int_0^{t} f^{(1)}(t)\mathrm{d}t =$$

$$\lim_{t\to\infty}\int_0^{t}\mathrm{d}[f(t)] = \lim_{t\to\infty}[f(t) - f(0)]$$

与前式右边比较，消去 $f(0)$ 可得

$$\lim_{t\to\infty} f(t) = \lim_{s\to 0} sF(s)$$

要注意终值定理的使用条件，即 $sF(s)$ 的全部极点除了坐标原点外应全部在左半 s 平面上(不包括虚轴)。

2.2.2 拉普拉斯反变换及其计算方法

1. 拉普拉斯反变换的定义

已知时间函数 $f(t)$ 对应的象函数 $F(s)$，利用拉普拉斯反变换(Inverse Laplace Transform)求 $f(t)$，记作 $L^{-1}[F(s)] = f(t)$，定义为

$$L^{-1}[F(s)] = f(t) = \frac{1}{2\pi\mathrm{j}}\int_{r-\mathrm{j}\infty}^{r+\mathrm{j}\infty} F(s)\mathrm{e}^{st}\mathrm{d}s \tag{2-39}$$

式中，r 为大于 $F(s)$ 的所有奇异点实部的实常数[所谓奇异点，即 $F(s)$ 在该点不解析，也就是 $F(s)$ 在该点及其邻域不处处可导]。

2. 拉普拉斯反变换的计算方法

在工程应用中，对于简单的 $F(s)$，可直接利用表 2-2 查出相应的 $f(t)$。对于复杂的

$F(s)$，不能直接查表时，通常用下面介绍的部分分式法，先将一个复杂的象函数 $F(s)$ 变成数个简单的标准形式象函数之和，然后再通过查表，分别查出各个标准形式象函数对应的原函数，其和即为所求。

$F(s)$ 通常可表达为复数 s 的有理分式，即

$$F(s)=\frac{b_m s^m+b_{m-1}s^{m-1}+\cdots+b_1 s+b_0}{a_n s^n+a_{n-1}s^{n-1}+\cdots+a_1 s+a_0}=\frac{N(s)}{D(s)} \quad (n\geqslant m) \tag{2-40}$$

式(2-40)的分母多项式等于零的方程为特征方程，即 $D(s)=a_n s^n+a_{n-1}s^{n-1}+\cdots+a_1 s+a_0=0$。其根 $s_i(i=1,2,\cdots,n)$（实根或复根）又称为该有理分式 $F(s)$ 的极点，所以对 $F(s)$ 的分母进行因式分解，有

$$F(s)=\frac{\dfrac{N(s)}{a_n}}{s^n+\dfrac{a_{n-1}}{a_n}s^{n-1}+\cdots+\dfrac{a_1}{a_n}s+\dfrac{a_0}{a_n}}=\frac{\dfrac{N(s)}{a_n}}{(s-s_1)(s-s_2)\cdots(s-s_n)} \tag{2-41}$$

用部分分式法将式(2-41)整理成简单分式之和的形式，并分三种情况进行讨论。

(1) $D(s)=0$ 无重根的情况　将式(2-41)化为部分分式形式，则有

$$F(s)=\frac{k_1}{s-s_1}+\frac{k_2}{s-s_2}+\cdots+\frac{k_n}{s-s_n}=\sum_{i=1}^{n}\frac{k_i}{s-s_i} \tag{2-42}$$

式中，k_i 为极点 $s=s_i$ 处的留数，$i=1,2,\cdots,n$。

求解该情况下的 $F(s)$ 对应的原函数 $f(t)$，具体步骤如下：

1）求解留数 k_i。采用求取极点处留数的方法求解，将式(2-42)两边都乘以 $(s-s_i)$，并将 $s=s_i$ 代入式(2-42)中，得

$$\left.\frac{\dfrac{N(s)}{a_n}}{(s-s_1)(s-s_2)\cdots(s-s_i)\cdots(s-s_n)}(s-s_i)\right|_{s=s_i}=k_i \tag{2-43}$$

2）求解原函数 $f(t)$。由表2-2可知

$$L^{-1}\left[\frac{1}{s-s_i}\right]=\mathrm{e}^{s_i t}$$

从而得 $F(s)$ 的原函数为

$$f(t)=L^{-1}[F(s)]=L^{-1}\left[\sum_{i=1}^{n}\frac{k_i}{s-s_i}\right]=\sum_{i=1}^{n}k_i\mathrm{e}^{s_i t} \tag{2-44}$$

例 2-12　求 $F(s)=\dfrac{s+1}{s^2+5s+6}$ 的拉普拉斯反变换。

解　将 $F(s)$ 转化为部分分式，则有

$$F(s)=\frac{s+1}{s^2+5s+6}=\frac{s+1}{(s+2)(s+3)}=\frac{k_1}{s+2}+\frac{k_2}{s+3}$$

用式(2-43)求留数 k_1、k_2，即

$$k_1=\left.\frac{s+1}{(s+2)(s+3)}(s+2)\right|_{s=-2}=-1$$

$$k_2=\frac{s+1}{(s+2)(s+3)}(s+3)\bigg|_{s=-3}=2$$

根据式(2-44)求得 $F(s)$ 的原函数为

$$f(t)=L^{-1}[F(s)]=L^{-1}\left[\frac{-1}{s+2}+\frac{2}{s+3}\right]=2e^{-3t}-e^{-2t}$$

(2) $D(s)=0$ 的根中有共轭复根的情况　假设 $D(s)=0$ 有一对共轭复根，则式(2-41)可写成

$$F(s)=\frac{k_{11}s+k_{12}}{(s-\sigma-j\omega)(s-\sigma+j\omega)}+\frac{k_1}{s-s_1}+\frac{k_2}{s-s_2}+\cdots+\frac{k_{n-2}}{s-s_{n-2}} \tag{2-45}$$

求解该情况下 $F(s)$ 对应的原函数 $f(t)$，具体步骤如下：

1) 求解留数 k_i。式(2-45)中的 k_1、k_2、…、k_{n-2} 等留数仍按上述无重根的方法求得，留数 k_{11} 和 k_{12} 可由如下方法求得：

式(2-45)两边分别乘以 $(s-\sigma-j\omega)(s-\sigma+j\omega)$，同时令 $s=\sigma+j\omega$（或令 $s=\sigma-j\omega$），得

$$k_{11}s+k_{12}\big|_{s=\sigma+j\omega}=F(s)(s-\sigma-j\omega)(s-\sigma+j\omega)\big|_{s=\sigma+j\omega} \tag{2-46}$$

分别令式(2-46)两边的实部和虚部对应相等，即可求得 k_{11} 和 k_{12}。

2) 求解原函数 $f(t)$。针对 $F(s)$ 中 $\frac{k_1}{s-s_1}+\frac{k_2}{s-s_2}+\cdots+\frac{k_{n-2}}{s-s_{n-2}}$ 对应的原函数，仍按上述无重根的方法求解；针对 $\frac{k_{11}s+k_{12}}{(s-\sigma-j\omega)(s-\sigma+j\omega)}$，通过配方，转化成正弦、余弦的象函数形式，最后查表 2-2 并求和，得该部分对应的原函数。

将上述两部分对应的原函数求和，即得 $F(s)$ 对应的原函数 $f(t)$。

例 2-13　求象函数 $F(s)=\frac{1}{s(s^2+s+1)}$ 的原函数。

解　下面用两种方法求解。

方法一：将 $F(s)$ 转化为部分分式，则有

$$F(s)=\frac{1}{s(s^2+s+1)}=\frac{k_{11}s+k_{12}}{s^2+s+1}+\frac{k_1}{s} \tag{2-47}$$

对上式分母的 s^2+s+1 因式分解，得

$$s^2+s+1=\left(s+\frac{1}{2}+j\frac{\sqrt{3}}{2}\right)\left(s+\frac{1}{2}-j\frac{\sqrt{3}}{2}\right)$$

将式(2-47)的两边都乘以 (s^2+s+1)，并令 $s=-\frac{1}{2}-j\frac{\sqrt{3}}{2}$，得

$$\frac{1}{-\frac{1}{2}-j\frac{\sqrt{3}}{2}}=k_{11}\left(-\frac{1}{2}-j\frac{\sqrt{3}}{2}\right)+k_{12}$$

可简化为

$$-\frac{1}{2}+\mathrm{j}\frac{\sqrt{3}}{2}=k_{11}\left(-\frac{1}{2}-\mathrm{j}\frac{\sqrt{3}}{2}\right)+k_{12}=\left(-\frac{1}{2}k_{11}+k_{12}\right)-\mathrm{j}\frac{\sqrt{3}}{2}k_{11}$$

令上式两边的实部和虚部分别相等，得

$$\begin{cases}-\frac{1}{2}k_{11}+k_{12}=-\frac{1}{2}\\-\frac{\sqrt{3}}{2}k_{11}=\frac{\sqrt{3}}{2}\end{cases}$$

解得

$$k_{11}=-1,\quad k_{12}=-1$$

为确定留数 k_1，式(2-47)两边都乘以 s，并令 $s=0$，得

$$k_1=\left.\frac{s}{s(s^2+s+1)}\right|_{s=0}=1$$

可求得 $F(s)$ 的部分分式为

$$F(s)=\frac{1}{s}-\frac{s+1}{s^2+s+1}=\frac{1}{s}-\frac{s+\frac{1}{2}}{\left(s+\frac{1}{2}\right)^2+\left(\frac{\sqrt{3}}{2}\right)^2}-\frac{\frac{\sqrt{3}}{3}\times\frac{\sqrt{3}}{2}}{\left(s+\frac{1}{2}\right)^2+\left(\frac{\sqrt{3}}{2}\right)^2}$$

则 $F(s)$ 的拉普拉斯反变换为

$$f(t)=L^{-1}[F(s)]=1-\mathrm{e}^{-0.5t}\cos\frac{\sqrt{3}}{2}t-\frac{\sqrt{3}}{3}\mathrm{e}^{-0.5t}\sin\frac{\sqrt{3}}{2}t$$

方法二：将 $F(s)$ 转化为部分分式，则有

$$F(s)=\frac{1}{s(s^2+s+1)}=\frac{k_{11}s+k_{12}}{s^2+s+1}+\frac{k_1}{s}$$

对上式右边进行通分，得

$$F(s)=\frac{1}{s(s^2+s+1)}=\frac{(k_1+k_{11})s^2+(k_1+k_{12})s+k_1}{s(s^2+s+1)}$$

等式左右两边对应相等，即

$$1=(k_1+k_{11})s^2+(k_1+k_{12})s+k_1$$

对应项系数相等，得

$$\begin{cases}k_1+k_{11}=0\\k_1+k_{12}=0\\k_1=1\end{cases}$$

解得

$$k_1=1,\quad k_{11}=-1,\quad k_{12}=-1$$

可求得 $F(s)$ 的部分分式为

$$F(s)=\frac{1}{s}-\frac{s+1}{s^2+s+1}=\frac{1}{s}-\frac{s+\frac{1}{2}}{\left(s+\frac{1}{2}\right)^2+\left(\frac{\sqrt{3}}{2}\right)^2}-\frac{\frac{\sqrt{3}}{3}\times\frac{\sqrt{3}}{2}}{\left(s+\frac{1}{2}\right)^2+\left(\frac{\sqrt{3}}{2}\right)^2}$$

则 $F(s)$ 的拉普拉斯反变换为

$$f(t)=L^{-1}[F(s)]=1-\mathrm{e}^{-0.5t}\cos\frac{\sqrt{3}}{2}t-\frac{\sqrt{3}}{3}\mathrm{e}^{-0.5t}\sin\frac{\sqrt{3}}{2}t$$

由此可知，上述两种解法结果相同。如果将上式进行整理，可得

$$f(t)=1-\frac{\mathrm{e}^{-0.5t}}{\frac{\sqrt{3}}{2}}\left(\frac{\sqrt{3}}{2}\cos\frac{\sqrt{3}}{2}t+\frac{1}{2}\sin\frac{\sqrt{3}}{2}t\right)=1-\frac{\mathrm{e}^{-0.5t}}{\frac{\sqrt{3}}{2}}\sin\left(\frac{\sqrt{3}}{2}t+60°\right) \tag{2-48}$$

分析式(2-48)[即用拉普拉斯反变换方法求得的 $f(t)$]，可以发现：①含有常数项 1；②含有指数函数和正弦函数。指数函数的指数 -0.5、正弦函数的频率 $\frac{\sqrt{3}}{2}$、正弦函数的相角 60°之间是否有什么关系？$f(t)$ 这种形式涉及第 3 章的欠阻尼二阶系统情况的单位阶跃响应。

(3) $D(s)=0$ 有重根的情况　设 $D(s)=0$ 有 ρ 重根 s_1，则

$$F(s)=\frac{k_{11}}{(s-s_1)^{\rho}}+\frac{k_{12}}{(s-s_1)^{\rho-1}}+\cdots+\frac{k_{1(\rho-1)}}{(s-s_1)^2}+\frac{k_{1\rho}}{s-s_1}+\frac{k_2}{s-s_2}+\cdots+\frac{k_{n-\rho+1}}{s-s_{n-\rho+1}} \tag{2-49}$$

求解该情况下的 $F(s)$ 对应的原函数 $f(t)$，具体步骤如下：

1) 求解留数 k_i。式(2-49)中的 k_2、k_3、…、$k_{n-\rho+1}$ 等留数仍按上述无重根的方法求得。而留数 k_{11}、k_{12}、…、$k_{1\rho}$ 可按下述方法求得

$$\begin{aligned}
k_{11}&=F(s)(s-s_1)^{\rho}\big|_{s=s_1}\\
k_{12}&=\frac{\mathrm{d}}{\mathrm{d}s}[F(s)(s-s_1)^{\rho}]\bigg|_{s=s_1}\\
k_{13}&=\frac{1}{2!}\frac{\mathrm{d}^2}{\mathrm{d}s^2}[F(s)(s-s_1)^{\rho}]\bigg|_{s=s_1}\\
&\vdots\\
k_{1\rho}&=\frac{1}{(\rho-1)!}\frac{\mathrm{d}^{(\rho-1)}}{\mathrm{d}s^{(\rho-1)}}[F(s)(s-s_1)^{\rho}]\bigg|_{s=s_1}
\end{aligned} \tag{2-50}$$

2) 求解原函数 $f(t)$。针对 $F(s)$ 中 $\frac{k_{1\rho}}{s-s_1}+\frac{k_2}{s-s_2}+\cdots+\frac{k_{n-\rho+1}}{s-s_{n-\rho+1}}$ 对应的原函数，仍按上述

无重根的方法求解；针对$\frac{k_{11}}{(s-s_1)^{\rho}}+\frac{k_{12}}{(s-s_1)^{\rho-1}}+\cdots+\frac{k_{1(\rho-1)}}{(s-s_1)^2}$，将各分式整理成$\frac{n!}{(s+a)^{n+1}}$的形式并求和，即得该部分对应的原函数。

将上述两部分对应的原函数求和，即得 $F(s)$ 对应的原函数 $f(t)$。

例 2-14　求 $F(s)=\frac{1}{s(s+2)^3(s+3)}$的拉普拉斯反变换。

解

$$F(s)=\frac{k_{11}}{(s+2)^3}+\frac{k_{12}}{(s+2)^2}+\frac{k_{13}}{s+2}+\frac{k_2}{s}+\frac{k_3}{s+3}$$

根据式(2-50)和式(2-43)求得

$$k_{11}=F(s)(s+2)^3\big|_{s=-2}=\frac{1}{s(s+3)}\bigg|_{s=-2}=-\frac{1}{2}$$

$$k_{12}=\frac{\mathrm{d}}{\mathrm{d}s}[F(s)(s+2)^3]\bigg|_{s=-2}=\frac{\mathrm{d}}{\mathrm{d}s}\left[\frac{1}{s(s+3)}\right]\bigg|_{s=-2}=\frac{-(2s+3)}{s^2(s+3)^2}\bigg|_{s=-2}=\frac{1}{4}$$

$$k_{13}=\frac{1}{2!}\frac{\mathrm{d}^2}{\mathrm{d}s^2}[F(s)(s+2)^3]\bigg|_{s=-2}=\frac{1}{2}\frac{\mathrm{d}^2}{\mathrm{d}s^2}\left[\frac{1}{s(s+3)}\right]\bigg|_{s=-2}=-\frac{3}{8}$$

$$k_2=F(s)s\big|_{s=0}=\frac{1}{(s+2)^3(s+3)}\bigg|_{s=0}=\frac{1}{24}$$

$$k_3=F(s)(s+3)\big|_{s=-3}=\frac{1}{s(s+2)^3}\bigg|_{s=-3}=\frac{1}{3}$$

可求得 $F(s)$ 的部分分式为

$$F(s)=-\frac{\frac{1}{2}}{(s+2)^3}+\frac{\frac{1}{4}}{(s+2)^2}-\frac{\frac{3}{8}}{s+2}+\frac{\frac{1}{24}}{s}+\frac{\frac{1}{3}}{s+3}$$

分别查表，可求得 $F(s)$ 的拉普拉斯反变换为

$$f(t)=L^{-1}[F(s)]=-\frac{1}{4}t^2\mathrm{e}^{-2t}+\frac{1}{4}t\mathrm{e}^{-2t}-\frac{3}{8}\mathrm{e}^{-2t}+\frac{1}{24}+\frac{1}{3}\mathrm{e}^{-3t}=$$

$$\frac{1}{4}\left(-t^2+t-\frac{3}{2}\right)\mathrm{e}^{-2t}+\frac{1}{3}\mathrm{e}^{-3t}+\frac{1}{24}$$

3. 用拉普拉斯反变换求解系统输出

由 2.1 节可知，控制系统的微分方程一般为常微分方程，即

$$a_n\frac{\mathrm{d}^n c(t)}{\mathrm{d}t^n}+a_{n-1}\frac{\mathrm{d}^{n-1}c(t)}{\mathrm{d}t^{n-1}}+\cdots+a_1\frac{\mathrm{d}c(t)}{\mathrm{d}t}+a_0c(t)=b_m\frac{\mathrm{d}^m r(t)}{\mathrm{d}t^m}+b_{m-1}\frac{\mathrm{d}^{m-1}r(t)}{\mathrm{d}t^{m-1}}+\cdots+b_1\frac{\mathrm{d}r(t)}{\mathrm{d}t}+b_0r(t)$$

而微分方程的解[即系统输出 $c(t)$]是我们所关注的，下面结合实例说明。

例 2-15　系统的微分方程为$\ddot{c}(t)+5\dot{c}(t)+6c(t)=6\dot{r}(t)+6r(t)$，其中，$\dot{c}(0)=0$、$c(0)=0$、$r(t)=1(t)$、$t\geqslant 0$，试求解系统的输出 $c(t)$。

解　下面用两种方法求解。

方法一：采用高等数学中解常系数非齐次线性微分方程的方法求解。

上述方程是二阶常系数非齐次线性微分方程，且因为 $r(t)=1(t)$，所以方程右侧

$$6\dot{r}(t)+6r(t)=6$$

方程的通解为

$$c(t)=c_{t}(t)+c_{ss}(t) \tag{2-51}$$

式中，$c_t(t)$ 为方程对应的齐次方程通解；$c_{ss}(t)$ 为方程对应的特解。

与方程对应的齐次方程为

$$\ddot{c}(t)+5\dot{c}(t)+6c(t)=0 \tag{2-52}$$

式(2-52)对应的特征方程

$$s^2+5s+6=0$$

有两个实根，分别为 $s_1=-2$、$s_2=-3$，所以式(2-52)的通解为

$$c_t(t)=k_1\mathrm{e}^{s_1t}+k_2\mathrm{e}^{s_2t}=k_1\mathrm{e}^{-2t}+k_2\mathrm{e}^{-3t}$$

由于 $s=0$ 不是特征方程的根，所以应设特解为

$$c_{ss}(t)=k_0$$

式中，k_0 为常数。

把特解代入方程，得

$$6k_0=6$$

由此得 $k_0=1$，所以求得一个特解为

$$c_{ss}(t)=1$$

所以方程的通解 $c(t)$ 为

$$c(t)=k_1\mathrm{e}^{-2t}+k_2\mathrm{e}^{-3t}+1$$

由于 $\dot{c}(0)=0$、$c(0)=0$，所以

$$\begin{cases}k_1+k_2+1=0\\-2k_1-3k_2=0\end{cases}$$

解得 $k_1=-3$、$k_2=-2$，所以

$$c(t)=1-3\mathrm{e}^{-2t}+2\mathrm{e}^{-3t}$$

方法二：采用拉普拉斯反变换的方法求解。

将方程两边进行拉普拉斯变换，得

$$s^2C(s)-sc(0)-\dot{c}(0)+5[sC(s)-c(0)]+6C(s)=6[sR(s)-r(0)]+6R(s)$$

将 $\dot{c}(0)=0$、$c(0)=0$、$r(0)=1$、$R(s)=\dfrac{1}{s}$ 代入并整理，得

$$C(s)=\frac{6}{s(s+2)(s+3)}=\frac{k_1}{s}+\frac{k_2}{s+2}+\frac{k_3}{s+3}$$

根据式(2-43)求得

$$k_1=\frac{6}{s(s+2)(s+3)}s\bigg|_{s=0}=1$$

$$k_2=\frac{6}{s(s+2)(s+3)}(s+2)\bigg|_{s=-2}=-3$$

$$k_3=\frac{6}{s(s+2)(s+3)}(s+3)\bigg|_{s=-3}=2$$

可求得 $F(s)$ 的部分分式为

$$C(s)=\frac{1}{s}-\frac{3}{s+2}+\frac{2}{s+3}$$

对上式进行拉普拉斯反变换，得

$$c(t)=1-3\mathrm{e}^{-2t}+2\mathrm{e}^{-3t}$$

显然，采用拉普拉斯反变换的方法求解系统输出更为简单、快捷。用拉普拉斯反变换求解系统输出 $c(t)$ 的步骤如下：

1）考虑初始条件，对常微分方程进行拉普拉斯变换，将其转换为代数方程。

2）求出 $C(s)$ 的极点和极点对应的留数 k_i，然后对部分分式分别进行拉普拉斯反变换，并将各部分对应的原函数求和，从而求出常微分方程的解，即系统的输出 $c(t)$。

系统的输出（或称输出响应）$c(t)$ 是时间的函数，故又称作时间响应。时间响应将在第3章介绍。

2.3 传递函数及基本环节的传递函数

由2.1节可知，求解描述系统的微分方程可得其运动规律，但计算复杂。因而，在经典控制理论中，常采用传递函数作为数学模型来描述系统。利用2.2节所阐述的拉普拉斯变换方法，可将系统的微分方程转化为代数方程，进而可以得到系统的传递函数。传递函数不仅可以表征系统的动态性能，还可以用来研究系统的结构、参数变化对系统性能的影响。

2.3.1 传递函数

1. 传递函数的概念

线性定常系统的传递函数（Transfer Function）定义为当初始条件为零时，输出的拉普拉斯变换与输入的拉普拉斯变换之比。

设线性定常系统输入为 $r(t)$、输出为 $c(t)$，则描述系统的常微分方程的一般形式为

$$a_n\frac{\mathrm{d}^n c(t)}{\mathrm{d}t^n}+a_{n-1}\frac{\mathrm{d}^{n-1}c(t)}{\mathrm{d}t^{n-1}}+\cdots+a_1\frac{\mathrm{d}c(t)}{\mathrm{d}t}+a_0c(t)=$$
$$b_m\frac{\mathrm{d}^m r(t)}{\mathrm{d}t^m}+b_{m-1}\frac{\mathrm{d}^{m-1}r(t)}{\mathrm{d}t^{m-1}}+\cdots+b_1\frac{\mathrm{d}r(t)}{\mathrm{d}t}+b_0r(t) \tag{2-53}$$

式中，$n\geqslant m$；a_n、b_m 均为实数。

当初始条件为零时，对式（2-53）两边进行拉普拉斯变换，得

$$a_ns^nC(s)+a_{n-1}s^{n-1}C(s)+\cdots+a_1sC(s)+a_0C(s)=$$
$$b_ms^mR(s)+b_{m-1}s^{m-1}R(s)+\cdots+b_1sR(s)+b_0R(s) \tag{2-54}$$

根据传递函数的定义，系统的传递函数 $G(s)$ 为

$$G(s)=\frac{C(s)}{R(s)}=\frac{b_m s^m+b_{m-1}s^{m-1}+\cdots+b_1 s+b_0}{a_n s^n+a_{n-1}s^{n-1}+\cdots+a_1 s+a_0}=\frac{N(s)}{D(s)}\quad(n\geqslant m)\tag{2-55}$$

由上述分析可知，传递函数具有以下特点：

1）传递函数是一种用系统参数表示输出与输入之间关系的表达式，它只取决于系统或元件的结构和参数，而与输入无关。

2）传递函数不能表征所描述系统的具体物理构成，不同的物理系统，只要它们动态特性相同，就可以用同一传递函数来描述。

3）传递函数是代数方程，便于求解和分析。

传递函数分母多项式中 s 的最高幂数代表了系统的阶次，如 s 的最高幂数为 n，则该系统为 n 阶系统。

2. 传递函数的零点(Zero)、极点(Pole)和放大系数

(1) 零点 z_j　传递函数 $G(s)$ 的分子对应代数方程的根被称为系统的零点，即

$$N(s)\big|_{s=z_j(j=1,2,\cdots,m)}=0\tag{2-56}$$

(2) 极点 p_i　传递函数 $G(s)$ 的分母对应代数方程的根被称为系统的极点，即

$$D(s)\big|_{s=p_i(i=1,2,\cdots,n)}=0\tag{2-57}$$

这些零点和极点中当然可以有重零点和重极点。零点和极点是控制理论中重要的概念，它们在控制系统的分析与设计中有着重要的作用。

(3) 放大系数 K(又称放大倍数、增益)

将式(2-55)所示的传递函数整理成含有时间常数的形式为

$$G(s)=K\frac{(\tau_1 s+1)(\tau_2 s+1)\cdots(\tau_m s+1)}{(T_1 s+1)(T_2 s+1)\cdots(T_n s+1)}=\frac{K\prod_{j=1}^{m}(\tau_j s+1)}{\prod_{i=1}^{n}(T_i s+1)}\tag{2-58}$$

式(2-58)中的常数 K 即为该传递函数的放大系数。稳定系统在同一输入的条件下，放大系数 K 决定着系统的稳态输出值。

例如，某系统的传递函数为

$$G(s)=\frac{2s+8}{s^3+5s^2+6s}$$

根据式(2-56)求得该传递函数的零点 $z_1=-4$，根据式(2-57)求得该传递函数的极点 $p_1=0$、$p_2=-2$、$p_3=-3$。

将该传递函数整理成如式(2-58)的时间常数形式，即

$$G(s)=\frac{\frac{4}{3}\left(\frac{s}{4}+1\right)}{s\left(\frac{s}{2}+1\right)\left(\frac{s}{3}+1\right)}$$

可得该传递函数的放大系数 $K=\frac{4}{3}$。

由上述分析可知，传递函数可由零点、极点和放大系数确定。

2.3.2 基本环节的传递函数

一个系统可看作由一些基本环节(又称典型环节)组成。环节可以是一个元件，也可以是一个元件的一部分或由几个元件组成。掌握基本环节有助于对复杂系统进行分析和研究。

1. 比例环节(又称放大环节)

输出与输入成正比，输出不失真、不延迟且按比例地反映输入的环节称为比例环节，即

$$c(t)=Kr(t)$$

对上式进行拉普拉斯变换，求得比例环节的传递函数为

$$G(s)=\frac{C(s)}{R(s)}=K \tag{2-59}$$

式中，K为放大系数。

如一个理想的电子放大器的放大系数或增益、齿轮传动的传动比均为比例环节。

2. 积分环节

输出正比于输入的积分的环节称为积分环节，即

$$c(t)=\frac{1}{T}\int r(t)\,\mathrm{d}t$$

对上式进行拉普拉斯变换，求得积分环节的传递函数为

$$G(s)=\frac{C(s)}{R(s)}=\frac{1}{Ts} \tag{2-60}$$

式中，T为时间常数。

图2-13所示为液压缸活塞运动过程，其中，$q(t)$为液压缸的输入流量，A为液压缸活塞有效面积，$x(t)$为活塞位移。列出该系统的微分方程，进而通过拉普拉斯变换求得活塞位移$x(t)$对输入流量$q(t)$的传递函数。

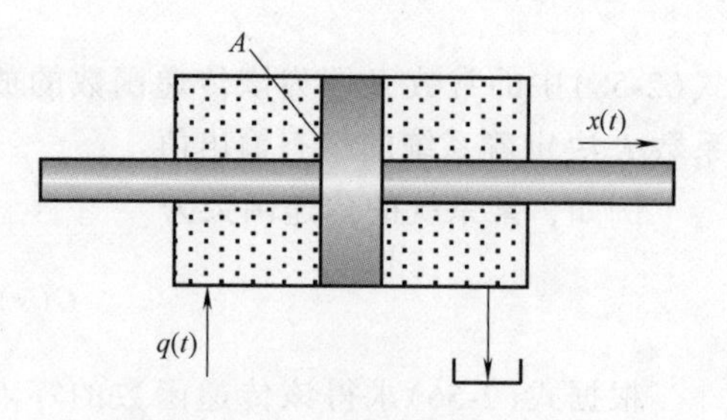

图2-13 液压缸活塞运动过程

系统的微分方程为

$$A\frac{\mathrm{d}x(t)}{\mathrm{d}t}=q(t)$$

通过拉普拉斯变换求得的传递函数为

$$G(s)=\frac{X(s)}{Q(s)}=\frac{1}{As}$$

该系统的积分时间常数$T=A$。

3. 微分环节

输出正比于输入的微分的环节称为微分环节，即

$$c(t)=\tau\dot{r}(t)$$

其传递函数为

$$G(s)=\frac{C(s)}{R(s)}=\tau s \tag{2-61}$$

式中，τ 为微分环节的时间常数。

图 2-14 所示为某一体积为 V 的容腔，装有压力为 $p(t)$ 的可压缩液压油。假设液压油的体积模量 β_e 为常数，列出该系统的微分方程，进而通过拉普拉斯变换，得到以流量 $q(t)$ 为输出、以压力 $p(t)$ 为输入的传递函数。

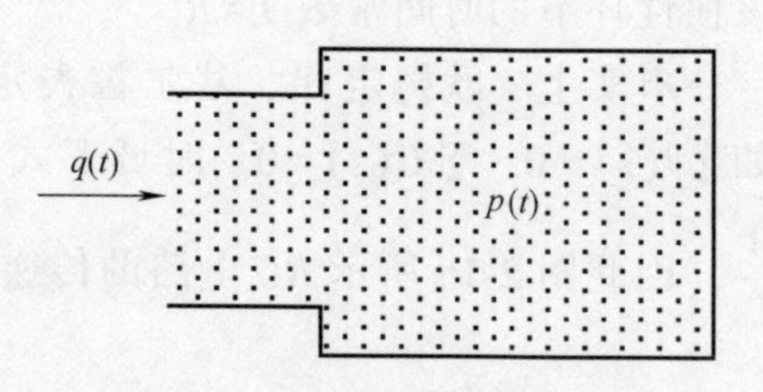

图 2-14 封闭容腔压力变化

系统微分方程为

$$q(t)=\frac{V}{\beta_e}\frac{\mathrm{d}p(t)}{\mathrm{d}t}$$

通过拉普拉斯变换求得的传递函数为

$$G(s)=\frac{Q(s)}{P(s)}=\frac{V}{\beta_e}s$$

该微分环节的时间常数 $\tau=\dfrac{V}{\beta_e}$。

4. 惯性环节

在这类环节中，因含有储能元件，故对突变形式的输入信号不能立即输送出去。其微分方程为

$$T\dot{c}(t)+c(t)=Kr(t)$$

对上式进行拉普拉斯变换，求得惯性环节的传递函数为

$$G(s)=\frac{C(s)}{R(s)}=\frac{K}{Ts+1} \tag{2-62}$$

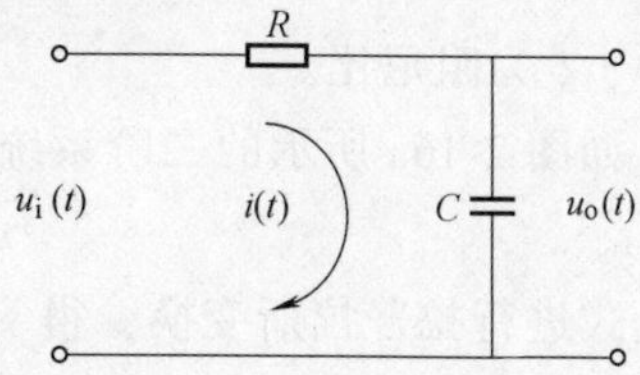

如图 2-15 所示的 RC 电路，$u_i(t)$ 为输入电压，$u_o(t)$ 为输出电压，$i(t)$ 为电流，R 为电阻，C 为电容。列出该电路的微分方程，进而通过拉普拉斯变换求得输出对输入的传递函数。

图 2-15 RC 电路

电路的微分方程为

$$\begin{cases}i(t)=C\dot{u}_o(t)\\ u_i(t)=Ri(t)+u_o(t)\end{cases} \tag{2-63}$$

对上式进行拉普拉斯变换，得

$$\begin{cases}I(s)=CsU_o(s)\\ U_i(s)=RI(s)+U_o(s)\end{cases}$$

整理得电路的传递函数为

$$G(s)=\frac{U_o(s)}{U_i(s)}=\frac{1}{RCs+1}$$

该惯性环节的时间常数 $T=RC$。

事实上，欧姆定律、基尔霍夫定律等除前述时域形式公式外，还有复域形式公式，如 $\sum I(s)=0$、$\sum U(s)=0$。时域形式公式中的 R、L、C 在复域形式公式中分别为 R、Ls、$\frac{1}{Cs}$，因此图 2-15 所示 RC 电路的传递函数为

$$\frac{U_o(s)}{U_i(s)}=\frac{\frac{1}{Cs}I(s)}{\left(R+\frac{1}{Cs}\right)I(s)}=\frac{\frac{1}{Cs}}{R+\frac{1}{Cs}}=\frac{1}{RCs+1}$$

5. 一阶微分环节

描述该环节的微分方程为

$$c(t)=\tau\dot{r}(t)+r(t)$$

传递函数为

$$G(s)=\frac{C(s)}{R(s)}=\tau s+1 \tag{2-64}$$

6. 振荡环节

振荡环节含有两种独立储能元件，储能元件之间存在能量交换，因而产生振荡；且振荡环节的独立储能元件数目为 2，因而为二阶系统。其微分方程为

$$T^2\ddot{c}(t)+2\zeta T\dot{c}(t)+c(t)=Kr(t)\quad(0\leqslant\zeta<1)$$

对上式进行拉普拉斯变换，求得振荡环节的传递函数为

$$G(s)=\frac{C(s)}{R(s)}=\frac{K}{T^2s^2+2\zeta Ts+1}\quad(0\leqslant\zeta<1) \tag{2-65}$$

式中，ζ 为阻尼比。

如图 2-16a 所示的二阶系统，其微分方程为

$$m\ddot{x}(t)+f\dot{x}(t)+kx(t)=F(t)$$

对上式进行拉普拉斯变换，得

$$ms^2X(s)+fsX(s)+kX(s)=F(s)$$

整理得其传递函数为

$$G(s)=\frac{X(s)}{F(s)}=\frac{1}{ms^2+fs+k}=\frac{1}{k}\frac{1}{\frac{m}{k}s^2+\frac{f}{k}s+1}=\frac{1}{k}\frac{1}{T^2s^2+2\zeta Ts+1}$$

该振荡环节的时间常数 $T=\sqrt{\frac{m}{k}}$，阻尼比 $\zeta=\frac{f}{2\sqrt{mk}}$。

如图 2-16b 所示的二阶系统，其传递函数为

$$G(s)=\frac{U_o(s)}{U_i(s)}=\frac{\frac{1}{Cs}I(s)}{\left(Ls+R+\frac{1}{Cs}\right)I(s)}=\frac{\frac{1}{Cs}}{Ls+R+\frac{1}{Cs}}=\frac{1}{LCs^2+RCs+1}=\frac{1}{T^2s^2+2\zeta Ts+1}$$

该振荡环节的时间常数 $T=\sqrt{LC}$，阻尼比 $\zeta=\dfrac{R}{2\sqrt{L/C}}$。

当上述两例中的阻尼比 ζ 满足 $0\leqslant\zeta<1$ 时，该二阶系统即为振荡环节。

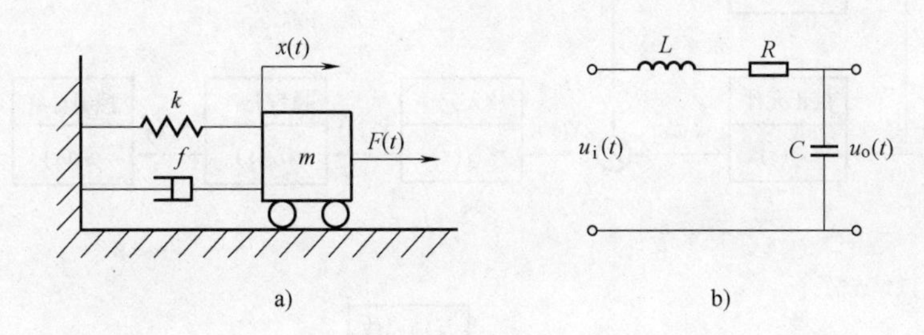

图 2-16　二阶系统

7. 二阶微分环节

描述该环节的微分方程为

$$c(t)=\tau^2\ddot{r}(t)+2\zeta\tau\dot{r}(t)+r(t)$$

传递函数为

$$G(s)=\frac{C(s)}{R(s)}=\tau^2 s^2+2\zeta\tau s+1\quad(0\leqslant\zeta<1)\tag{2-66}$$

8. 延时环节

该环节的输出滞后输入时间 τ 后不失真地复现输入，如图 2-12 所示，其微分方程为

$$c(t)=r(t-\tau)$$

传递函数为

$$G(s)=\frac{C(s)}{R(s)}=\mathrm{e}^{-\tau s}\tag{2-67}$$

综上可见，积分环节与微分环节、惯性环节与一阶微分环节、振荡环节与二阶微分环节，其传递函数在形式上是对称的。

2.4 框图及其简化

在控制工程中，人们习惯于用框图来分析和研究控制系统。框图(Block Diagram)具体而形象地表示了系统内部各环节的数学模型、各变量之间的相互关系以及信号流向。根据系统框图，并通过一定的框图简化(等效变换或梅逊公式)可求得系统传递函数。

2.4.1 框图组成及连接方式

通常，闭环控制系统的框图如图 2-17 所示。下面对框图的构成要素以及连接方式进行介绍与分析。

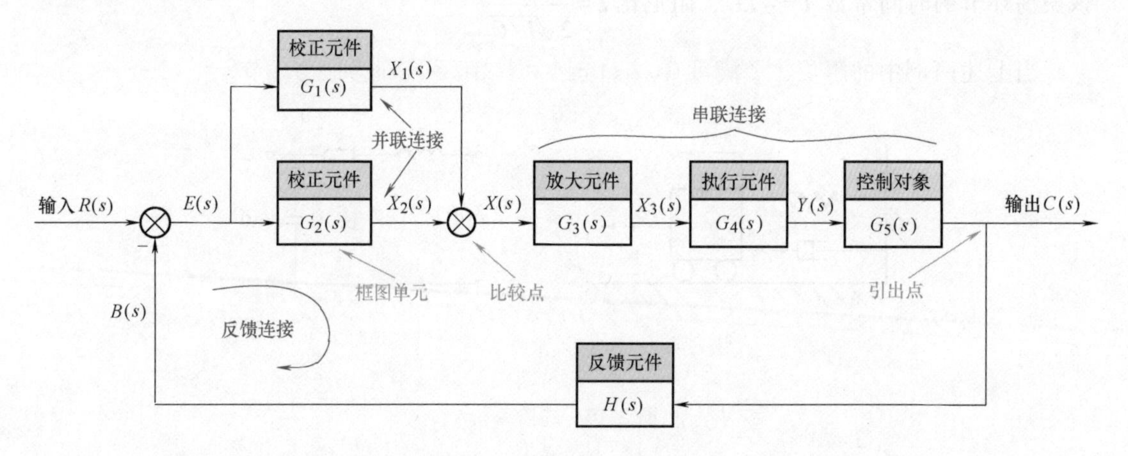

图 2-17 闭环控制系统的框图

1. 框图的构成要素

(1) 框图单元　框图单元是元件或环节传递函数的图解表示。指向框图单元的箭头表示输入，从框图单元出来的箭头表示输出，箭头上标明了相应的信号。其中 $G_1(s)$ ~ $G_5(s)$ 和 $H(s)$ 表示相应输入输出之间环节的传递函数。

(2) 引出点　引出点表示信号引出和测量的位置。同一位置引出的几个信号，在大小和性质上完全一样。

(3) 比较点　比较点(或称汇合点、相加点)是两个或两个以上信号代数求和运算的图解表示。在比较点处，输出信号(离开比较点的信号)等于各输入信号(指向比较点的信号)的代数和。箭头上的“+”或“-”表示该输入信号在代数运算中的符号，在比较点处加减的信号必须是同种变量，运算时的量纲也要相同。本书中框图省略“+”，只在信号相减的地方保留“-”。

2. 系统连接方式及运算法则

系统各环节之间有三种基本连接方式：串联连接、并联连接和反馈连接。框图的运算法则是求取框图不同连接方式下等效传递函数的方法。

(1) 串联连接　各环节一个个顺序连接称为串联，即前一个环节的输出是后一个环节的输入。针对图 2-17 中的串联连接，$G_3(s)$、$G_4(s)$、$G_5(s)$ 为各个环节的传递函数，总的传递函数为

$$\frac{C(s)}{X(s)}=\frac{C(s)}{Y(s)}\frac{Y(s)}{X_3(s)}\frac{X_3(s)}{X(s)}=G_5(s)G_4(s)G_3(s) \tag{2-68}$$

因此，图 2-17 中串联连接的部分(见图 2-18a)可等效变换为图 2-18b。

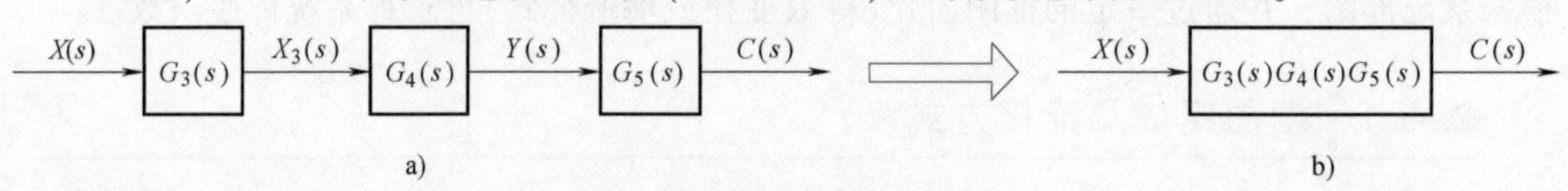

图 2-18 串联连接等效变换

式(2-68)说明，由环节串联所构成的系统，当无负载效应影响时，它的总传递函数等于各环节传递函数的乘积。当系统由 n 个环节$[G_i(s)(i=1,2,\cdots,n)]$串联而成时，总传递函数为

$$G(s)=G_1(s)G_2(s)\cdots G_n(s)=\prod_{i=1}^{n}G_i(s) \tag{2-69}$$

(2) 并联连接　凡有几个环节的输入相同，输出进行代数求和运算的连接形式称为并联。针对图 2-17 中的并联连接，共同的输入为 $E(s)$，总输出为

$$X(s)=X_1(s)+X_2(s)$$

所以总的传递函数为

$$\frac{X(s)}{E(s)}=\frac{X_1(s)+X_2(s)}{E(s)}=G_2(s)+G_1(s)$$

因此，图 2-17 中的并联连接部分(见图 2-19a)可等效变换为图 2-19b。

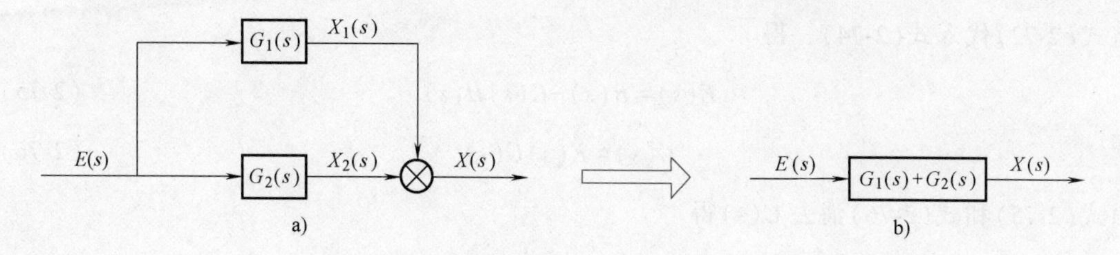

图 2-19　并联连接等效变换

这说明环节并联所构成的总传递函数，等于各环节传递函数的代数和。推广到 n 个环节$[G_i(s)(i=1,2,\cdots,n)]$并联，其总的传递函数等于各并联环节传递函数的代数和，即

$$G(s)=G_1(s)+G_2(s)+\cdots+G_n(s)=\sum_{i=1}^{n}G_i(s) \tag{2-70}$$

(3) 反馈连接　所谓反馈，是将系统或某一环节的输出，全部或部分地通过反馈回路回输到输入端，又重新输入到系统中去。反馈与输入相加的称为“正反馈”，与输入相减的称为“负反馈”。由此可见，反馈连接也是闭环系统传递函数框图的最基本形式。

针对如图 2-17 所示的反馈连接，就其相应的传递函数进行分析与说明。

令该回路从输入 $R(s)$ 到输出 $C(s)$ 信号传递路径的传递函数为 $G(s)$，由式(2-69)和式(2-70)，可知

$$G(s)=[G_1(s)+G_2(s)]G_3(s)G_4(s)G_5(s) \tag{2-71}$$

式(2-71)称为前向通道传递函数(从输入至输出信号传递路径上所有传递函数的等效传递函数)。

因此，将图 2-17 简化为图 2-20a。

该回路的输出 $C(s)$ 通过反馈传递函数 $H(s)$ 变为反馈信号 $B(s)$，即

$$B(s)=C(s)H(s) \tag{2-72}$$

由式(2-72)得

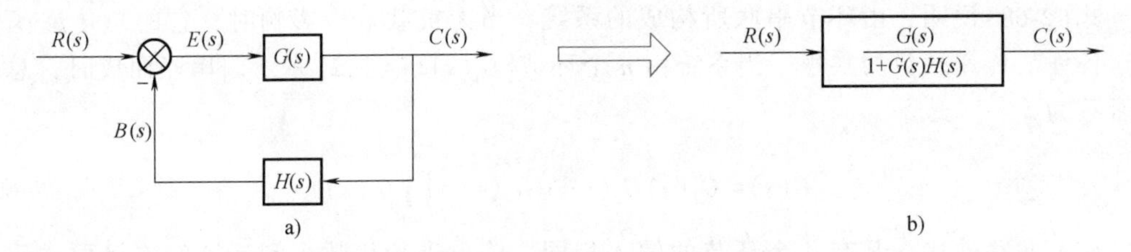

图 2-20　反馈连接等效变换

$$H(s)=\frac{B(s)}{C(s)} \tag{2-73}$$

式(2-73)称为反馈通道传递函数[反馈信号 $B(s)$ 与输出信号 $C(s)$ 之比]。

对于反馈控制回路，反馈 $B(s)$ 与输入信号 $R(s)$ 进行比较后得到偏差信号 $E(s)$，即

$$E(s)=R(s)-B(s) \tag{2-74}$$

将式(2-72)代入式(2-74)，得

$$E(s)=R(s)-C(s)H(s) \tag{2-75}$$

$$C(s)=E(s)G(s) \tag{2-76}$$

由式(2-75)和式(2-76)消去 $C(s)$ 得

$$\frac{E(s)}{R(s)}=\frac{1}{1+G(s)H(s)} \tag{2-77}$$

式(2-77)称为误差传递函数(偏差信号与输入信号之比)。

由式(2-75)和式(2-76)消去 $E(s)$ 得

$$\frac{C(s)}{R(s)}=\frac{G(s)}{1+G(s)H(s)} \tag{2-78}$$

式(2-78)称为闭环传递函数(输出信号与输入信号之比)。因此，图 2-17 可等效变换为图 2-20b。

若反馈与输入为正反馈连接，则通过分析可得闭环传递函数为

$$\frac{C(s)}{R(s)}=\frac{G(s)}{1-G(s)H(s)} \tag{2-79}$$

所以，单回路系统的闭环传递函数可表示为

$$\frac{C(s)}{R(s)}=\frac{\text{前向通道传递函数}}{1-\text{回路传递函数}} \tag{2-80}$$

所谓回路(或称回环)，是指信号沿框图中箭头方向、从某点出发再返回该点(即起点和终点在同一点)且通过任一点的次数不多于 1 次时所构成的闭合通路。

单回路系统闭环传递函数分母因子式中含有 $G(s)H(s)$，即

$$G(s)H(s)=\frac{B(s)}{E(s)} \tag{2-81}$$

式(2-81)称为开环传递函数(反馈信号与偏差信号之比)。开环传递函数很常用，它与开环控制系统的传递函数不是一个含义。后续各章通常用 $G(s)H(s)$ 表示开环传递函数，且均涉及用开环传递函数来研究闭环控制系统。

2.4.2 框图等效变换

在对系统进行分析时，常常需要对框图做一定的等效变换，特别是存在多回路和多输入的情况下，更需要对框图进行简化，以便求出总的传递函数，这有利于分析各输入信号对系统性能的影响。在用等效变换对框图进行简化时，应遵守的基本原则是变换前和变换后某一封闭域内输入输出的数学关系不变，即变换前与变换后前向通道中传递函数的乘积必须保持不变；对于反馈控制系统框图，变换前与变换后回路中传递函数的乘积必须保持不变。框图等效变换的基本原则图解如图 2-21 所示，封闭域的输入为 A，输出为 B、C，变换前和变换后始终满足 $B=AG_1G_2$、$C=AG_1$。为简便起见，后文将省略传递函数中的“(s)”，例如，$G(s)$ 简写为 G。

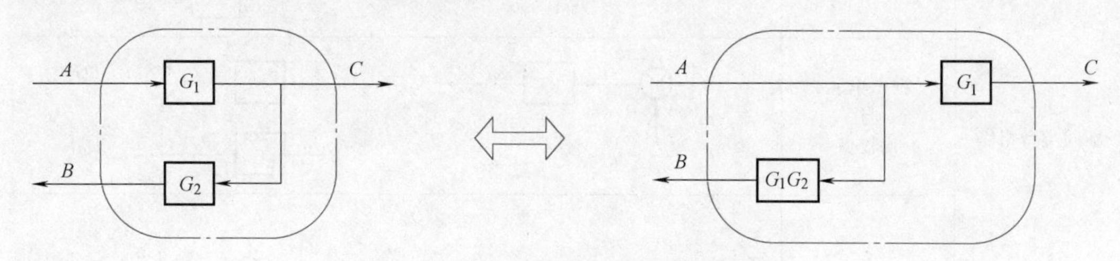

图 2-21 框图等效变换的基本原则图解

表 2-3 列出了框图等效变换法则。

表 2-3 框图等效变换法则

类型		等效变换
框图单元连接方式	串联	A → G_1 → AG_1 → G_2 → AG_1G_2 ⟺ A → G_1G_2 → AG_1G_2
	并联	A → G_1 → AG_1；A → G_2 → AG_2；⊗ → AG_1+AG_2 ⟺ A → G_1+G_2 → AG_1+AG_2
	反馈	A → ⊗ → G_1 → C，G_2 反馈，$\pm$ ⟺ A → $\dfrac{G_1}{1\mp G_1G_2}$ → C

（续）

类型		等效变换
同一类型相邻（可互换位置）	框图单元	A G_1 AG_1 G_2 AG_1G_2 ⟺ A G_2 AG_2 G_1 AG_2G_1
	引出点	A A A ⟺ A A A
	比较点	A $A-B$ $A-B+C$ $-$ B C ⟺ A $A+C$ $A+C-B$ C $-$ B
不同类型相邻	框图单元与引出点	A G AG AG ⟺ A G AG G AG
	框图单元与比较点	A $A-B$ G $AG-BG$ $-$ B ⟺ A G AG $AG-BG$ $-$ B G BG
	引出点与比较点	A $A-B$ $A-B$ $-$ B ⟺ B $-$ $A-B$ A $A-B$ $-$ B

例 2-16 图 2-22a 为某系统的框图，试求出系统传递函数$\dfrac{C(s)}{R(s)}$，其中，$G_1 \sim G_7$ 为信号在传递和变换过程中的相应传递函数。

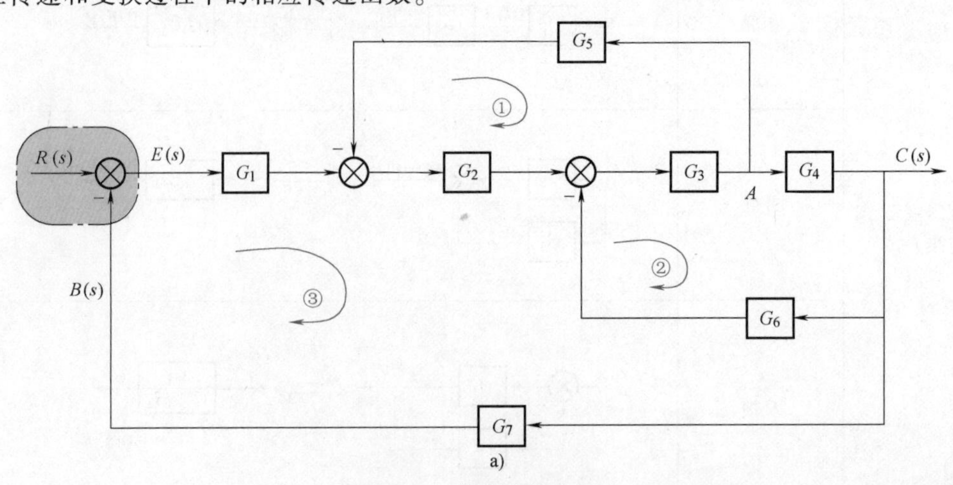

图 2-22 框图简化实例

解 根据表 2-3 所示的框图等效变换法则，本例题可采用框图单元与引出点互换位置的等效变换方法，如将引出点 A 右移到框图单元 G_4 之后；也可采用框图单元与比较点互换位置的等效变换方法，如将第二个比较点右移到 G_2 之后。其中，前者变换过程简单，本例题采用这种方法。

将引出点 A 右移到框图单元 G_4 之后，得图 2-22b。

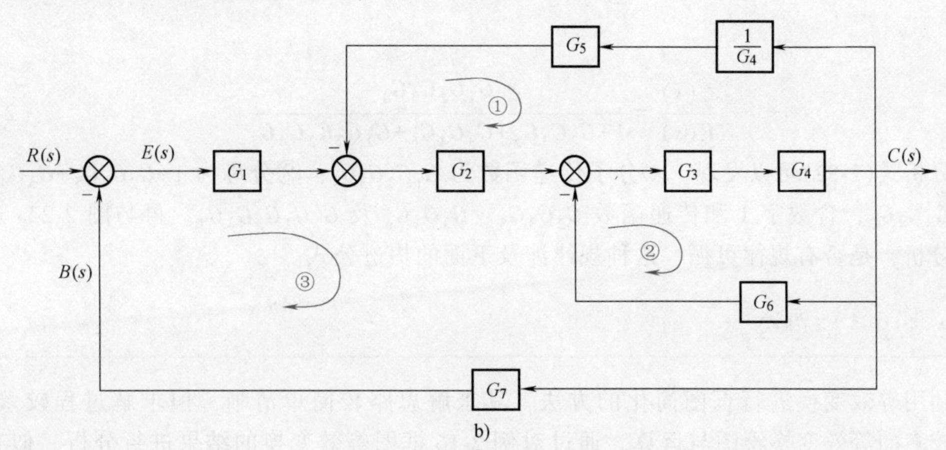

图 2-22 框图简化实例(续 1)

消去回路②，得图 2-22c。

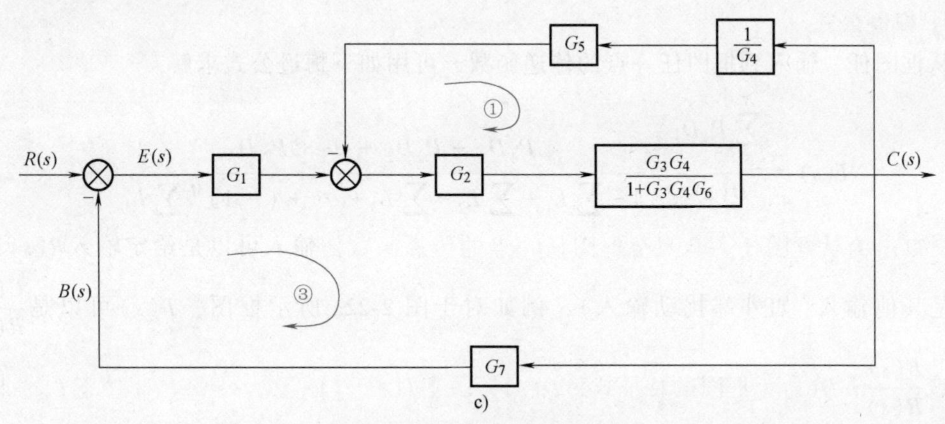

图 2-22 框图简化实例(续 2)

消去回路①，得图 2-22d。

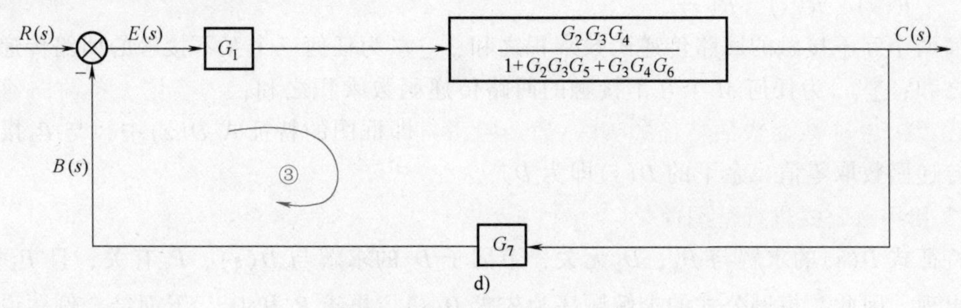

图 2-22 框图简化实例(续 3)

最后消去回路③，得图 2-22e。

$$R(s)\rightarrow \boxed{\frac{G_1G_2G_3G_4}{1+G_2G_3G_5+G_3G_4G_6+G_1G_2G_3G_4G_7}} \rightarrow C(s)$$

e)

图 2-22　框图简化实例(续 4)

所以

$$\frac{C(s)}{R(s)}=\frac{G_1G_2G_3G_4}{1+G_2G_3G_5+G_3G_4G_6+G_1G_2G_3G_4G_7} \tag{2-82}$$

分析式(2-82)可以发现：①分子传递函数为 $G_1G_2G_3G_4$；②分母为 $1+G_2G_3G_5+G_3G_4G_6+G_1G_2G_3G_4G_7$，含数字 1 和传递函数 $G_2G_3G_5$、$G_3G_4G_6$ 及 $G_1G_2G_3G_4G_7$。再与图 2-22a 进行对比分析，是否有规律可循？这种规律涉及下面的梅逊公式。

2.4.3　梅逊公式

利用等效变换进行框图简化的方法，其求解思路较简单清晰，但求解过程较繁琐，涉及较多的等效变换绘图与运算。通过对例 2-16 框图等效变换的结果进行分析，似有快捷求解框图简化结果的方法，这就是产生于按克莱姆法则求解线性方程组的巧妙方法——梅逊(Mason)公式。下面介绍利用梅逊公式进行框图简化的方法。

1. 梅逊公式

从框图任一输入到框图任一点的传递函数，可用如下梅逊公式求解

$$T(s)=\frac{\sum_{k=1}^{N}P_kD_k}{D(s)}=\frac{P_1D_1+P_2D_2+\cdots+P_ND_N}{1-\sum L_1+\sum L_2-\sum L_3+\cdots+(-1)^M\sum L_M} \tag{2-83}$$

式中，$T(s)$为从框图任一输入至框图任一点的传递函数，输入可以是给定输入$R(s)$，也可以是其他输入(如外部扰动输入)，例如对于图 2-22a 所示框图，$T(s)$可以是$\frac{C(s)}{R(s)}$、$\frac{E(s)}{R(s)}$或$\frac{B(s)}{R(s)}$；$D(s)$为框图的特征式，$D(s)=1-\sum L_1+\sum L_2-\sum L_3+\cdots+(-1)^M\sum L_M$，同一个框图，从框图任一输入到框图任一点的传递函数，其特征式相同，例如对于图 2-22a 所示框图，$\frac{C(s)}{R(s)}$、$\frac{E(s)}{R(s)}$、$\frac{B(s)}{R(s)}$的特征式是相同的；$\sum L_1$为所有回路的传递函数之和；$\sum L_2$为任何两个互不接触的回路传递函数乘积之和；$\sum L_3$为任何三个互不接触的回路传递函数乘积之和；$\sum L_M$为任何 M 个互不接触的回路传递函数乘积之和；P_k为第 k 条前向通道传递函数；D_k为与 P_k对应的特征式 $D(s)$的余因子，即框图的特征式 $D(s)$中，与 P_k接触的回路传递函数取零值，余下的 $D(s)$即为 D_k。

2. 用梅逊公式进行框图简化

特征式 $D(s)$的求解与 P_k、D_k无关，余因子 D_k的求解与 $D(s)$、P_k有关，且 P_k和 D_k成对出现，因此，梅逊公式的求解顺序为先求 $D(s)$，再求 P_k和 D_k。下面结合例题说明如

何用梅逊公式进行框图简化。

例2-17 图2-23为某系统的框图，试求出系统传递函数$\frac{C(s)}{R(s)}$。

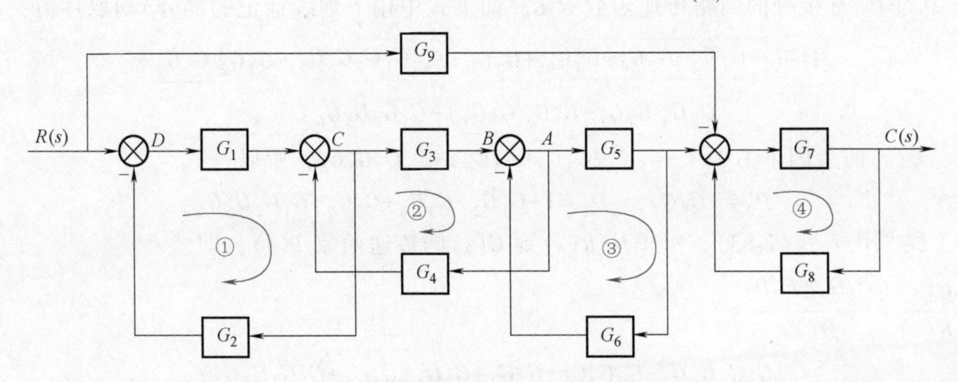

图2-23 系统的框图

解 采用梅逊公式求解。

1）先求$D(s)$。框图有4个回路：①~④。注意回路的含义，例如，信号从引出点A出发，路径为$A \to G_5 \to G_6 \to$比较点$B \to A \to G_4 \to$比较点$C \to G_3 \to B$，该通路不是回路，回路的起点和终点应在同一点（起点A、终点B不是同一点），且通过任一点的次数不多于1次（引出点A的通过次数为1.5次）。

4个回路传递函数分别为$-G_1G_2$[路径为$G_1 \to$比较点$C \to G_2 \to$比较点$D \to G_1$，该路径上传递函数乘积为$G_1 \times G_2 \times (-1) = -G_1G_2$]、$-G_3G_4$、$-G_5G_6$、$G_7G_8$。对所有回路的传递函数求和，得到$\sum L_1$

$$\sum L_1 = -G_1G_2 - G_3G_4 - G_5G_6 + G_7G_8$$

两个互不接触的回路有4种组合：①③、①④、②④、③④，传递函数乘积分别为$G_1G_2G_5G_6$、$-G_1G_2G_7G_8$、$-G_3G_4G_7G_8$、$-G_5G_6G_7G_8$，再求和得到$\sum L_2$

$$\sum L_2 = G_1G_2G_5G_6 - G_1G_2G_7G_8 - G_3G_4G_7G_8 - G_5G_6G_7G_8$$

三个互不接触的回路只有1种组合：①③④，传递函数乘积为$G_1G_2G_5G_6G_7G_8$，得

$$\sum L_3 = G_1G_2G_5G_6G_7G_8$$

由此可求得框图特征式为

$$D(s) = 1 - \sum L_1 + \sum L_2 - \sum L_3 = \\ 1 - (-G_1G_2 - G_3G_4 - G_5G_6 + G_7G_8) + (G_1G_2G_5G_6 - G_1G_2G_7G_8 - G_3G_4G_7G_8 - \\ G_5G_6G_7G_8) - G_1G_2G_5G_6G_7G_8$$

2）再求P_k、D_k。从$R(s)$到$C(s)$有2条前向通道。

一条为$P_1 = G_1G_3G_5G_7$，它与所有的回路均有接触，因此，$D(s)$中与P_1有接触的回路传递函数（即下式中用下划线标记的部分）均取零值，即

$$\boxed{1} - (\underline{-G_1G_2}\ \underline{-G_3G_4}\ \underline{-G_5G_6}+\underline{G_7G_8}) + \\ (\underline{G_1G_2G_5G_6}\ \underline{-G_1G_2G_7G_8}\ \underline{-G_3G_4G_7G_8}\ \underline{-G_5G_6G_7G_8}) - \underline{G_1G_2G_5G_6G_7G_8}$$

此时，$D(s)$的余因子为1，所以

$$P_1=G_1G_3G_5G_7,\quad D_1=1$$

另一条为 $P_2=-G_9G_7$，它与回路 $-G_1G_2$、$-G_3G_4$、$-G_5G_6$ 不接触、与回路 G_7G_8 有接触，$D(s)$ 中与 P_2 有接触的回路传递函数 G_7G_8（即下式中用下划线标记的部分）均取零值，即

$$\boxed{1}-(\boxed{-G_1G_2-G_3G_4-G_5G_6}+\underline{G_7G_8})+(\boxed{G_1G_2G_5G_6}-G_1G_2\underline{G_7G_8}-$$
$$G_3G_4\underline{G_7G_8}-G_5G_6\underline{G_7G_8})-G_1G_2G_5G_6\underline{G_7G_8}$$

此时，$D(s)$ 的余因子为 $1-(-G_1G_2-G_3G_4-G_5G_6)+G_1G_2G_5G_6$，所以

$$P_2=-G_9G_7,\quad D_2=1+G_1G_2+G_3G_4+G_5G_6+G_1G_2G_5G_6$$

将以上结果代入式(2-83)，可得从 $R(s)$ 到 $C(s)$ 的传递函数 $T(s)$，即

$$\frac{C(s)}{R(s)}=\frac{P_1D_1+P_2D_2}{D(s)}=$$
$$\frac{G_1G_3G_5G_7-G_9G_7(1+G_1G_2+G_3G_4+G_5G_6+G_1G_2G_5G_6)}{1+G_1G_2+G_3G_4+G_5G_6-G_7G_8+G_1G_2G_5G_6-G_1G_2G_7G_8-G_3G_4G_7G_8-G_5G_6G_7G_8-G_1G_2G_5G_6G_7G_8}$$

对于本例这种较为复杂的框图，用等效变换方法的绘图和计算量很大，梅逊公式却可以通过看图分析并结合必要的记录式书写与简单运算，予以解决。在使用梅逊公式时，注意：①不要遗漏回路、前向通道；②不要弄错余因子。

例 2-18　图 2-22a 所示的系统框图，试求出系统传递函数$\frac{C(s)}{R(s)}$、误差传递函数$\frac{E(s)}{R(s)}$、开环传递函数$\frac{B(s)}{E(s)}$。

解　采用梅逊公式进行求解。

1）求系统传递函数$\frac{C(s)}{R(s)}$。对于本例这种较为简单、弱交叉耦合的系统框图，用梅逊公式一下就能写出结果，但仍要列出如下主要步骤：

框图有三个回路，即

$$\sum L_1=-G_2G_3G_5-G_3G_4G_6-G_1G_2G_3G_4G_7$$

特征式为

$$D(s)=1-\sum L_1=1+G_2G_3G_5+G_3G_4G_6+G_1G_2G_3G_4G_7$$

可得

$$P_1=G_1G_2G_3G_4,\quad D_1=1$$

所以

$$\frac{C(s)}{R(s)}=\frac{P_1D_1}{D(s)}=\frac{G_1G_2G_3G_4}{1+G_2G_3G_5+G_3G_4G_6+G_1G_2G_3G_4G_7}$$

2）求误差传递函数$\frac{E(s)}{R(s)}$。同一个框图，从框图任一输入到框图任一点的传递函数，其特征式相同，即

$$D(s)=1+G_2G_3G_5+G_3G_4G_6+G_1G_2G_3G_4G_7$$

可得

$$P_1=1,\quad D_1=1+G_2G_3G_5+G_3G_4G_6$$

所以

$$\frac{E(s)}{R(s)}=\frac{P_1D_1}{D(s)}=\frac{1+G_2G_3G_5+G_3G_4G_6}{1+G_2G_3G_5+G_3G_4G_6+G_1G_2G_3G_4G_7}$$

这与如下求解方法的结果相同，即

$$\frac{E(s)}{R(s)}=\frac{R(s)-C(s)G_7}{R(s)}=1-\frac{C(s)}{R(s)}G_7=\frac{1+G_2G_3G_5+G_3G_4G_6}{1+G_2G_3G_5+G_3G_4G_6+G_1G_2G_3G_4G_7}$$

3）求开环传递函数$\frac{B(s)}{E(s)}$。$E(s)$不是系统框图的输入，因而，$\frac{B(s)}{E(s)}$的特征式不同于$\frac{C(s)}{R(s)}$和$\frac{E(s)}{R(s)}$的特征式。系统框图隐去$R(s)$及相邻的比较点（带阴影虚框内的部分）的剩余框图，正满足$E(s)$为输入、$B(s)$为输出，其特征式为

$$D(s)=1+G_2G_3G_5+G_3G_4G_6$$

可得

$$P_1=G_1G_2G_3G_4G_7,\quad D_1=1$$

所以

$$\frac{B(s)}{E(s)}=\frac{P_1D_1}{D(s)}=\frac{G_1G_2G_3G_4G_7}{1+G_2G_3G_5+G_3G_4G_6}$$

也可以使用两次梅逊公式求出$\frac{B(s)}{R(s)}$、$\frac{E(s)}{R(s)}$，再消去$R(s)$后求得$\frac{B(s)}{E(s)}$。

3. 框图简化方法总结

综合对比等效变换和梅逊公式，可见：

1）框图简化时，除非特殊要求，两种方法采用哪一种都是可以的，但梅逊公式无需等效变换的多次绘图，计算量小、求解快捷，因此，可优先考虑采用梅逊公式。

2）即使采用不如梅逊公式简便的等效变换方法，也可在等效变换时结合梅逊公式以减少计算量，如可以直观地看出图 2-22b 回路②的简化结果为$\frac{G_3G_4}{1+G_3G_4G_6}$，根据图 2-22a 可以看出图 2-22c 回路①的简化结果为$\frac{G_2G_3G_4}{1+G_2G_3G_5+G_3G_4G_6}$、图 2-22d 回路③的简化结果为$\frac{G_1G_2G_3G_4}{1+G_2G_3G_5+G_3G_4G_6+G_1G_2G_3G_4G_7}$。

3）对于系统框图的特征式$D(s)$，如果令$D(s)=0$，则可得到系统的特征方程$D(s)=0$（将在下一章用到）。由框图得到系统的特征方程不必解出系统的传递函数，只需用公式$D(s)=1-\sum L_1+\sum L_2-\sum L_3+\cdots+(-1)^M\sum L_M$，即可求出$D(s)$；若已知开环传递函数$G(s)H(s)$，则$1+G(s)H(s)=0$即为特征方程。

4）注意系统框图简化的结果与书写：①传递函数分母必有数字“1”，这可由系统的特征式$D(s)$得知；②传递函数通常只有一次项（形如G_1G_2、$G_1G_2G_3$），而没有二次项及以

上(形如 $G_1^2G_2$、$G_1G_2^3$、$G_1G_2G_3^5$、$G_1G_2^3G_3^2$)，这是因为回路通过任一点的次数不多于1次；③传递函数分母多项式通常写成因子式之和(如 $G_1G_3G_4+G_2G_3G_4+G_1G_5G_6+G_2G_5G_6$)不宜写成因子式之积[如$(G_1+G_2)(G_3G_4+G_5G_6)$]；④每个回路宜按前向通道、反馈通道顺序书写。前两个问题，遗漏数字“1”、传递函数出现二次项及以上，简化结果肯定错误；后两个问题，便于结合梅逊公式对简化结果进行校验。

本章小结

本章主要介绍了控制系统微分方程的求解和简化、微分方程转化为代数方程的数学工具——拉普拉斯变换、传递函数的求解及框图简化等知识。研究或分析控制系统，需先建立系统的数学模型。数学模型是描述控制系统在信号传递过程中物理特性的数学表示。

1)将实际物理系统近似或等效为理想化的物理模型，物理模型的数学描述即是数学模型。只有经过仔细的分析研究，抓住本质的主要因素，忽略次要因素，才能建立起既便于研究又能基本反映实际物理过程的数学模型。物理系统能用机理分析方法建立数学模型，也能通过实验辨识方法建模。

2)微分方程是根据系统动力学特性描述系统的直观数学手段，是控制工程中常用的数学模型。机械系统、电气系统和液压系统的微分方程是机、电、液多学科控制工程的基础。相似系统为研究不同类型的工程系统提供了另外一种途径。

3)拉普拉斯变换是将微分方程代数化的数学工具，通过拉普拉斯变换可以将复杂的微积分运算转化为简单的代数运算，再通过拉普拉斯反变换即可求得系统的输出(即微分方程的解)，因而使控制系统数学模型的求解和处理变得更加简单。

4)在经典控制理论中，线性定常系统采用传递函数描述其输入与输出关系。在零初始条件下对系统微分方程做拉普拉斯变换，即可求得系统的传递函数。它说明系统本身特性与输入输出之间是没有关系的。传递函数不能表征所描述系统的物理构成，不同的物理系统，只要它们动态特性相同，可用同一传递函数来描述。

5)根据运动规律和数学模型的特点，将比较复杂的系统划分为几种基本环节的组合，有利于研究复杂系统。第4章控制系统的频域分析就主要采用了这种方法(将复杂系统拆解为基本环节)来研究复杂系统。

6)框图是研究控制系统的图解方法。等效变换和梅逊公式是框图简化的两种常用方法。已知系统框图，可直接等效变换进行简化，也可以直接采用梅逊公式(而无需把框图转换为其他形式)进行简化。采用等效变换和梅逊公式可求出系统框图中任意两个变量之间的关系。

习 题

2-1 思考以下问题。

1) 什么是数学模型？控制系统的数学模型有哪些？

2）拉普拉斯变换及反变换的作用是什么？

3）线性定常系统的传递函数是如何定义的？传递函数能否反映线性定常系统的物理属性？

4）什么是系统阶次？什么是 n 阶系统？

5）框图简化有哪些方法？

2-2 求下列函数的拉普拉斯变换，假定当 $t<0$ 时，$f(t)=0$。

1）$f(t)=5(1-\cos 3t)$ 2）$f(t)=(1+t+t^2)\mathrm{e}^{-t}$

3）$f(t)=\mathrm{e}^{-0.5t}\sin 10t$ 4）$f(t)=\begin{cases}\sin t & (0\leqslant t\leqslant \pi)\\ 0 & (\text{其他})\end{cases}$

2-3 求下列函数的拉普拉斯反变换。

1）$F(s)=\dfrac{1}{(s+2)(s+3)}$ 2）$F(s)=\dfrac{1}{s^2(Ts+1)}$ $(T>0)$

3）$F(s)=\dfrac{s}{(s+1)^2(s+2)}$ 4）$F(s)=\dfrac{s+1}{s^2+9}$

5）$C(s)=\dfrac{4}{s(s^2+2s+4)}$ 6）$F(s)=\dfrac{s}{s^2-2s+5}$

2-4 已知象函数如下，求原函数 $f(t)$ 的终值。

1）$F(s)=\dfrac{s+1}{(s+2)(s+3)}$ 2）$F(s)=\dfrac{s(s-1)}{(s+1)^3(s+2)}$

2-5 某系统微分方程为 $3\dot{c}(t)+2c(t)=2\dot{r}(t)+3r(t)$，已知 $c(0)=r(0)=0$，其极点和零点各是多少？当输入为单位阶跃信号时，即 $r(t)=1(t)$，输出 $c(t)$ 的初值和终值各为多少？

2-6 传递函数 $G(s)=\dfrac{10(s+1)(s^2+2s+2)\mathrm{e}^{-2s}}{s^2(2s+1)(4s^2+12s+9)}$ 由哪些基本环节组成？

2-7 求图 2-24 所示无源网络传递函数 $\dfrac{U_o(s)}{U_i(s)}$。

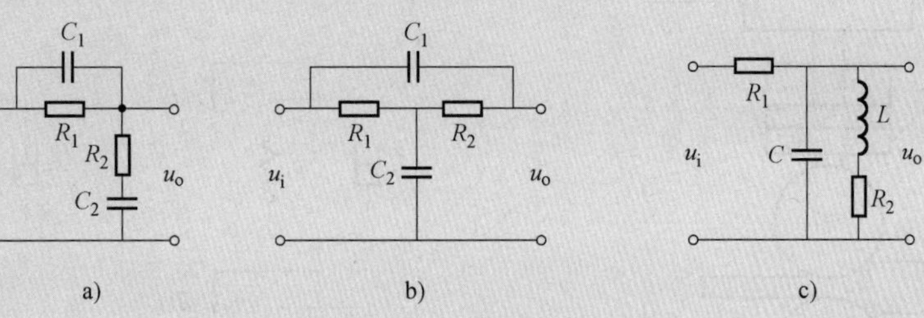
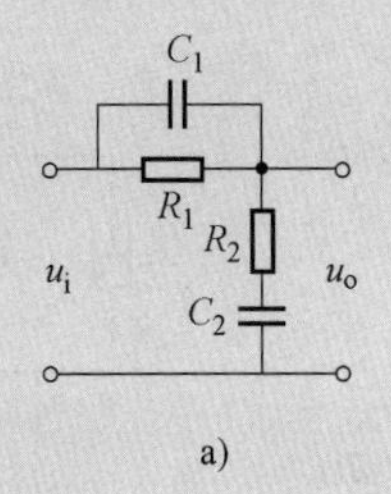

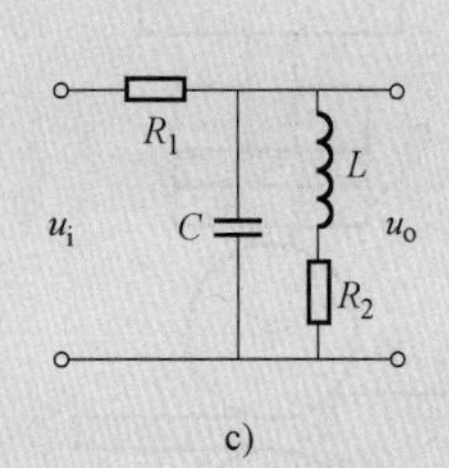

图 2-24 题 2-7 图

2-8 求图 2-25 所示有源网络传递函数 $\dfrac{U_o(s)}{U_i(s)}$。

2-9 图 2-26 所示为汽车在凹凸不平路面上行驶时承载系统的简化力学模型，路面的高低变化形成激励源，由此造成汽车的振动和轮胎受力。求：$x_i(t)$ 为输入，分别以

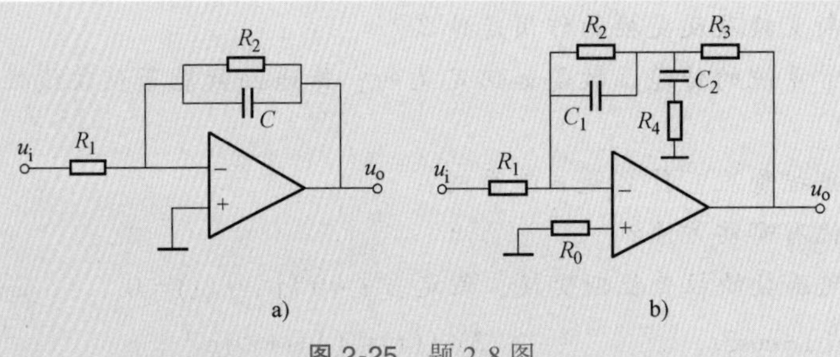

图 2-25　题 2-8 图

汽车质量垂直位移 $x_o(t)$ 和轮胎垂直受力 $F_2(t)$ 作为输出的传递函数。

2-10　冷连轧机通常由 4~6 个机架组成，带材从第一机架连续被轧至最后一架。实际轧机机座及辊系系统是一个复杂的多自由度质量分布系统。为了便于分析，可将其简化为一个三自由度质量-弹簧-阻尼系统，如图 2-27 所示。其中，m_0、m_1、m_2 分别为机架上部（包括上部立柱、横梁、液压活塞等）、上支撑辊和上工作辊、整个机架下辊系（包括下工作辊、下支撑辊、下部立柱、横梁等）等效质量；x_0、x_1、x_2 分别为机架上部、上支撑辊和上工作辊、整个机架下辊系质心位移；f_0、f_1 分别为整个机架上辊系、机架下辊系等效阻尼；k_0、k_1 分别为整个机架上辊系、机架下辊系等效刚度。设轧制力为 F_w，求：以压力 p_L 为输入，分别以 x_0、x_1、x_2 为输出的动力学模型。

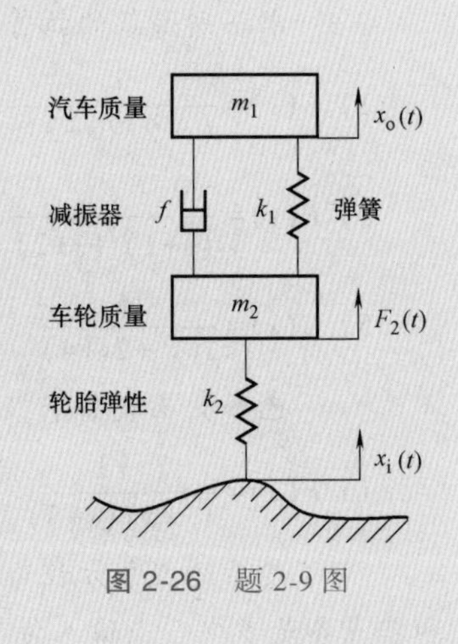

图 2-26　题 2-9 图

2-11　求图 2-28 所示机械系统的传递函数。

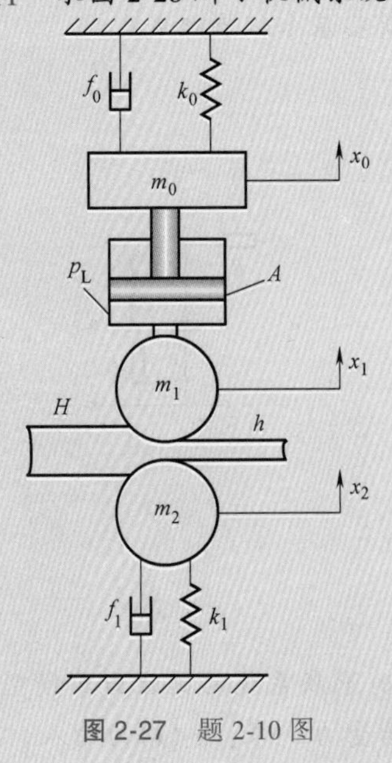

图 2-27　题 2-10 图

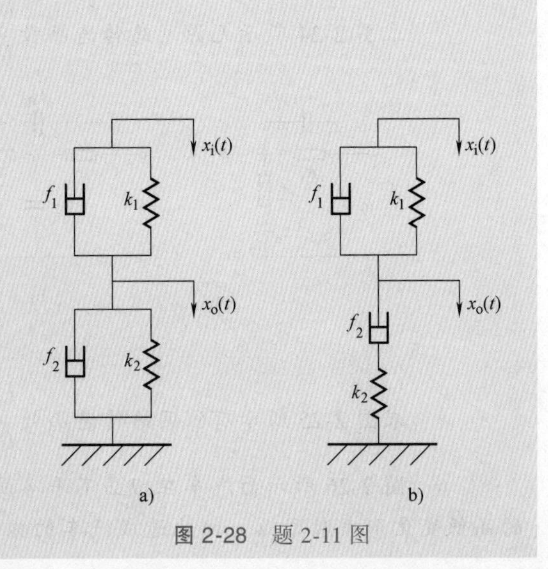

图 2-28　题 2-11 图

2-12　求图 2-29 所示各系统框图的传递函数$\dfrac{C(s)}{R(s)}$。

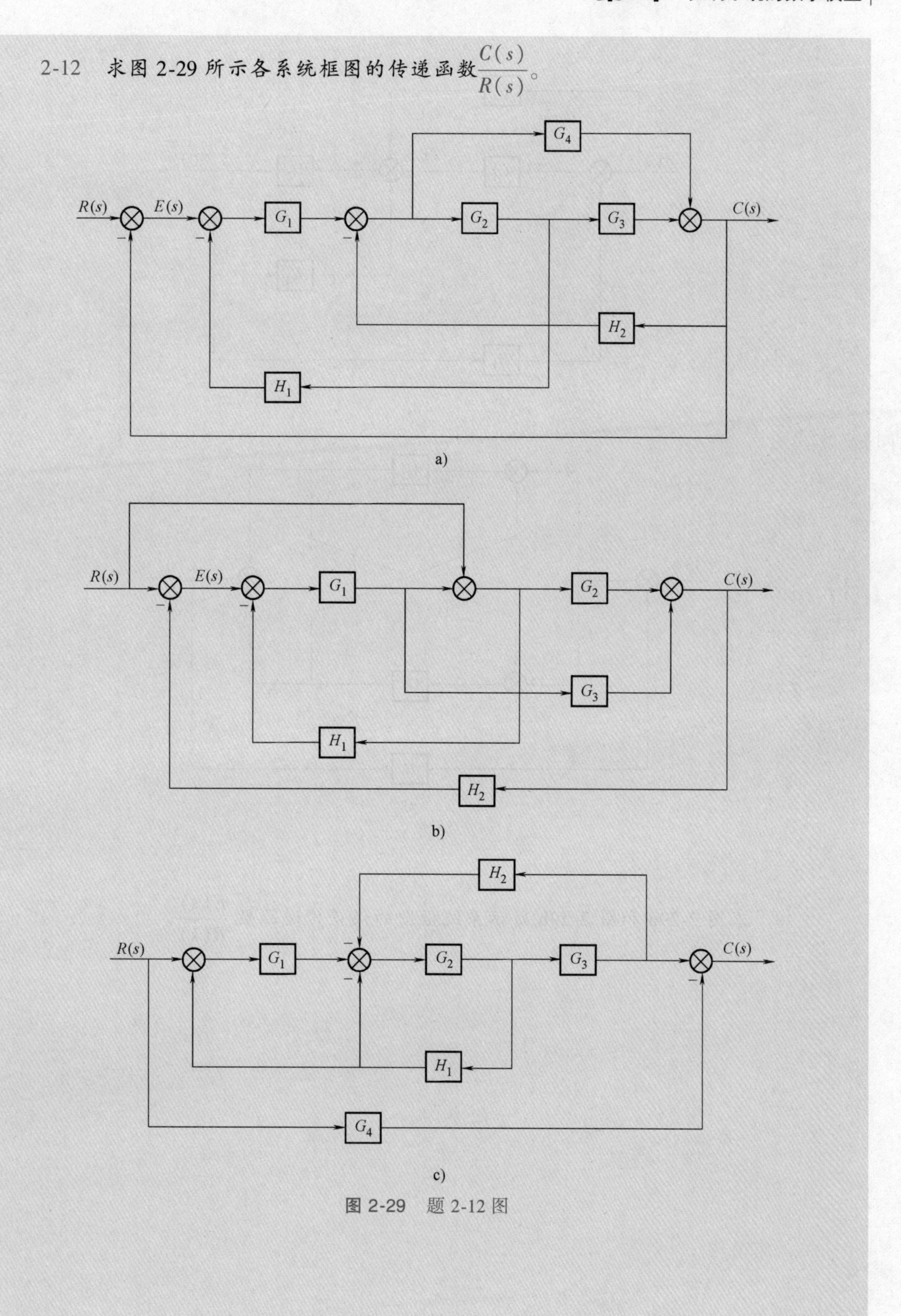

图 2-29　题 2-12 图

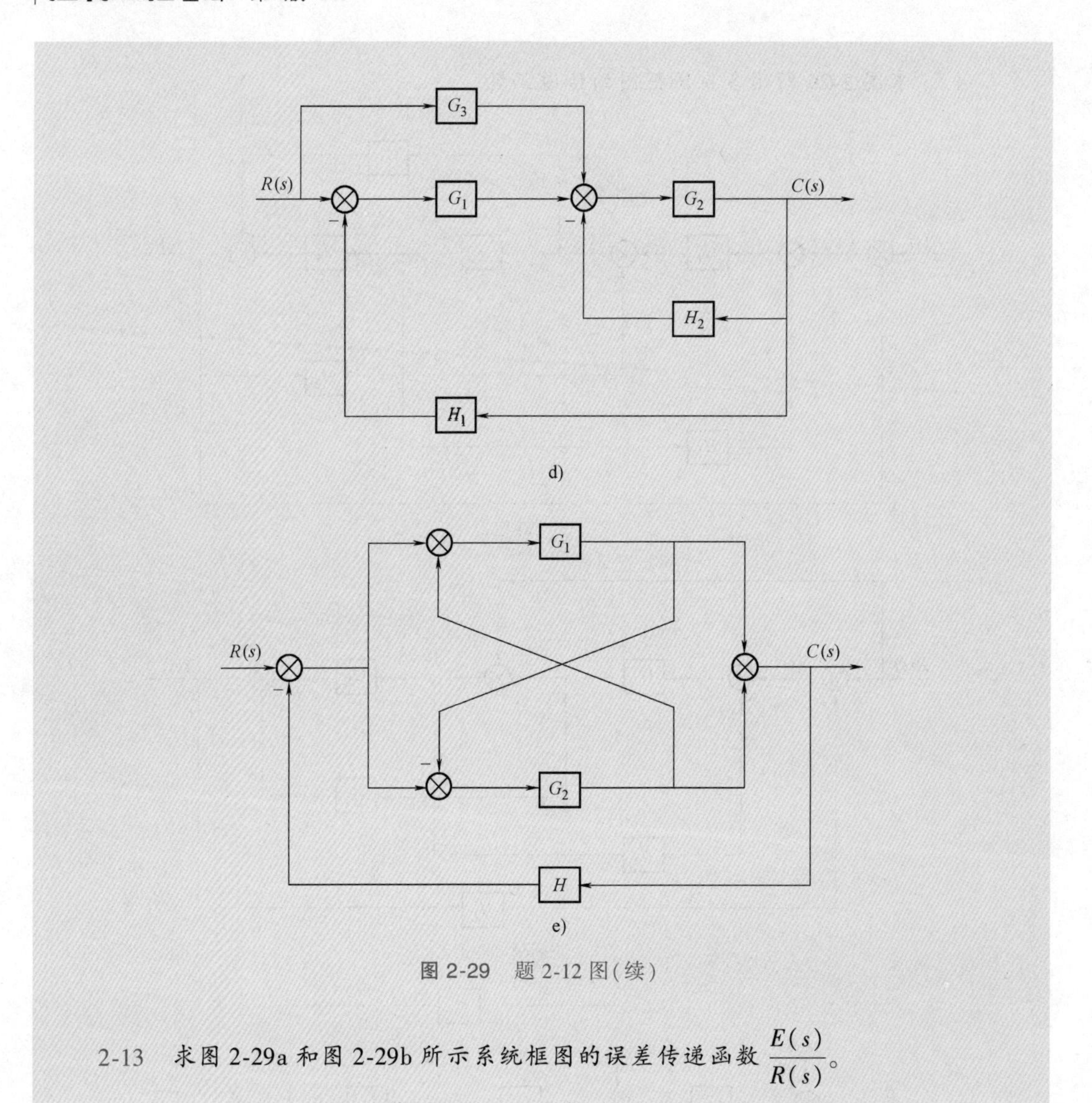

图 2-29　题 2-12 图(续)

2-13　求图 2-29a 和图 2-29b 所示系统框图的误差传递函数 $\frac{E(s)}{R(s)}$。

第3章

控制系统的时域分析

系统的数学模型确定之后，便可以用几种不同的方法去分析控制系统的性能指标。在经典控制理论中，有时域性能指标和频域性能指标(两者之间的关系见5.1.2节)。时域性能指标的分析方法有时域分析法和根轨迹法，频域性能指标的分析方法则是频域分析法。显然，不同的方法有不同的特点和不同的适用性。控制系统的实际运行都是在时域内进行的。给定系统输入时间信号 $r(t)$，可求出系统的输出响应 $c(t)$。由于系统的输出响应 $c(t)$ 是时间 t 的函数，故称这种响应为时间响应(Time Response)。时域分析通过研究系统在给定输入信号作用下的时间响应来分析评价系统的性能。稳定的控制系统的时域性能指标包括瞬态性能指标和稳态性能指标。时域分析法所给出的性能指标直观而明确，能够提供系统时间响应的全部信息，还可以应用于多输入、多输出以及非线性系统。控制系统的稳定性是由系统特征方程的根(即闭环极点)决定的，时间响应中瞬态分量的特性也是由闭环极点决定的，根轨迹法是一种实用的高阶系统求取闭环极点的图解方法，与时间响应分析形成互补。本章的主要内容有系统的时间响应分析、稳定性分析、稳态误差分析计算和根轨迹法。

3.1 控制系统的时间响应及性能指标

3.1.1 典型输入信号

控制系统的性能可以通过在输入信号作用下，用系统的时间响应来评价。系统的时间响应不仅取决于系统本身的特性，还与外加输入信号有关。由于控制系统的实际输入信号往往无法预先知道，因此，在分析和设计控制系统时，总是预先规定一些典型的输入信号，并以此对各种系统的性能进行分析比较。典型信号应具有典型性，即能够反映系统工作的大部分实际情况；同时形式应尽可能简单，便于分析处理。

1. 阶跃信号

阶跃(Step)信号如图 3-1a 所示，其函数表达式为

$$r(t)=\begin{cases}A & (t\geqslant 0,\ A=\text{常量})\\ 0 & (t<0)\end{cases}$$

拉普拉斯变换为

$$R(s)=L[r(t)]=\frac{A}{s}$$

阶跃信号相当于一个数值为常值的信号，在 $t\geqslant 0$ 时突然加到系统上。幅值 A 为 1 的阶跃函数称为单位阶跃函数，记作 $1(t)$。

2. 斜坡信号

斜坡(Ramp)信号(或称速度信号)如图 3-1b 所示，其函数表达式为

$$r(t)=\begin{cases}At & (t\geqslant 0)\\ 0 & (t<0)\end{cases}$$

拉普拉斯变换为

$$R(s)=L[At]=\frac{A}{s^2}$$

斜坡信号相当于在控制系统中加入一个恒速变化的信号，其速度为 A。当 $A=1$ 时，称为单位斜坡函数。单位斜坡函数对时间的导数就是单位阶跃函数，即 $\frac{\mathrm{d}}{\mathrm{d}t}t=1(t)$；反之，单位阶跃函数的积分就是单位斜坡函数，即 $\int_0^t 1(t)\,\mathrm{d}t=t$。

3. 加速度信号

加速度信号如图 3-1c 所示，其函数表达式为

$$r(t)=\begin{cases}\frac{1}{2}At^2 & (t\geqslant 0)\\ 0 & (t<0)\end{cases}$$

拉普拉斯变换为

$$R(s)=L\left[\frac{1}{2}At^2\right]=\frac{A}{s^3}$$

加速度信号相当于在控制系统中加入一个按恒加速度变化的信号，加速度为 A。当 $A=1$时，称为单位加速度函数。单位加速度函数对时间的导数即为单位斜坡函数，单位斜坡函数的积分就是单位加速度函数。

4. 脉冲信号

实用脉冲信号可视为持续时间极短的信号，如图 3-1d 所示，其函数表达式为

$$r(t)=\begin{cases}\frac{A}{\varepsilon} & (0\leqslant t\leqslant \varepsilon)\\ 0 & (t<0,\ t>\varepsilon)\end{cases}$$

式中，ε 为脉冲宽度，A 为脉冲面积。

当 $A=1$ 时，记为 $\delta_{\varepsilon}(t)$。若令 $\varepsilon\to 0$，即对脉冲的宽度取趋于零的极限，则为理想单位脉冲，称作单位脉冲信号，记为 $\delta(t)$（见图 3-1e），即 $\delta(t)=\lim\limits_{\varepsilon\to 0}\delta_{\varepsilon}(t)$，有

$$\begin{cases}\delta(t)=\begin{cases}\infty & (t=0)\\ 0 & (t\neq 0)\end{cases}\\ \int_{-\infty}^{\infty}\delta(t)\,\mathrm{d}t=1\end{cases}$$

显然，$\delta(t)$ 所描述的脉冲信号实际上是无法获得的。在工程中，当 ε 远小于被控对象的时间常数时，这种单位窄脉冲信号常被近似地当作 $\delta(t)$ 来处理。$\delta(t)$ 的拉普拉斯变换为

$$L[\delta(t)]=\int_{-\infty}^{\infty}\delta(t)\mathrm{e}^{-st}\mathrm{d}t=\lim_{\varepsilon\to 0}\int_{0}^{\varepsilon}\frac{1}{\varepsilon}\mathrm{e}^{-st}\mathrm{d}t=\lim_{\varepsilon\to 0}\left(\frac{1}{\varepsilon}\frac{-\mathrm{e}^{-st}}{s}\right)\Bigg|_{0}^{\varepsilon}=$$

$$\lim_{\varepsilon\to 0}\frac{1}{\varepsilon s}\left[1-\left(1-\varepsilon s+\frac{1}{2!}\varepsilon^{2}s^{2}-\cdots\right)\right]=1$$

单位阶跃函数对时间的导数就是单位脉冲函数，即 $\frac{\mathrm{d}}{\mathrm{d}t}1(t)=\delta(t)$；反之，单位脉冲函数的积分就是单位阶跃函数。

5. 正弦信号

正弦信号如图 3-1f 所示，其函数表达式为

$$r(t)=\begin{cases}A\sin\omega t & (t\geqslant 0)\\ 0 & (t<0)\end{cases}$$

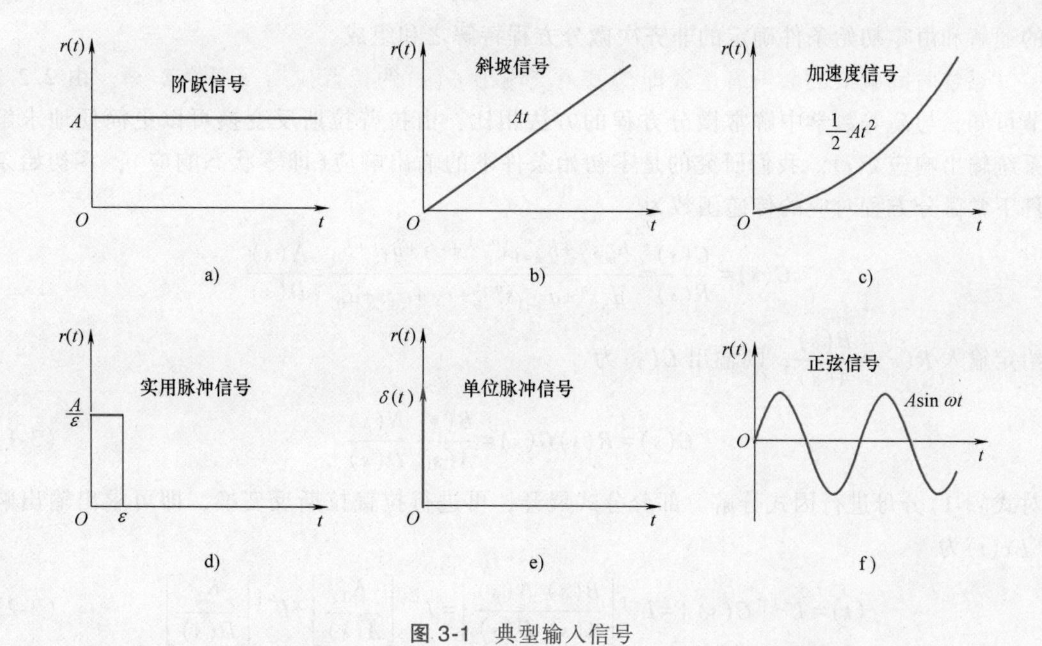

图 3-1 典型输入信号

当 $A=1$ 时，称为单位正弦函数。单位正弦函数的拉普拉斯变换为

$$R(s)=L[\sin\omega t]=\frac{\omega}{s^2+\omega^2}$$

正弦信号主要用于求取系统的频率响应，据此分析(第4章)与综合(第5章)控制系统。

实际应用时采用哪一种典型信号，取决于系统常见的工作状态；同时，在所有可能的输入信号中，往往选取最不利的信号作为系统的典型信号。这种处理在许多场合是可行的。例如室温、水位等恒值调节系统，以及工作状态突然改变或突然受到恒定输入作用的控制系统，都可以采用阶跃信号作为典型输入信号；跟踪通信卫星的天线控制系统，以及输入信号随时间逐渐变化的控制系统，斜坡信号是比较合适的典型输入；加速度信号可用来作为航天控制系统的典型输入；当控制系统的输入信号是瞬时冲击输入量时，采用脉冲信号最为合适；当系统的输入作用具有周期性变化时，可选择正弦信号作为典型输入。

3.1.2 时间响应概述

时间响应(或称时域响应)即时域内系统的输出响应。

描述系统微分方程的解 $c(t)$ 就是该系统时间响应的数学表达式。描述线性定常系统的微分方程为常微分方程，其一般描述形式为

$$a_n\frac{\mathrm{d}^n c(t)}{\mathrm{d}t^n}+a_{n-1}\frac{\mathrm{d}^{n-1}c(t)}{\mathrm{d}t^{n-1}}+\cdots+a_1\frac{\mathrm{d}c(t)}{\mathrm{d}t}+a_0c(t)=b_m\frac{\mathrm{d}^m r(t)}{\mathrm{d}t^m}+b_{m-1}\frac{\mathrm{d}^{m-1}r(t)}{\mathrm{d}t^{m-1}}+\cdots+b_1\frac{\mathrm{d}r(t)}{\mathrm{d}t}+b_0r(t)$$

该方程各项系数都是常数，因而其解 $c(t)$ 必然存在并且唯一。从数学角度来讲，其解 $c(t)$ 由该常微分方程对应的齐次微分方程 $a_n\frac{\mathrm{d}^n c(t)}{\mathrm{d}t^n}+a_{n-1}\frac{\mathrm{d}^{n-1}c(t)}{\mathrm{d}t^{n-1}}+\cdots+a_1\frac{\mathrm{d}c(t)}{\mathrm{d}t}+a_0c(t)=0$ 的通解和由零初始条件确定的非齐次微分方程特解之和组成。

系统时间响应的数学表达式即为该系统输出 $C(s)$ 的拉普拉斯反变换 $c(t)$。由2.2.2节可知，与高等数学中解常微分方程的方法相比，由拉普拉斯反变换可以更简便地求解系统输出响应 $c(t)$。我们研究的是零初始条件下的输出响应(即零状态响应)，零初始条件下常微分方程对应的传递函数为

$$G(s)=\frac{C(s)}{R(s)}=\frac{b_ms^m+b_{m-1}s^{m-1}+\cdots+b_1s+b_0}{a_ns^n+a_{n-1}s^{n-1}+\cdots+a_1s+a_0}=\frac{N(s)}{D(s)}$$

给定输入 $R(s)=\frac{B(s)}{A(s)}$，则输出 $C(s)$ 为

$$C(s)=R(s)G(s)=\frac{B(s)}{A(s)}\frac{N(s)}{D(s)} \tag{3-1}$$

对式(3-1)分母进行因式分解，部分分式展开，再进行拉普拉斯反变换，即可求出输出响应 $c(t)$ 为

$$c(t)=L^{-1}[C(s)]=L^{-1}\left[\frac{B(s)}{A(s)}\frac{N(s)}{D(s)}\right]=L^{-1}\left[\frac{K_1}{A(s)}\right]+L^{-1}\left[\frac{K_2}{D(s)}\right] \tag{3-2}$$

式中，$K_1D(s)+K_2A(s)=B(s)N(s)$。

系统特征方程为

$$a_n s^n + a_{n-1} s^{n-1} + \cdots + a_1 s + a_0 = 0$$

由此可见，系统特征方程既是齐次微分方程拉普拉斯变换所得的代数方程，又是系统传递函数的分母[即特征式 $D(s)$]等于零的方程，即

$$D(s) = 0 \tag{3-3}$$

若已知反馈控制系统的框图，其特征式 $D(s)$ 可用梅逊公式求得(见 2.4.3 节)。

若系统特征方程的根(系统特征根)，即系统极点 $s_i(i=1, 2, \cdots, n)$ 两两互异，则式(3-2)中含有特征式 $D(s)$ 项的拉普拉斯反变换即 $L^{-1}\left[\dfrac{K_2}{D(s)}\right]$，就是齐次微分方程的通解 $c_t(t) = L^{-1}\left[\dfrac{K_2}{D(s)}\right] = \sum\limits_{i=1}^{n} k_i e^{s_i t}$($k_i$ 为系统极点 s_i 处的留数)。

任一系统的时间响应 $c(t)$ 都是由瞬态分量 $c_t(t)$ 和稳态分量 $c_{ss}(t)$ 两部分组成的，$c_t(t)$、$c_{ss}(t)$ 又分别称为瞬态响应(Transient Response)和稳态响应(Steady-State Response)，即

$$c(t) = c_t(t) + c_{ss}(t) \tag{3-4}$$

时间响应中，与系统极点(系统特征根)对应的响应分量即为瞬态响应；一般地，与输入极点对应的响应分量为稳态响应。

1. 瞬态响应 $c_t(t)$

系统在某一输入信号的作用下，系统的输出量从初始状态到最终状态的响应过程称为瞬态过程(或称暂态过程、动态过程或过渡过程)。

由于实际控制系统具有储、耗能元件(如在机械系统和电气网络中，m、k、L、C 为储能元件，f、R 为耗能元件)并存在能量的储存、释放和能量形式的转化，使得描述系统的数学方程是微分方程(系统的阶次等于独立储能元件的数目)，因此，系统输出量 $c(t)$ 不能立即复现输入量 $r(t)$ 的变化，这是瞬态过程产生的物理和数学机理。

根据系统结构和参量选择情况，瞬态过程表现为衰减、发散、等幅振荡等形式。一个能够实际运行的控制系统，必须是稳定的系统，其瞬态过程必须是衰减(收敛)的(见 3.5 节)，因此，一个稳定的控制系统，其瞬态响应(或称暂态响应、动态响应)是时间响应中随着时间的推移会消失的部分。因而，当时间 t 足够长或趋于无穷大时，瞬态响应趋于零，即

$$\lim_{t \to \infty} c_t(t) = 0 \tag{3-5}$$

瞬态过程反映了系统的动态特性(稳定性、快速性以及阻尼状态与过渡过程)。

2. 稳态响应 $c_{ss}(t)$

一个稳定的控制系统，其稳态响应是时间响应中将一直存在的部分。因而，当时间 t 足够长或趋于无穷大时(此时瞬态响应趋于零)，系统的输出状态为稳态响应，即

$$\lim_{t \to \infty} c(t) = c_{ss}(t) \tag{3-6}$$

稳态响应表征系统输出量 $c(t)$ 最终复现输入量 $r(t)$ 的程度。根据输入信号的选择情况，稳态响应表现为恒值(如阶跃信号作用下的稳态响应为非零常数、脉冲信号作用下的

稳态响应总为零)、发散(如斜坡信号、加速度信号作用下的稳态响应)、振荡(如正弦信号作用下的稳态响应)等形式。

稳态响应反映了系统的稳态特性(准确性)。

3. 单位阶跃响应的两种形式

一个稳定的系统，其单位阶跃响应(即单位阶跃信号作用下的时间响应)通常表现为图3-2所示的无超调单调上升和有超调衰减振荡两种形式。超调即输出响应有超过调节期望值[即稳态值 $c(\infty)$]。

例如在测温时，温度作为阶跃输入，温度计为系统，温度测量值为系统的输出响应，测某一恒温(如体温)时温度测量值要经历单调上升过程，在足够长的时间之后逼近于该恒温值，其时间响应形如图3-2a所示。

又如，在车辆悬架系统中，地面高低变化作为系统输入，车身高低变化作为系统输出响应，车轮轧上更高的台肩路面后，车身高低变化要经历衰减振荡过程，在足够长的时间之后收敛于稳态值 $c(\infty)$，其时间响应形如图3-2b所示。

3.1.3 瞬态性能指标

控制系统的瞬态性能指标通常是指单位阶跃响应的瞬态性能指标。

1. 延迟时间(Delay Time) t_d

如图3-2所示响应第一次达到稳态值 $c(\infty)$（即输出终值）一半所需的时间，叫作延迟时间，即

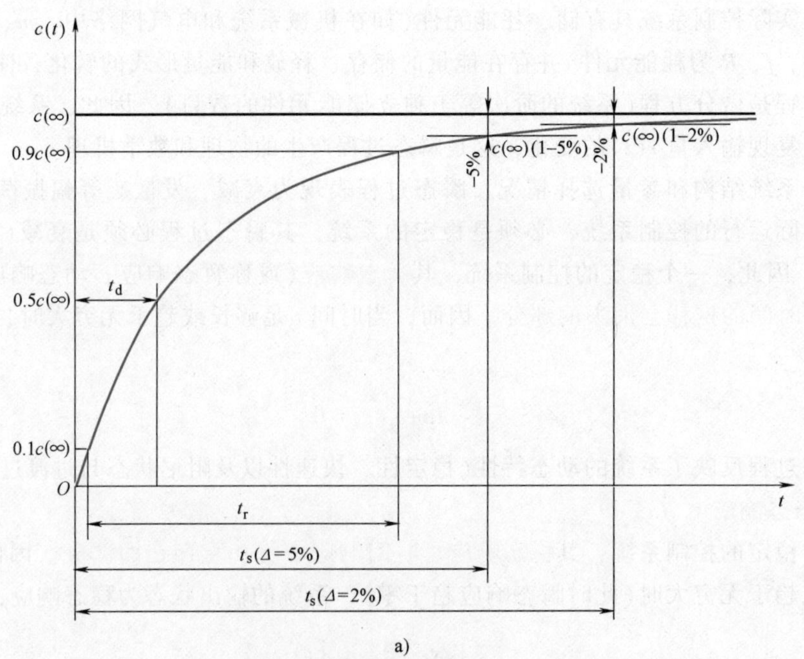

图3-2 单位阶跃响应

a) 无超调单调上升

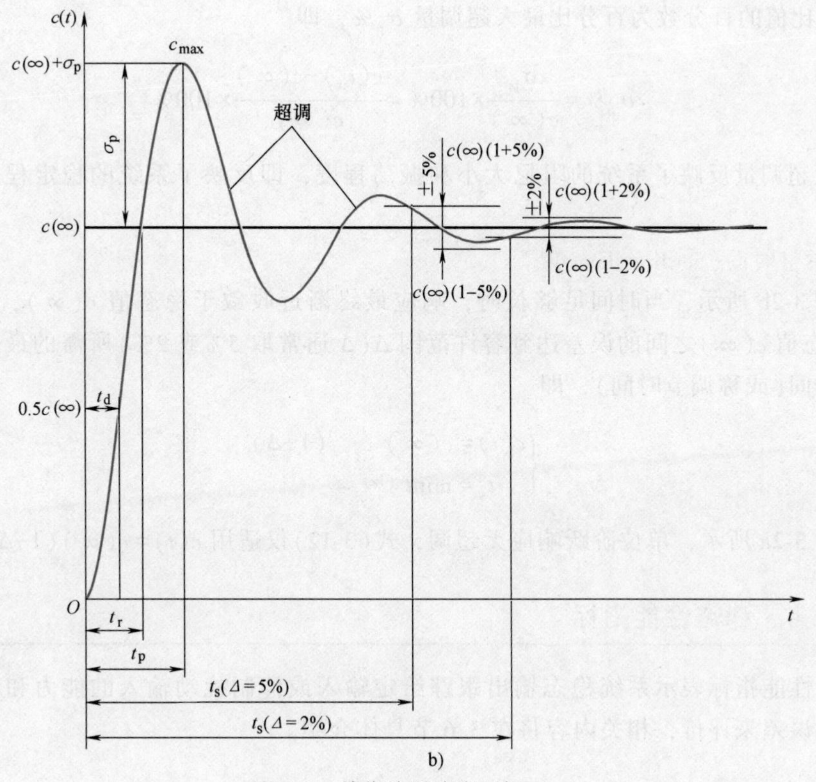

图 3-2 单位阶跃响应(续)

b)有超调衰减振荡

$$c(t_d)=0.5c(\infty) \tag{3-7}$$

2. **上升时间**(Rise Time) t_r

如图 3-2a 所示，单位阶跃响应无超调，采用从稳态值 $c(\infty)$ 的 10%上升到 90%所需的时间来定义上升时间，即

$$\begin{cases} t_r=t_{0.9}-t_{0.1} \\ c(t_{0.9})=0.9c(\infty) \\ c(t_{0.1})=0.1c(\infty) \end{cases} \tag{3-8}$$

如图 3-2b 所示，单位阶跃响应有超调，采用响应第一次上升到稳态值 $c(\infty)$ 所需的时间来定义上升时间，即

$$\begin{cases} c(t)=c(\infty) \\ t_r=\min t \end{cases} \tag{3-9}$$

3. **峰值时间**(Peak Time) t_p

如图 3-2b 所示，响应达到超调的第一个峰值(即输出最大值 c_{max})所需要的时间叫作峰值时间，即

$$c(t_p)=c_{max} \tag{3-10}$$

4. **最大超调量**(Peak Overshoot) σ_p、$\sigma_p\%$

如图 3-2b 所示，第一个峰值 $c(t_p)$ 和稳态值 $c(\infty)$ 之差为最大超调量 σ_p，σ_p 与稳态

值 $c(\infty)$ 比值的百分数为百分比最大超调量 $\sigma_p\%$，即

$$\sigma_p\% = \frac{\sigma_p}{c(\infty)} \times 100\% = \frac{c(t_p) - c(\infty)}{c(\infty)} \times 100\% \tag{3-11}$$

最大超调量反映了系统的阻尼大小和振荡程度，即反映了系统的稳定程度或相对稳定性。

5. 调整时间(Settling Time) t_s

如图 3-2b 所示，当时间足够长时，响应最终渐近收敛于稳态值 $c(\infty)$，输出响应 $c(t)$ 与稳态值 $c(\infty)$ 之间的误差达到容许范围 Δ（Δ 通常取 5%或 2%）所需的最短时间定义为调整时间(或称调节时间)，即

$$\begin{cases} c(t) = c(\infty) \quad (1 \pm \Delta) \\ t_s = \min t \end{cases} \tag{3-12}$$

如图 3-2a 所示，单位阶跃响应无超调，式(3-12)仅适用 $c(t) = c(\infty)(1-\Delta)$。

3.1.4 稳态性能指标

稳态性能指标表示系统稳态输出跟踪给定输入或抑制扰动输入的能力和精度，用系统的稳态误差来评价，相关内容将在 3.6 节具体介绍。

3.2 一阶系统的时域分析

3.2.1 一阶系统的数学模型

液压缸是机械装备电液控制系统的重要执行元件。液压油具有可压缩性(液压油的体积模量 β_e 通常选取 700 MPa 左右)，可视为弹性元件。若将活塞和活塞杆的运动摩擦简化为阻尼摩擦，并不计活塞和活塞杆质量，液压缸可抽象简化成图 3-3 所示的弹簧-阻尼系统，该系统独立储能元件的数目为 1，因而为一阶系统。该系统的输入为进油压力 $p(t)$，输出为活塞杆位移 $x(t)$，回油接油箱其压力近似为零，求得微分方程为

$$f\dot{x}(t) + kx(t) = Ap(t)$$

传递函数为

$$\frac{X(s)}{P(s)} = \frac{A}{fs+k} = \frac{\frac{A}{k}}{\frac{f}{k}s+1}$$

一阶系统传递函数的一般形式为

$$G(s) = \frac{C(s)}{R(s)} = \frac{K}{Ts+1} \tag{3-13}$$

式中，K 为系统增益；T 为时间常数，具有时间量纲。

线性系统满足叠加原理，系统增益 K 仅影响时间响应的幅值，因而研究系统增益 $K=1$具有普遍意义，此时一阶系统的传递函数写成如下标准形式

$$G(s)=\frac{C(s)}{R(s)}=\frac{1}{Ts+1} \tag{3-14}$$

一阶系统的典型形式是惯性环节，对应的框图如图 3-4 所示。

图 3-3　一阶系统　　　　图 3-4　一阶系统框图

3.2.2　一阶系统的时间响应

一阶系统对于输入信号 $r(t)$ 的时间响应 $c(t)$，可先利用式(3-14)求出 $C(s)$，然后对 $C(s)$ 进行拉普拉斯反变换，得到时间响应 $c(t)$。

1. 单位阶跃响应

对于单位阶跃输入 $r(t)=1(t)$，则 $R(s)=\frac{1}{s}$，得

$$C(s)=R(s)G(s)=\frac{1}{s}\frac{1}{Ts+1}=\frac{1}{s}+\frac{-T}{Ts+1}=\frac{1}{s}-\frac{1}{s+\frac{1}{T}}$$

对 $C(s)$ 进行拉普拉斯反变换，得到单位阶跃响应 $c(t)$ 为

$$c(t)=1-\mathrm{e}^{-\frac{1}{T}t}\quad(t\geqslant 0) \tag{3-15}$$

由式(3-4)、式(3-5)及相关定义可知，瞬态响应 $c_t(t)=-\mathrm{e}^{-\frac{1}{T}t}$，对应系统极点 $-\frac{1}{T}$；稳态响应 $c_{ss}(t)=1$，对应输入极点 0。单位阶跃响应曲线如图 3-5a 所示(图 3-2a 也是)。

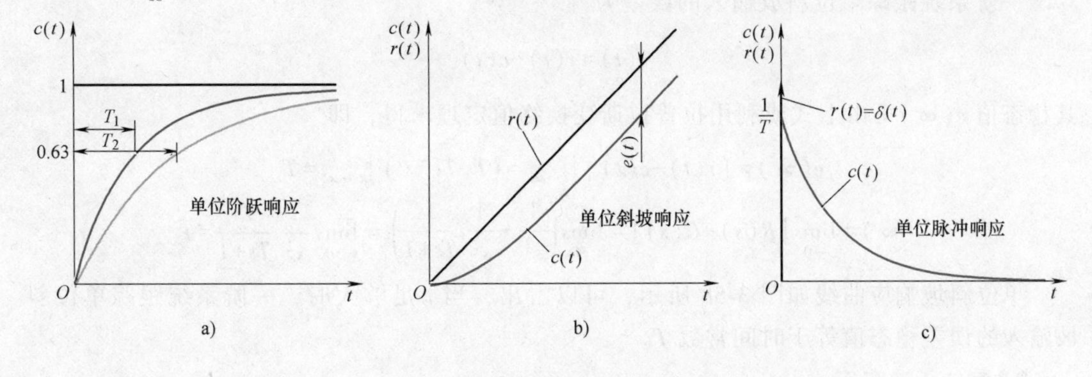

图 3-5　一阶系统的时间响应

单位阶跃响应无超调、无振荡，从零值到稳态值呈指数曲线单调上升。时间常数越小，上升越快。单位阶跃响应的稳态值 $c(\infty)$ 可由式(3-15)或利用拉普拉斯变换终值定理求得，即

$$c(\infty)=c(t)\big|_{t\to\infty}=1-\mathrm{e}^{-\frac{1}{T}t}\big|_{t\to\infty}=1$$

$$c(\infty)=\lim_{s\to0}sC(s)=\lim_{s\to0}s\frac{1}{s}\frac{1}{Ts+1}=1$$

时间常数取决于系统参量而与输入无关。把 $t=T$ 代入单位阶跃响应式可得到 $c(T)=0.63c(\infty)$，根据这一特点，可用实验方法测定时间常数 T。

当阶跃输入 $\frac{A}{s}$ 的幅值 $A\neq1$ 时，则一阶系统 $\frac{1}{Ts+1}$ 的阶跃响应为

$$c(t)=A(1-\mathrm{e}^{-\frac{1}{T}t})\quad(t\geqslant0)$$

当系统增益 $K\neq1$ 时，则一阶系统 $\frac{K}{Ts+1}$ 的单位阶跃响应为

$$c(t)=K(1-\mathrm{e}^{-\frac{1}{T}t})\quad(t\geqslant0)$$

显然，系统增益 K 或输入幅值 A 仅使时间响应的幅值成比例地变化，而不影响瞬态性能。

2. 单位斜坡响应

对于单位斜坡输入 $r(t)=t$，则 $R(s)=\frac{1}{s^2}$，得

$$C(s)=R(s)G(s)=\frac{1}{s^2}\frac{1}{Ts+1}=\frac{1-Ts}{s^2}+\frac{T^2}{Ts+1}=\frac{1}{s^2}-\frac{T}{s}+\frac{T}{s+\frac{1}{T}}$$

对 $C(s)$ 进行拉普拉斯反变换，得到单位斜坡响应 $c(t)$ 为

$$c(t)=t-T+T\mathrm{e}^{-\frac{1}{T}t}\quad(t\geqslant0)\tag{3-16}$$

由式(3-4)、式(3-5)及相关定义可知，瞬态响应 $c_t(t)=T\mathrm{e}^{-\frac{1}{T}t}$，稳态响应 $c_{ss}(t)=t-T$。一阶系统跟踪单位斜坡输入的误差为

$$e(t)=r(t)-c(t)$$

其稳态值 $e(\infty)$ 可由上式或利用拉普拉斯变换终值定理求得，即

$$e(\infty)=[r(t)-c(t)]\big|_{t\to\infty}=(T-T\mathrm{e}^{-\frac{1}{T}t})\big|_{t\to\infty}=T$$

$$e(\infty)=\lim_{s\to0}s[R(s)-C(s)]=\lim_{s\to0}s\left(\frac{1}{s^2}-\frac{1}{s^2}\frac{1}{Ts+1}\right)=\lim_{s\to0}s\frac{1}{s^2}\frac{Ts}{Ts+1}=T$$

单位斜坡响应曲线如图 3-5b 所示，可以看出，当 t 足够大时，一阶系统跟踪单位斜坡输入的误差稳态值等于时间常数 T。

3. 单位脉冲响应

对于单位脉冲输入 $r(t)=\delta(t)$、$R(s)=1$，得

$$C(s)=R(s)G(s)=G(s)$$

因而，单位脉冲响应的拉普拉斯变换与系统的传递函数相同，即

$$C(s)=\frac{1}{Ts+1}=\frac{\frac{1}{T}}{s+\frac{1}{T}}$$

对 $C(s)$ 进行拉普拉斯反变换，得到单位脉冲响应 $c(t)$ 为

$$c(t)=\frac{1}{T}e^{-\frac{1}{T}t}\quad (t\geqslant 0) \tag{3-17}$$

由式(3-4)、式(3-5)及相关定义可知，瞬态响应 $c_t(t)=\frac{1}{T}e^{-\frac{1}{T}t}$，稳态响应 $c_{ss}(t)=0$。单位脉冲响应曲线如图 3-5c 所示，为单调下降的指数曲线。

4. 线性定常系统的重要性质

线性系统满足叠加原理，线性定常系统同样也满足叠加原理，如线性定常系统在给定输入 $r_1(t)$、$r_2(t)$ 作用下的时间响应分别为 $c_1(t)$、$c_2(t)$，则有

$$k_1r_1(t)+k_2r_2(t)\xrightarrow{\text{时间响应}}k_1c_1(t)+k_2c_2(t)\quad (k_1、k_2\text{为常数})$$

进一步，通过分析一阶系统的单位阶跃、单位斜坡、单位脉冲三种输入信号之间的关系，以及三种输入信号所对应的时间响应的关系，可以发现：输入信号导数的时间响应等于该输入信号时间响应的导数，输入信号积分的时间响应等于该输入信号时间响应的积分，例如

$$1(t)\xrightarrow{\text{时间响应}}1-e^{-\frac{1}{T}t}$$

$$\delta(t)=\frac{d}{dt}1(t)\xrightarrow{\text{时间响应}}\frac{d}{dt}(1-e^{-\frac{1}{T}t})=\frac{1}{T}e^{-\frac{1}{T}t}$$

$$t=\int_0^t 1(t)\,dt\xrightarrow{\text{时间响应}}\int_0^t(1-e^{-\frac{1}{T}t})\,dt=t-T+Te^{-\frac{1}{T}t}$$

这是线性定常系统所特有的性质。

基于这一性质，对线性定常系统只需要讨论一种典型信号的响应，就可以推知其他。因此，在对二阶和高阶系统的讨论中，主要研究系统的单位阶跃响应。

3.2.3 一阶系统的瞬态性能指标

一阶系统的单位阶跃响应曲线如图 3-2a 所示，有如下瞬态性能指标。

1. 延迟时间 t_d

根据 t_d 定义，有

$$c(t_d)=0.5c(\infty)$$

由式(3-15)得

$$c(t_d)=1-e^{-\frac{1}{T}t_d}=0.5$$

整理得

$$t_d = -T\ln(1-0.5) = T\ln\frac{1}{1-0.5}$$

所以

$$t_d = 0.7T \tag{3-18}$$

2. 上升时间 t_r

根据 t_r 定义，有

$$c(t_{0.1}) = 1-e^{-\frac{1}{T}t_{0.1}} = 0.1$$

$$c(t_{0.9}) = 1-e^{-\frac{1}{T}t_{0.9}} = 0.9$$

整理得

$$t_{0.1} = -T\ln(1-0.1) = T\ln\frac{1}{1-0.1}$$

$$t_{0.9} = -T\ln(1-0.9) = T\ln\frac{1}{1-0.9}$$

所以

$$t_r = t_{0.9} - t_{0.1} = 2.2T \tag{3-19}$$

3. 调整时间 t_s

根据 t_s 定义，有

$$c(t_s) = 1-e^{-\frac{1}{T}t_s} = 1-\Delta$$

整理得

$$t_s = -T\ln\Delta = T\ln\frac{1}{\Delta}$$

所以

$$t_s = \begin{cases} 3T & (\Delta = 5\%) \\ 4T & (\Delta = 2\%) \end{cases} \tag{3-20}$$

综上所述，时间常数 T 反映了系统的惯性，表征了系统过渡过程的品质：T 越小，惯性越小，系统的响应越快。

3.3 二阶系统的时域分析

3.3.1 二阶系统的数学模型

若活塞和活塞杆的质量不能忽略，液压缸可抽象为图 3-6 所示的质量-弹簧-阻尼系统，该系统独立储能元件数目为 2，为二阶系统。油液施加到活塞的作用力 $F(t) = Ap(t)$，以油液作用力 $F(t)$ 为输入，位移 $x(t)$ 为输出，求得微分方程为

$$m\ddot{x}(t) + f\dot{x}(t) + kx(t) = F(t)$$

传递函数为

$$\frac{X(s)}{F(s)}=\frac{1}{ms^2+fs+k}=\frac{\frac{1}{m}}{s^2+\frac{f}{m}s+\frac{k}{m}}=\frac{1}{k}\frac{\frac{k}{m}}{s^2+\frac{f}{m}s+\frac{k}{m}}=\frac{1}{k}\frac{\omega_n^2}{s^2+2\zeta\omega_n s+\omega_n^2}$$

式中，ω_n为无阻尼振荡频率[或称自然频率(Natural Frequency)]，单位为$\mathrm{rad\cdot s^{-1}}$，$\omega_n=\sqrt{\frac{k}{m}}$；$\zeta$为阻尼比(黏性阻尼系数与临界阻尼系数之比)，为量纲一的量(旧称无量纲量)，$\zeta=\frac{f}{2\sqrt{mk}}$。

由此可见，ω_n和ζ只决定于系统参量而与输入无关。可以用ω_n和ζ两个特征参量来普遍地描述各种二阶系统的动态特性。我们熟悉的一些现象，如钟铃、车辆悬架系统以及电路在受到冲击后的短暂振动，都是二阶系统时间响应常见的外在表现。

二阶系统传递函数的一般形式为

$$G(s)=\frac{C(s)}{R(s)}=\frac{K\omega_n^2}{s^2+2\zeta\omega_n s+\omega_n^2} \tag{3-21}$$

系统增益K仅影响时间响应的幅值，因而研究系统增益$K=1$具有普遍意义，此时二阶系统的传递函数写成如下标准形式，即

$$G(s)=\frac{C(s)}{R(s)}=\frac{\omega_n^2}{s^2+2\zeta\omega_n s+\omega_n^2} \tag{3-22}$$

对应的框图如图3-7所示。

图3-6 二阶系统　　图3-7 二阶系统框图

3.3.2 二阶系统的单位阶跃响应

对单位阶跃输入$r(t)=1(t)$，则$R(s)=\frac{1}{s}$，得

$$C(s)=R(s)G(s)=\frac{1}{s}\frac{\omega_n^2}{s^2+2\zeta\omega_n s+\omega_n^2}=\frac{1}{s}-\frac{s+2\zeta\omega_n}{s^2+2\zeta\omega_n s+\omega_n^2} \tag{3-23}$$

对式(3-23)进行拉普拉斯反变换，可求得二阶系统的单位阶跃响应。

二阶系统的特征方程为

$$s^2+2\zeta\omega_n s+\omega_n^2=0$$

其根(即系统极点)为

$$s_{1,2}=-\zeta\omega_n\pm\omega_n\sqrt{\zeta^2-1} \tag{3-24}$$

由特征方程的根与系数关系或式(3-24)可知：当$\zeta=1$、$\zeta>1$、$0<\zeta<1$、$\zeta=0$时，特征方程的根分别为重负实根、互异负实根、负实部共轭复根、共轭虚根。这4种情况下，系统极点在s平面(即复平面)的分布如图3-8a所示，其中，当$0\leqslant\zeta\leqslant1$时，系统极点距原点的距离为$\omega_n$，即$|s_1|=|s_2|=\omega_n$。当$\zeta\geqslant1$时，$G(s)$由两个惯性环节组成；当$0\leqslant\zeta\leqslant1$时，$G(s)$为振荡环节。

系统极点在s平面上不同的分布决定其不同的时间响应。下面分别对二阶系统在这4种情况下的单位阶跃响应进行讨论。

1. $\zeta=1$，临界阻尼情况

由式(3-24)得

$$s_{1,2}=-\omega_n$$

系统有两个重负实数极点，如图3-8a所示。

这时式(3-23)变成

$$C(s)=\frac{1}{s}-\frac{s+\omega_n+\omega_n}{(s+\omega_n)^2}=\frac{1}{s}-\left[\frac{1}{s+\omega_n}+\frac{\omega_n}{(s+\omega_n)^2}\right]$$

对$C(s)$进行拉普拉斯反变换，求得单位阶跃响应$c(t)$为

$$c(t)=1-e^{-\omega_n t}(1+\omega_n t)\quad(t\geqslant0) \tag{3-25}$$

图3-8b中表示了临界阻尼二阶系统的单位阶跃响应，它无超调、无振荡。

2. $\zeta>1$，过阻尼情况

由式(3-24)得

$$s_1=-\zeta\omega_n+\omega_n\sqrt{\zeta^2-1},\quad s_2=-\zeta\omega_n-\omega_n\sqrt{\zeta^2-1}$$

系统有两个互异负实数极点($s_1>-\omega_n$，$s_2<-\omega_n$)，如图3-8a所示。

这时式(3-23)变成

$$C(s)=\frac{1}{s}-\frac{s+2\zeta\omega_n}{(s-s_1)(s-s_2)}=\frac{1}{s}-\left(\frac{k_1}{s-s_1}+\frac{k_2}{s-s_2}\right)$$

系统极点s_1、s_2处的留数分别为

$$k_1=\frac{1}{2\sqrt{\zeta^2-1}(\zeta-\sqrt{\zeta^2-1})},\quad k_2=\frac{-1}{2\sqrt{\zeta^2-1}(\zeta+\sqrt{\zeta^2-1})}$$

对$C(s)$进行拉普拉斯反变换，求得单位阶跃响应$c(t)$为

$$c(t)=1-k_1e^{s_1 t}-k_2e^{s_2 t}\quad(t\geqslant0) \tag{3-26}$$

式(3-26)包含两个指数衰减项，$c(t)$不会超过稳态值1。图3-8b中表示了过阻尼二阶系统的单位阶跃响应，它无超调、无振荡，响应比临界阻尼情况下的响应慢。

3. $0<\zeta<1$，欠阻尼情况

由式(3-24)得

$$s_{1,2}=-\zeta\omega_n\pm j\omega_n\sqrt{1-\zeta^2}$$

系统有一对负实部共轭复数极点，如图3-8a所示。$\omega_n\sqrt{1-\zeta^2}$为阻尼振荡频率(Damping Oscillation Frequency)，记为 ω_d，即

$$\omega_d=\omega_n\sqrt{1-\zeta^2} \tag{3-27}$$

可见，阻尼振荡频率 ω_d 小于无阻尼振荡频率 ω_n。

这时式(3-23)可以写成

$$C(s)=\frac{1}{s}-\frac{s+2\zeta\omega_n}{(s+\zeta\omega_n)^2+\omega_n^2(1-\zeta^2)}=\frac{1}{s}-\frac{s+\zeta\omega_n+\zeta\omega_n}{(s+\zeta\omega_n)^2+\omega_d^2}=\frac{1}{s}-\left[\frac{s+\zeta\omega_n}{(s+\zeta\omega_n)^2+\omega_d^2}+\frac{\zeta\dfrac{\omega_d}{\sqrt{1-\zeta^2}}}{(s+\zeta\omega_n)^2+\omega_d^2}\right]$$

对 $C(s)$ 进行拉普拉斯反变换，求得单位阶跃响应 $c(t)$ 为

$$c(t)=1-\left(e^{-\zeta\omega_n t}\cos\omega_d t+\frac{\zeta}{\sqrt{1-\zeta^2}}e^{-\zeta\omega_n t}\sin\omega_d t\right)=1-e^{-\zeta\omega_n t}\left(\cos\omega_d t+\frac{\zeta}{\sqrt{1-\zeta^2}}\sin\omega_d t\right)=$$

$$1-\frac{e^{-\zeta\omega_n t}}{\sqrt{1-\zeta^2}}\left(\sqrt{1-\zeta^2}\cos\omega_d t+\zeta\sin\omega_d t\right) \tag{3-28}$$

注意图 3-8a 阴影三角形中的 θ，$\sin\theta=\sqrt{1-\zeta^2}$，$\cos\theta=\zeta$，上式整理得

$$c(t)=1-\frac{e^{-\zeta\omega_n t}}{\sqrt{1-\zeta^2}}\sin(\omega_d t+\theta)\quad(t\geqslant 0) \tag{3-29}$$

式中，θ 为阻尼角，$\theta=\arccos\zeta$。

图 3-8b 表示了欠阻尼二阶系统的单位阶跃响应，它呈现为衰减振荡过程($0<\sigma_p\%<100\%$)，振荡频率是阻尼振荡频率 ω_d，其振幅按指数曲线衰减，两者均由系统参量 ζ 和 ω_n决定。

4. $\zeta=0$，无阻尼情况

由式(3-24)得

$$s_{1,2}=\pm j\omega_n$$

系统有一对共轭虚数极点(此时，系统处于临界稳定状态，临界稳定在经典控制理论中属不稳定，见 3.5 节)，如图 3-8a 所示。

将 $\zeta=0$ 代入式(3-29)可得

$$c(t)=1-\cos\omega_n t\quad(t\geqslant 0) \tag{3-30}$$

图 3-8b 表示了无阻尼二阶系统的单位阶跃响应，它呈现为等幅振荡过程($\sigma_p\%=100\%$)，振荡频率为 ω_n。

从上面的分析可以看出，ω_n和 ω_d的物理意义如下：

1) ω_n是无阻尼二阶系统等幅振荡的振荡频率，因此称为无阻尼振荡频率(或称自然频率)。

2) ω_d 是欠阻尼二阶系统衰减振荡的振荡频率，因此称为阻尼振荡频率，$\omega_d=\omega_n\sqrt{1-\zeta^2}$。

3) 相应地，把 T_n 称为无阻尼振荡周期，$T_n=\frac{2\pi}{\omega_n}$；$T_d$ 称为阻尼振荡周期，$T_d=\frac{2\pi}{\omega_d}=\frac{2\pi}{\omega_n\sqrt{1-\zeta^2}}$。

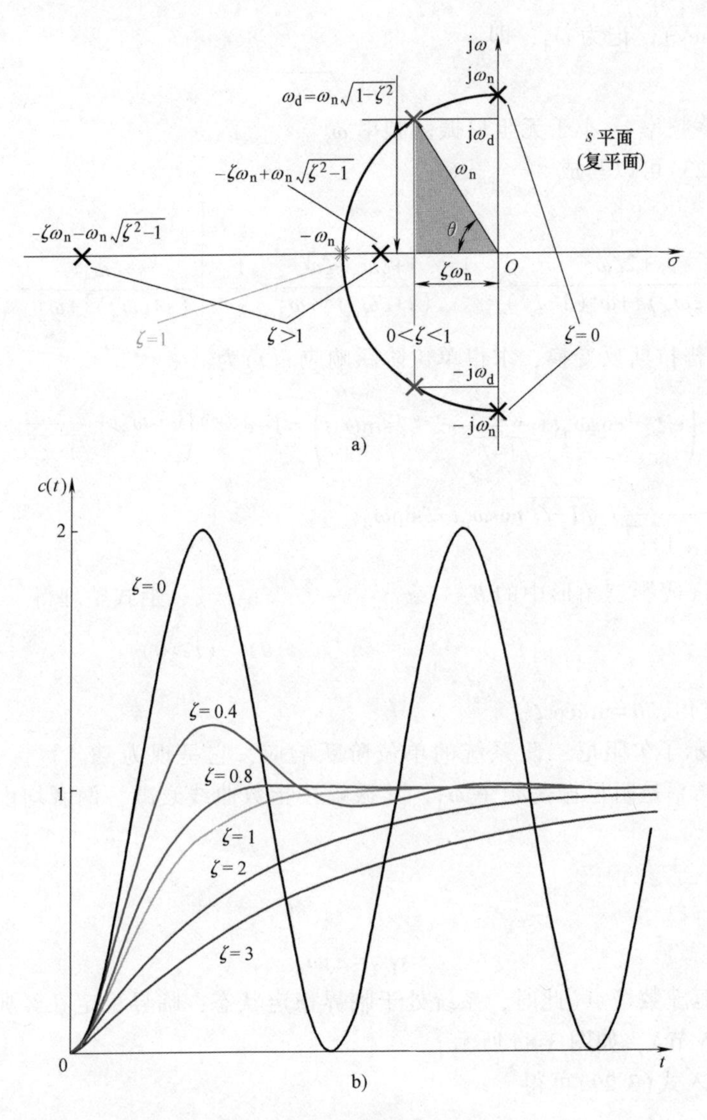

图 3-8 二阶系统极点分布与对应的阶跃响应

a）极点分布 b）阶跃响应

4）当参量 ω_n 相同时，无阻尼振荡周期小于阻尼振荡周期，即 $T_n<T_d$；阻尼比越大，阻尼振荡周期越长，如图 3-8 所示。

同时，也可以看出 ζ 对二阶系统单位阶跃响应的影响如下：

1）ζ 越小，上升越快。

2）在 $\zeta\geqslant1$ 的情况下，响应具有单调上升的特性。系统的响应速度，以 $\zeta=1$ 时为最快。

3）在 $0\leqslant\zeta<1$ 的情况下，ζ 越小，振荡越大；当 $\zeta=0$ 时，呈现出等幅振荡。

3.3.3 欠阻尼二阶系统的瞬态性能指标

二阶系统的特征参量 ζ 和 ω_n 直接关系到系统的瞬态响应。分析 ζ 和 ω_n 与瞬态性能指标的关系，可指出设计和调整二阶系统的方向。除那些不允许产生振荡的控制系统外，通常允许有适度的振荡特性，以求能有较短的响应时间。因此，系统经常工作在欠阻尼状态。

1. 上升时间 t_r

根据 t_r 定义，先求满足 $c(t)=c(\infty)$ 的时间 t。由式(3-29)得

$$c(t)=1-\frac{e^{-\zeta\omega_n t}}{\sqrt{1-\zeta^2}}\sin(\omega_d t+\theta)=1$$

即

$$\frac{e^{-\zeta\omega_n t}}{\sqrt{1-\zeta^2}}\sin(\omega_d t+\theta)=0$$

由于 $e^{-\zeta\omega_n t}\neq 0$，所以

$$\sin(\omega_d t+\theta)=0$$

则

$$\omega_d t+\theta=k\pi \quad (k=1,2,\cdots)$$

即

$$t=\frac{k\pi-\theta}{\omega_d} \quad (k=1,2,\cdots)$$

再取 $t_r=\min t$，得

$$t_r=\frac{\pi-\theta}{\omega_d}=\frac{\pi-\arccos\zeta}{\omega_n\sqrt{1-\zeta^2}} \tag{3-31}$$

由式(3-31)可知：

1）当 ζ 一定时，则阻尼角 θ 不变，系统的响应速度与 ω_n 成正比，即 ω_n 越大，t_r 越小。

2）当 ω_n 一定时，ζ 越小，t_r 越小[分子($\pi-\arccos\zeta$)变小、分母 $\omega_n\sqrt{1-\zeta^2}$ 变大]。

2. 峰值时间 t_p

根据 t_p 定义，有 $c(t_p)=c_{\max}$，因而 $\dot{c}(t_p)=0$，即

$$\left.\frac{dc(t)}{dt}\right|_{t=t_p}=\zeta\omega_n\frac{e^{-\zeta\omega_n t_p}}{\sqrt{1-\zeta^2}}\sin(\omega_d t_p+\theta)-\frac{e^{-\zeta\omega_n t_p}}{\sqrt{1-\zeta^2}}\omega_d\cos(\omega_d t_p+\theta)=$$

$$\frac{\omega_n e^{-\zeta\omega_n t_p}}{\sqrt{1-\zeta^2}}\left[\zeta\sin(\omega_d t_p+\theta)-\sqrt{1-\zeta^2}\cos(\omega_d t_p+\theta)\right]=$$

$$\frac{\omega_n e^{-\zeta\omega_n t_p}}{\sqrt{1-\zeta^2}}\left[\cos\theta\sin(\omega_d t_p+\theta)-\sin\theta\cos(\omega_d t_p+\theta)\right]=$$

$$\frac{\omega_n e^{-\zeta\omega_n t_p}}{\sqrt{1-\zeta^2}}\sin\omega_d t_p=0$$

所以

$$\sin\omega_d t_p = 0$$

上面三角方程在数学意义上的解为

$$\omega_d t_p = k\pi \quad (k=1,2,\cdots)$$

实际上，峰值时间 t_p 对应于第一个峰值，因而有

$$\omega_d t_p = \pi$$

所以

$$t_p = \frac{\pi}{\omega_d} = \frac{\pi}{\omega_n\sqrt{1-\zeta^2}} \tag{3-32}$$

阻尼振荡周期 $T_d = \dfrac{2\pi}{\omega_d}$，因而峰值时间是阻尼振荡周期的一半，即 $t_p = \dfrac{1}{2}T_d$。由式(3-32)可以看出：

1）当 ζ 一定时，ω_n 越大，t_p 越小。

2）当 ω_n 一定时，ζ 越小，t_p 越小。

3. 最大超调量 σ_p、$\sigma_p\%$

结合式(3-29)和式(3-32)，可以求出最大超调量 σ_p 为

$$\sigma_p = c(t_p) - c(\infty) = -\frac{e^{-\zeta\omega_n t_p}}{\sqrt{1-\zeta^2}}\sin(\omega_d t_p + \theta) = e^{-\zeta\omega_n t_p} = \exp\left(-\zeta\omega_n \frac{\pi}{\omega_n\sqrt{1-\zeta^2}}\right) = \exp\left(-\frac{\zeta\pi}{\sqrt{1-\zeta^2}}\right)$$

注意：如果 $c(\infty)\neq 1$，则 $\sigma_p = c(\infty)\exp\left(-\dfrac{\zeta\pi}{\sqrt{1-\zeta^2}}\right)$。

最大超调量 $\sigma_p\%$ 为

$$\sigma_p\% = \frac{\sigma_p}{c(\infty)}\times 100\% = \exp\left(-\frac{\zeta\pi}{\sqrt{1-\zeta^2}}\right)\times 100\% \tag{3-33}$$

可见，最大超调量 $\sigma_p\%$ 只是 ζ 的函数，而与 ω_n 无关。ζ 越小，$\sigma_p\%$ 越大。不同阻尼比的最大超调量 $\sigma_p\%$ 见表 3-1。

表 3-1　不同阻尼比的最大超调量 $\sigma_p\%$

ζ	0.1	0.2	0.3	0.4	0.5	0.6	0.7	0.8	0.9
$\sigma_p\%$	72.92%	52.66%	37.23%	25.38%	16.30%	9.48%	4.60%	1.52%	0.15%

由式(3-33)可得

$$\zeta = \sqrt{\frac{(\ln\sigma_p\%)^2}{\pi^2 + (\ln\sigma_p\%)^2}}$$

4. 调整时间 t_s

阶跃响应曲线开始进入偏离稳态值 $\pm\Delta$ 的误差带（Δ 取 5% 或 2%），并从此不再超越这个范围的时间为系统的调整时间 t_s。显然，t_s 越小，表示系统动态调整过程越快。对于欠阻尼二阶系统单位阶跃响应式(3-29)，指数曲线 $1\pm\dfrac{e^{-\zeta\omega_n t}}{\sqrt{1-\zeta^2}}$ 是其对称于 $c(\infty)=1$ 的一对包

络线，整个响应曲线总是包含在这一对包络线之内，如图 3-9 所示。

往往采用包络线代替实际响应来估算调整时间。由图 3-9 可见，不管采用上包络线还是下包络线，都可以得到同样的估算结果：

$$1+\frac{e^{-\zeta\omega_n t_s}}{\sqrt{1-\zeta^2}}=1+\Delta \quad 或 \quad 1-\frac{e^{-\zeta\omega_n t_s}}{\sqrt{1-\zeta^2}}=1-\Delta$$

即

$$\frac{e^{-\zeta\omega_n t_s}}{\sqrt{1-\zeta^2}}=\Delta$$

由上式求得

$$t_s=\frac{1}{\zeta\omega_n}\left(\ln\frac{1}{\Delta}+\ln\frac{1}{\sqrt{1-\zeta^2}}\right) \tag{3-34}$$

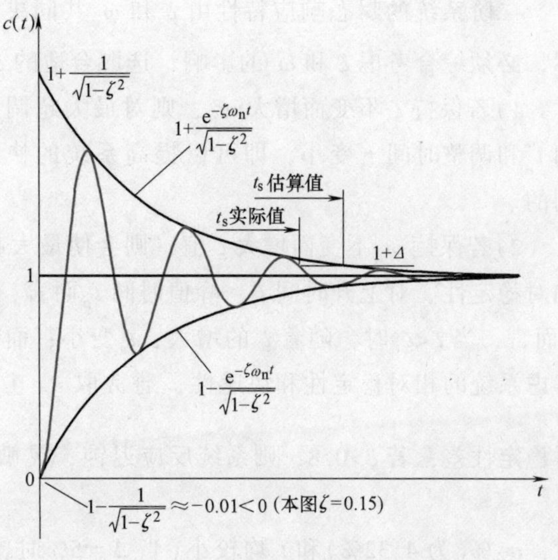

图 3-9 单位阶跃响应曲线的包络线

由图 3-9 可知，式(3-34)所得结果(即估算值)要大于实际值，结果比较保守，因而忽略 $\ln\frac{1}{\sqrt{1-\zeta^2}}$，通常采用如下近似式计算

$$t_s\approx\frac{1}{\zeta\omega_n}\ln\frac{1}{\Delta}=\begin{cases}\dfrac{3}{\zeta\omega_n} & (\Delta=5\%)\\[2ex] \dfrac{4}{\zeta\omega_n} & (\Delta=2\%)\end{cases} \tag{3-35}$$

分析可知，ω_n大，调整时间 t_s就小。ζ 与 t_s 的关系不能用式(3-34)和式(3-35)(即包络线估算和近似式)来看。精确计算表明，ζ 有个临界值 ζ_c，当 $\zeta<\zeta_c$时，ζ 大，t_s就小，这与 t_p、t_r和 ζ 的关系正好相反；当 $\zeta>\zeta_c$时，ζ 小，t_s就小。通常，ζ 值是根据允许最大超调量 $\sigma_p\%$确定的，因此 t_s可以根据 ω_n来确定。这样，在不改变最大超调量的情况下，通过调整 ω_n，可以改变 t_s。

需要注意，t_s近似式是源于包络线估算的近似，有时会有较大误差。例如，当 $\zeta=\frac{\sqrt{2}}{2}$、$\Delta=5\%$时，用包络线估算求得 $t_s=\frac{1}{\zeta\omega_n}\left(\ln\frac{1}{\Delta}+\ln\frac{1}{\sqrt{1-\zeta^2}}\right)=\frac{4.7}{\omega_n}$，用包络线估算的近似式求得 $t_s\approx\frac{3}{\zeta\omega_n}=\frac{4.2}{\omega_n}$，实际的调整时间 $t_s=\frac{2.9}{\omega_n}$(用 MATLAB 求得，有关 MATLAB 内容见附录 A)，而上升时间 $t_r=\frac{\pi-\theta}{\omega_n\sqrt{1-\zeta^2}}=\frac{3.3}{\omega_n}$，实际的调整时间 $t_s<t_r$。

5. ζ、ω_n与瞬态性能指标的关系

二阶系统的瞬态响应特性由 ζ 和 ω_n 共同决定，欲使二阶系统具有满意的瞬态性能指标，必须综合考虑 ζ 和 ω_n 的影响，选取合适的 ζ 和 ω_n。

1）若保持 ζ 不变而增大 ω_n，则对最大超调量无影响，却可以使上升时间 t_r、峰值时间 t_p 和调整时间 t_s 变小，即可以提高系统的快速性，所以增大 ω_n 对提高系统性能是有利的。

2）若保持 ω_n 不变而增大 ζ 值，则会使最大超调量 $\sigma_p\%$减小，减弱系统的振荡，增加相对稳定性。对上升时间 t_r、峰值时间 t_p 而言，减小 ζ 值，会使 t_r、t_p 变小。对调整时间 t_s 而言，当 $\zeta<\zeta_c$ 时，随着 ζ 的增大，t_s 变小；而当 $\zeta>\zeta_c$ 时，随着 ζ 的增大，t_s 变大。综合考虑系统的相对稳定性和快速性，通常取 $\zeta=0.4\sim0.8$。若 $\zeta<0.4$，则系统超调严重，相对稳定性差；若 $\zeta>0.8$，则系统反应迟钝，灵敏性差。当 $\zeta=\dfrac{\sqrt{2}}{2}\approx0.707$（阻尼角 $\theta=45°$）时，$\sigma_p\%$（为 4.32%）和 t_s 均较小（当 $\Delta=5\%$ 时，$t_s<t_r$），称 $\zeta=\dfrac{\sqrt{2}}{2}\approx0.707$ 为最佳阻尼比（从频域分析角度对最佳阻尼比的说明见 4.2.2 节的“振荡环节”）。

6. 分析计算实例

例 3-1　某控制系统如图 3-10 所示。

1）试求出 $K=4$ 时系统的最大超调量 $\sigma_p\%$ 和调整时间 $t_s(\Delta=5\%)$。

2）若采用最佳阻尼比 $\zeta=\dfrac{\sqrt{2}}{2}$，试确定系统的开环增益 K 值。

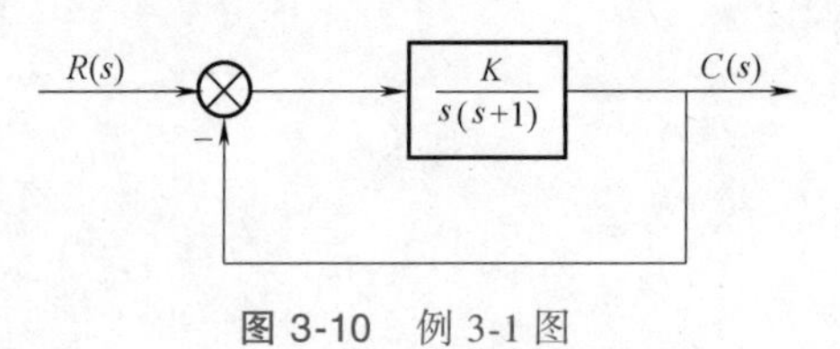

图 3-10　例 3-1 图

解　系统的闭环传递函数为

$$\frac{C(s)}{R(s)}=\frac{G(s)}{1+G(s)H(s)}=\frac{\dfrac{K}{s(s+1)}}{1+\dfrac{K}{s(s+1)}}=\frac{K}{s^2+s+K}$$

将上式的特征方程 $s^2+s+K=0$ 与二阶系统的特征方程 $s^2+2\zeta\omega_n s+\omega_n^2=0$ 相比，可得

$$\omega_n^2=K,\quad 2\zeta\omega_n=1$$

1）计算得

$$\omega_n=\sqrt{K}=2\ \mathrm{rad\cdot s^{-1}},\quad \zeta=\frac{1}{2\omega_n}=0.25$$

$$\sigma_p\% = \exp\left(-\frac{\zeta\pi}{\sqrt{1-\zeta^2}}\right)\times 100\% = 44\%, t_s \approx \frac{3}{\zeta\omega_n} = 6\ \text{s} \qquad (\Delta = 5\%)$$

3）由 $\omega_n^2 = K$，求出

$$K = \omega_n^2 = \left(\frac{1}{2\zeta}\right)^2 = \left(\frac{1}{2\times\frac{\sqrt{2}}{2}}\right)^2 = 0.5$$

可见，开环增益 K 越大，最大超调量 $\sigma_p\%$越大。

例 3-2　某控制系统如图 3-11 所示，若要求系统具有性能指标 $\sigma_p\% = 20\%$、$t_p = 1\ \text{s}$，试确定系统参量 K、τ，并计算上升时间 t_r 和调整时间 $t_s(\Delta = 2\%)$。

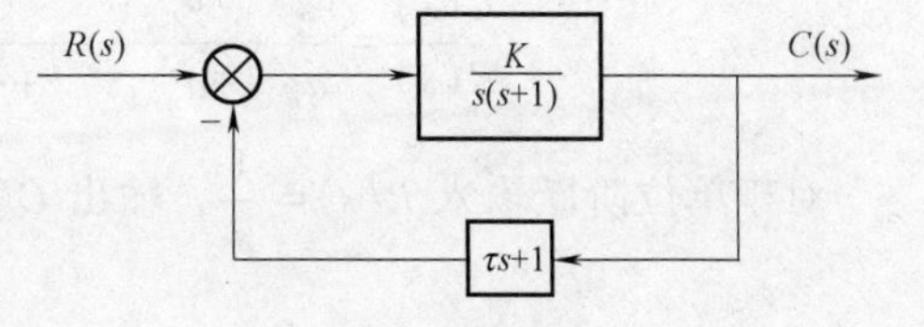

图 3-11　例 3-2 图

解　首先，求出系统闭环传递函数

$$\frac{C(s)}{R(s)} = \frac{\dfrac{K}{s(s+1)}}{1+\dfrac{K}{s(s+1)}(\tau s+1)} = \frac{K}{s^2+(1+K\tau)s+K}$$

将上式的特征方程 $s^2+(1+K\tau)s+K=0$ 与二阶系统的特征方程 $s^2+2\zeta\omega_n s+\omega_n^2=0$ 相比，得

$$\omega_n^2 = K, \quad 2\zeta\omega_n = 1+K\tau$$

由 $\sigma_p\% = \exp\left(-\frac{\zeta\pi}{\sqrt{1-\zeta^2}}\right)\times 100\% = 20\%$，解得

$$\zeta = \sqrt{\frac{(\ln\sigma_p\%)^2}{\pi^2+(\ln\sigma_p\%)^2}} = 0.456$$

再由 $t_p = \frac{\pi}{\omega_n\sqrt{1-\zeta^2}} = 1$，解得

$$\omega_n = \frac{\pi}{t_p\sqrt{1-\zeta^2}} = 3.53\ \text{rad}\cdot\text{s}^{-1}$$

从而解得

$$K = \omega_n^2 = 12.46$$

$$\tau = \frac{2\zeta\omega_n - 1}{K} = 0.178$$

由上升时间 t_r 和调整时间 t_s 公式，计算得

$$t_r=\frac{\pi-\theta}{\omega_d}=\frac{\pi-\arccos\zeta}{\omega_n\sqrt{1-\zeta^2}}=0.65\ \mathrm{s}$$

$$t_s\approx\frac{4}{\zeta\omega_n}=2.48\ \mathrm{s}\quad(\Delta=2\%)$$

3.4 高阶系统的时域分析

高阶系统传递函数的一般形式为

$$\frac{C(s)}{R(s)}=\frac{b_ms^m+b_{m-1}s^{m-1}+\cdots+b_1s+b_0}{a_ns^n+a_{n-1}s^{n-1}+\cdots+a_1s+a_0}=\frac{N(s)}{D(s)}\quad(n\geqslant m)$$

对于单位阶跃输入 $R(s)=\frac{1}{s}$，输出 $C(s)$ 为

$$C(s)=R(s)G(s)=\frac{1}{s}\frac{N(s)}{D(s)}$$

在实际控制系统中，闭环极点 $s_i(i=1,\ 2,\ \cdots,\ n)$ 通常两两互异，假定闭环极点中有 q 个实数极点 $s_i(i=1,\ 2,\ \cdots,\ q)$，其余闭环极点 $s_i(i=q+1,\ q+2,\ \cdots,\ n-q)$ 为 r 对复数极点 $\sigma_l\pm j\omega_l(l=1,\ 2,\ \cdots,\ r)$，且 $q+2r=n$。对 $C(s)$ 分母进行因式分解，部分分式展开

$$C(s)=\frac{1}{s}\frac{\frac{N(s)}{a_n}}{\prod\limits_{i=1}^{q}(s-s_i)\prod\limits_{l=1}^{r}(s^2-2\sigma_ls+\sigma_l^2+\omega_l^2)}=\frac{K}{s}+\sum_{i=1}^{q}\frac{k_i}{s-s_i}+\sum_{l=1}^{r}\frac{A_ls+B_l}{s^2-2\sigma_ls+\sigma_l^2+\omega_l^2}\tag{3-36}$$

式中，$K=\frac{b_0}{a_0}$；k_i为极点 $s_i(i=1,\ 2,\ \cdots,\ q)$ 处的留数；A_l、B_l为系数，可由 2.2.2 节方法求解。

对式(3-36)进行拉普拉斯反变换，求得系统的单位阶跃响应为

$$c(t)=K+\sum_{i=1}^{q}k_i\mathrm{e}^{s_it}+\sum_{l=1}^{r}C_l\mathrm{e}^{\sigma_lt}\sin(\omega_lt+\theta_l)\quad(t\geqslant0)\tag{3-37}$$

式中，C_l、θ_l可由 2.2.2 节方法求解。

综上可知：

1）高阶系统的瞬态响应通常由一阶系统瞬态响应分量(模态为 e^{s_it})和欠阻尼二阶系统瞬态响应分量[模态为 $\mathrm{e}^{\sigma_lt}\sin(\omega_lt+\theta_l)$]组成。输入极点对应的拉普拉斯反变换为时间响应的稳态分量。系统极点对应的拉普拉斯反变换为时间响应的瞬态分量，系统极点在左半 s 平面距虚轴越远，相应的瞬态分量衰减越快。

2）如果所有的闭环极点 $s_i(i=1,\ 2,\ \cdots,\ n)$ 均具有负实部，即 $\mathrm{Re}(s_i)<0$，由式(3-37)可知，随着时间的推移，式中所有的瞬态分量将不断衰减，最后该式的右方只剩下由

输入极点所确定的稳态分量 K。这意味着，当 $\mathrm{Re}(s_i)<0$ 时，过渡过程结束后，系统的被控制量仅与控制输入信号有关。

3）在高阶系统的闭环极点中，如果距虚轴最近的闭环极点，其周围没有零点，而且其他闭环极点距虚轴的距离是该极点距虚轴的5倍以上，则可以认为系统的响应主要由该极点决定，这种极点称为主导极点。高阶系统的主导极点常是共轭复数极点。在设计高阶系统时，常利用主导极点来选择系统的参量，使系统具有预期的一对主导极点，从而把高阶系统近似地用一对主导极点所描述的二阶系统去表征。

3.5 稳定性及其劳斯稳定判据

稳定是控制系统能够正常工作并完成预期控制任务的前提，在系统稳定的前提下方能分析讨论快速性和准确性，因而稳定性是控制系统的首要性能。确保闭环控制系统稳定是控制系统设计的重要内容。许多物理系统原本是开环不稳定的，有的甚至被故意设计成开环不稳定的。例如，大部分现代战斗机(扫描右侧二维码观看相关视频)出于操纵性和机动性要求都被设计成开环不稳定的系统，如果不引入反馈系统来协助飞行员实施主动驾驶控制，这些战斗机就不能飞行。这时要引入主动控制，使不稳定的系统变得稳定，并保证瞬态性能指标等技术指标满足要求。由此可见，可以利用反馈环节使不稳定系统变得稳定，并通过选择合适的控制器参量，来调节系统的性能指标(有关反馈的更多作用，见5.4.1节)。对于开环稳定的对象，可以利用反馈来调节闭环性能指标，以便满足设计指标要求。本节的主要内容包括稳定性的概念、线性定常系统稳定的充要条件和劳斯稳定判据。

科普之窗
歼击机

3.5.1 稳定性的概念

下面讨论经典控制理论中关于系统稳定性的概念。假设某系统处于平衡状态，受到扰动作用后会偏离平衡状态，但在扰动消失且没有任何外部信号作用下，系统以自身的结构与参量特征能够逐渐恢复到平衡状态，系统的这种性能就是稳定性。从系统的微分方程输出解 $c(t)$ 的角度讲，如果系统的自由响应(即零输入响应)解是收敛的，则系统是稳定的，如图3-12a所示；否则，系统就是不稳定的，包括图3-12b所示的发散响应形式

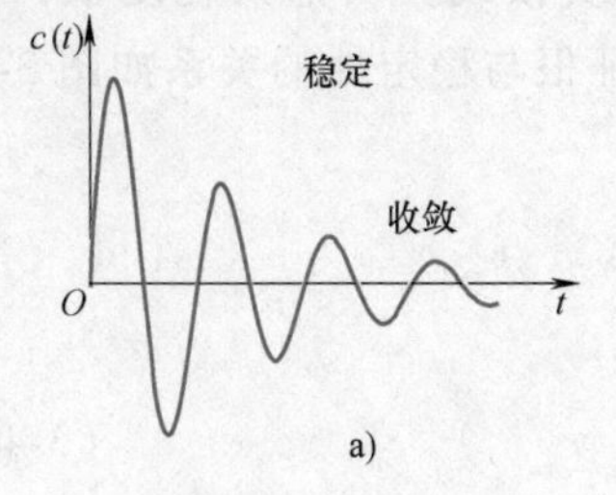

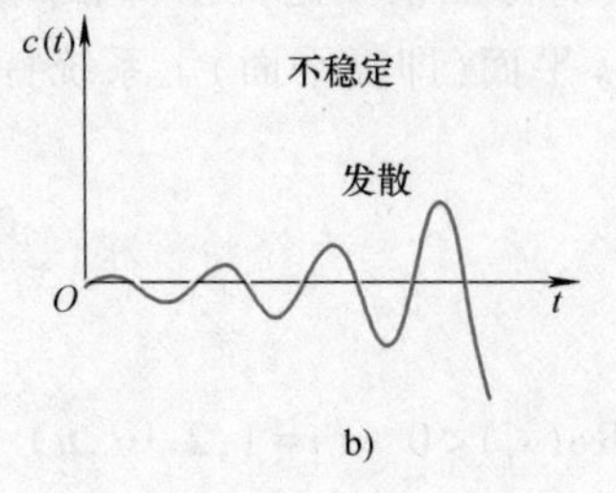

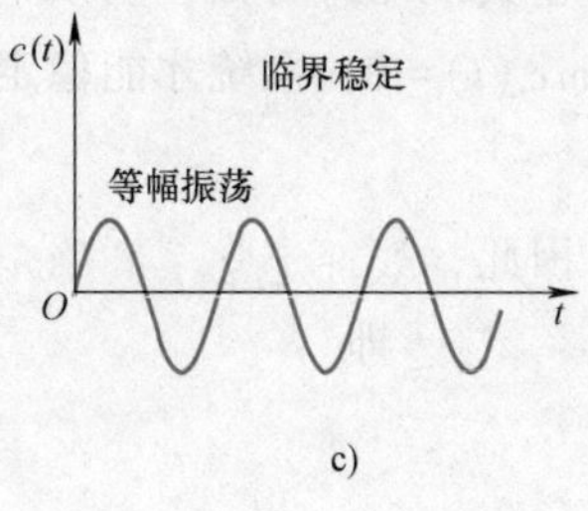

图3-12 系统稳定性示意图

和图 3-12c 所示的等幅振荡形式(严格来讲，等幅振荡情况属于临界稳定，但经典控制理论中将其归于不稳定)。由此可知，稳定性是表征系统在扰动撤销后自身的一种恢复能力，因而它是线性定常系统的一种固有特性，与输入信号无关。

需要指出的是，这里给出的系统稳定性概念并不是严格的数学定义，更严谨的稳定性定义是针对状态空间数学模型描述的具有普遍意义的系统给出的，可详见现代控制理论、线性系统理论、非线性系统等教材。

3.5.2 线性定常系统稳定的充要条件

描述线性定常系统的常微分方程和传递函数的一般形式为

$$a_n\frac{\mathrm{d}^n c(t)}{\mathrm{d}t^n}+a_{n-1}\frac{\mathrm{d}^{n-1}c(t)}{\mathrm{d}t^{n-1}}+\cdots+a_1\frac{\mathrm{d}c(t)}{\mathrm{d}t}+a_0c(t)=b_m\frac{\mathrm{d}^m r(t)}{\mathrm{d}t^m}+b_{m-1}\frac{\mathrm{d}^{m-1}r(t)}{\mathrm{d}t^{m-1}}+\cdots+b_1\frac{\mathrm{d}r(t)}{\mathrm{d}t}+b_0r(t)$$

$$\frac{C(s)}{R(s)}=\frac{b_ms^m+b_{m-1}s^{m-1}+\cdots+b_1s+b_0}{a_ns^n+a_{n-1}s^{n-1}+\cdots+a_1s+a_0}=\frac{N(s)}{D(s)}$$

其稳定性与输入信号无关，因此，研究其稳定性问题，就是研究系统去掉输入后的运动情况，即研究常微分方程对应的齐次微分方程，即

$$a_n\frac{\mathrm{d}^n c(t)}{\mathrm{d}t^n}+a_{n-1}\frac{\mathrm{d}^{n-1}c(t)}{\mathrm{d}t^{n-1}}+\cdots+a_1\frac{\mathrm{d}c(t)}{\mathrm{d}t}+a_0c(t)=0$$

其解 $c(t)$ 即为瞬态响应 $c_{\mathrm{t}}(t)$，若收敛，即 $\lim\limits_{t\to\infty}c_{\mathrm{t}}(t)=0$，则系统是稳定的。这也是回答了 3.1.2 节指出的问题：对于一个稳定的控制系统，其瞬态响应随时间增长而趋于零。下面进行说明。

齐次微分方程的特征方程(即系统的特征方程)为

$$D(s)=a_ns^n+a_{n-1}s^{n-1}+\cdots+a_1s+a_0=a_n\prod_{i=1}^{n}(s-s_i)=0 \tag{3-38}$$

若系统特征根 $s_i(i=1,2,\cdots,n)$ 两两互异，并有 q 个实根 $s_i(i=1,2,\cdots,q)$，其余根 $s_i(i=q+1,q+2,\cdots,n-q)$ 为 r 对共轭复根 $\sigma_l\pm\mathrm{j}\omega_l\ (l=1,2,\cdots,r)$，且 $q+2r=n$，则特征式 $D(s)$ 对应的拉普拉斯反变换，即齐次微分方程的解 $c_{\mathrm{t}}(t)$ 为

$$c_{\mathrm{t}}(t)=\sum_{i=1}^{q}k_i\mathrm{e}^{s_it}+\sum_{l=1}^{r}C_l\mathrm{e}^{\sigma_lt}\sin(\omega_lt+\theta_l)\quad(t\geqslant0) \tag{3-39}$$

式中，C_l、θ_l 可由 2.2.2 节方法求解。

由式(3-39)可知，当所有系统特征根 s_i 是负实部根(负实根或负实部共轭复根)时，有 $\lim\limits_{t\to\infty}c_{\mathrm{t}}(t)=0$，系统才能稳定。$s$ 平面(即复平面)上系统特征根与稳定性的关系如图 3-13 所示。

因此，线性定常系统稳定的充要条件是系统特征根(闭环极点)全部为负实部根(在左半 s 平面)，即

$$\mathrm{Re}(s_i)<0\quad(i=1,2,\cdots,n) \tag{3-40}$$

这就是判别控制系统是否稳定的准则。从而，判别系统是否稳定可归结为对系统特征根

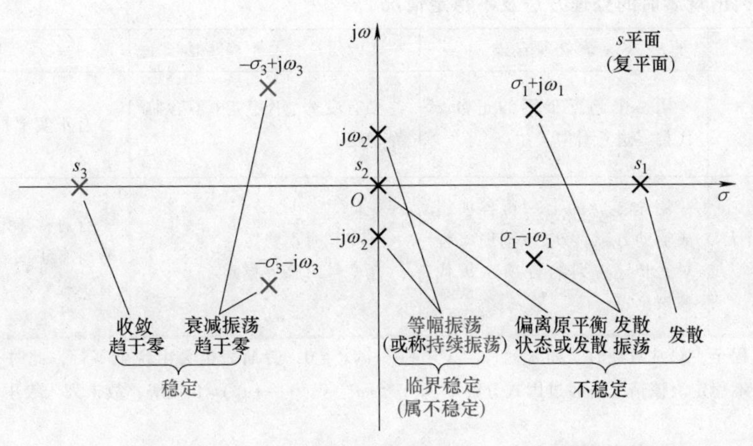

图 3-13　复平面上系统特征根与稳定性的关系

是否都在左半 s 平面的判别。

3.5.3　劳斯稳定判据

由特征方程 $D(s)=a_ns^n+a_{n-1}s^{n-1}+\cdots+a_1s+a_0=0$ 求出所有根的分布，便可判定系统的稳定性。但对于三阶以上的高阶系统，直接手工求根过于复杂。19 世纪末，英国数学家劳斯(Routh)、瑞士数学家赫尔维茨(Hurwitz)分别独立提出了无需求根而是通过对特征方程(代数方程)的系数 a_n，a_{n-1}，…，a_1，a_0进行分析来判别系统稳定性的方法：劳斯稳定判据和赫尔维茨稳定判据，统称为劳斯-赫尔维茨稳定判据。这两种方法的形式稍有不同、但结论是相同的，均是代数的方法，故劳斯-赫尔维茨稳定判据又称为代数稳定判据。第 4 章将涉及使用 Nyquist 图、Bode 图等几何方法的几何稳定判据。

对于特征方程 $D(s)=a_ns^n+a_{n-1}s^{n-1}+\cdots+a_1s+a_0=0$，可以用 MATLAB 软件的 roots($a_n$，$a_{n-1}$，…，$a_1$，$a_0$)指令方便地求根(见附录 A)，进而判别系统稳定性。但代数稳定判据不但可以判别系统稳定性，还可以帮助选择合适的系统参量以保证系统稳定(即给出系统稳定的条件)，因而，代数稳定判据仍具有现实意义。

相对于赫尔维茨稳定判据，劳斯稳定判据更为简便、常用，下面进行介绍。

1. 劳斯稳定判据下系统稳定的充要条件

劳斯稳定判据下系统稳定的充要条件是：劳斯表第一列均大于零。通常，实际系统的特征方程各项系数 a_n，a_{n-1}，…，a_1，a_0通常不会均小于零。从数学处理上，各项系数均小于零可等效变换为均大于零(可用−1 乘方程两边，而不影响方程的根)。

此外，劳斯表第一列还会有两种情况出现：

1）劳斯表第一列有变号，即第一列有正有负，出现正负符号变化，则系统不稳定(不含临界稳定)。第一列变号次数就是正实部根(正实根、正实部复根)的数目。

2）劳斯表第一列出现零，则系统不稳定(或临界稳定)。第一列出现零是劳斯表的特殊情况，有非全零行和全零行两种特殊情况，其处理方法及不稳定情况，见表 3-2。

表 3-2 第一列出现零时的处理方法及不稳定情况

第一列出现零	劳斯表处理方法	第一列变号及不稳定情况	系统不稳定根的情况
非全零行(所在行不全为零)	用一个趋近于零的正数 ε 代替零进行计算	必有变号,不稳定(不含临界稳定)	有正实部根
全零行(所在行无论有几项,均为零)	用全零行的上一行各项组成辅助方程,再以该辅助方程对 s 求导得到的各项系数代替该全零行	有变号时不稳定 无变号时临界稳定	有对称于原点的根(有变号时有正实部根,无变号时有虚根)

注:当特征方程至少缺常数项时,如 $a_n s^n+a_{n-1}s^{n-1}+\cdots+a_2 s^2=0$,劳斯表也会出现全零行,此时有重合于原点的根,系统不稳定。该情况可通过因式分解 $s^2(a_n s^{n-2}+a_{n-1}s^{n-3}+\cdots+a_2)=0$ 化解,故未列入表中。

综上所述,劳斯稳定判据下的系统稳定性情况如图 3-14 所示。

例 3-3 已知闭环控制系统的开环传递函数为 $G(s)H(s)=\dfrac{3s^2+5s+1}{s^4+2s^3-s^2-2s+1}$,判定该系统的稳定性和开环稳定性。如不稳定,求出正实部根的数目。

解 闭环控制系统的稳定性及其开环稳定性,应分别依据系统的特征方程和开环特征方程进行判定。

1) 该系统的特征方程为

$$1+G(s)H(s)=1+\frac{3s^2+5s+1}{s^4+2s^3-s^2-2s+1}=0$$

即

$$s^4+2s^3+2s^2+3s+2=0$$

使用劳斯稳定判据,需列出劳斯表,方法如下:

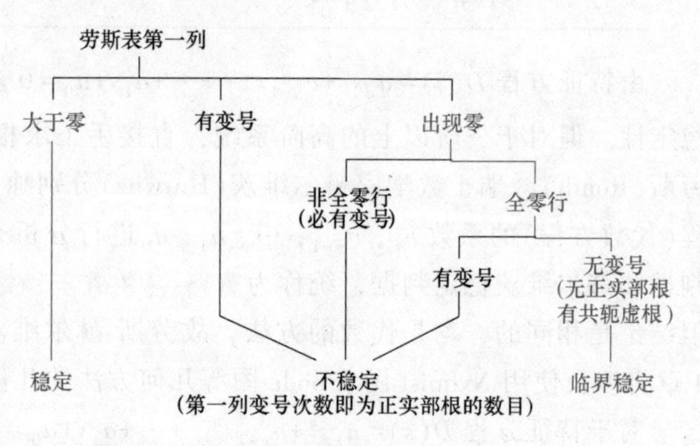

图 3-14 劳斯稳定判据下的系统稳定性情况

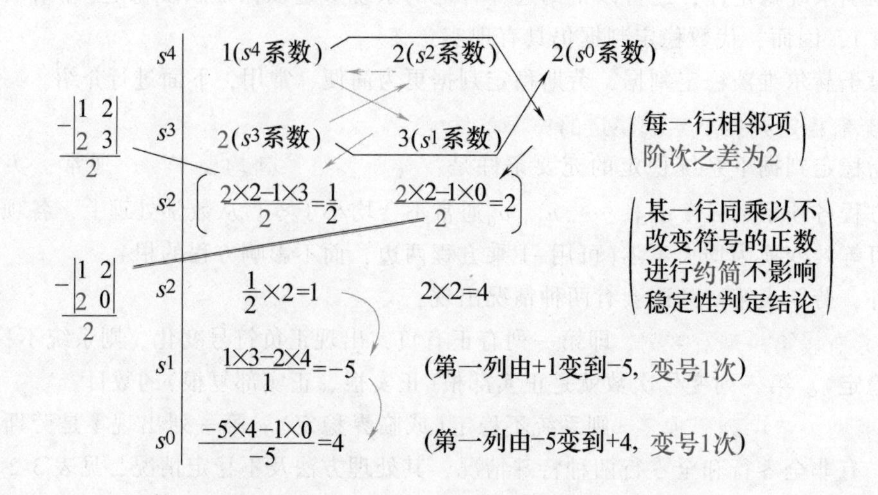

劳斯表第一列有变号，该系统不稳定。第一列有 2 次变号，该系统有 2 个正实部根。

2）开环特征方程为

$$s^4+2s^3-s^2-2s+1=0$$

列出劳斯表：

$$
\begin{array}{c|cccl}
s^4 & 1 & -1 & 1 & \\
s^3 & 2 & -2 & & \\
s^2 & (0 & 1) & & (\text{非全零行}) \\
s^2 & \varepsilon(\to 0) & 1 & & (\text{用 } \varepsilon \text{ 代替零}) \\
s^1 & \dfrac{-2\varepsilon-2}{\varepsilon}=-2-\dfrac{2}{\varepsilon} & & & \left(\begin{array}{l}\text{变号 1 次} \\ s^1\text{项符号为“}-\text{”}\end{array}\right) \\
s^0 & 1 & & & (\text{变号 1 次})
\end{array}
$$

开环特征方程的劳斯表出现非全零行，因而开环不稳定。第一列有 2 次变号，开环特征方程有 2 个正实部根。

例 3-4　已知系统的特征方程为 $s^6+2s^5+8s^4+12s^3+20s^2+16s+16=0$，试判定系统的稳定性。

解　特征方程各项系数均大于零。列出劳斯表：

$$
\begin{array}{c|cccll}
s^6 & 1 & 8 & 20 & 16 & \\
s^5 & (2 & 12 & 16) & & \\
s^5 & 1 & 6 & 8 & & (\text{约简}) \\
s^4 & (2 & 12 & 16) & & \\
s^4 & 1 & 6 & 8 & & (\text{约简}) \\
s^3 & (0 & 0) & & & \left(\begin{array}{l}\text{全零行，用上一行(即 } s^4 \text{ 行)各项组成} \\ \text{辅助方程 } A(s)=s^4+6s^2+8=0\end{array}\right) \\
s^3 & (4 & 12) & & & \left(\dfrac{\mathrm{d}A(s)}{\mathrm{d}s}=4s^3+12s=0 \text{ 的系数}\right) \\
s^3 & 1 & 3 & & & (\text{约简}) \\
s^2 & 3 & 8 & & & \\
s^1 & 1/3 & & & & \\
s^0 & 8 & & & &
\end{array}
$$

劳斯表出现全零行，第一列无变号，无正实部根，系统临界稳定。

这里需要补充说明的是，辅助方程的根即为特征方程对称于原点的根。如果将辅助方程 $A(s)=s^4+6s^2+8=(s^2+2)(s^2+4)=0$ 解出，可得其根为

$$s_{1,2}=\pm \mathrm{j}\sqrt{2},\ s_{3,4}=\pm \mathrm{j}2$$

可见，s_1 和 s_2、s_3 和 s_4 分别对称于原点，即 $s_1=-s_2$，$s_3=-s_4$。

例 3-5　已知系统的特征方程为 $s^5+2s^4+s+2=0$，试判定系统的稳定性。

解　列出劳斯表：

$$\begin{array}{c|cccl}
s^5 & 1 & 0 & 1 & \\
s^4 & (2 & 0 & 2) & \\
s^4 & 1 & 0 & 1 & (\text{约简}) \\
s^3 & (0 & 0) & & \left(\begin{array}{l}\text{全零行，用上一行(即 } s^4 \text{ 行)各项} \\ \text{组成辅助方程 } A(s)=s^4+1=0\end{array}\right) \\
s^3 & 4 & 0 & & \left(\dfrac{\mathrm{d}A(s)}{\mathrm{d}s}=4s^3=0 \text{ 的系数}\right) \\
s^2 & \varepsilon(\to 0) & 1 & & (\text{非全零行}) \\
s^1 & -\dfrac{4}{\varepsilon} & & & (\text{变号 1 次}) \\
s^0 & 1 & & & (\text{变号 1 次})
\end{array}$$

劳斯表第一列有变号，系统不稳定。第一列有 2 次变号，系统有 2 个正实部根。

需要指出，如果将辅助方程 $A(s)=s^4+1=0$ 解出，可得其根为

$$s_{1,2}=\frac{\sqrt{2}}{2}\pm \mathrm{j}\frac{\sqrt{2}}{2},\quad s_{3,4}=-\frac{\sqrt{2}}{2}\pm \mathrm{j}\frac{\sqrt{2}}{2}$$

可见，s_1 和 s_4、s_2 和 s_3 分别对称于原点，即 $s_1=-s_4$，$s_2=-s_3$。

2. 系统稳定的必要条件及结构不稳定

对于一阶、二阶系统，设特征方程分别为

$$a_1s+a_0=0,\quad a_2s^2+a_1s+a_0=0$$

劳斯表分别为：

$$\begin{array}{c|l}
s^1 & a_1 \\
s^0 & a_0
\end{array}
\qquad\qquad
\begin{array}{c|ll}
s^2 & a_2 & a_0 \\
s^1 & a_1 & \\
s^0 & a_0 &
\end{array}$$

显然，一阶、二阶系统稳定的充要条件是特征方程各项系数均大于零。通过求根也可得到相同的结论。

控制系统的特征方程为

$$a_n s^n + a_{n-1} s^{n-1} + \cdots + a_1 s + a_0 = 0$$

上式因式分解总可以分解为一次因子式($as+b$)和二次因子式(cs^2+ds+e)乘积的形式，一次因子式给出的是实根，二次因子式给出的是共轭复根，只有当 a、b、c、d、e 均大于零时，才能得到负实根或负实部共轭复根。由此可见，为使特征根是负实部根，各因子式的系数必须均大于零，而任意个系数大于零的一次、二次因子式乘积的多项式，必然是一个系数均大于零的多项式。

因此，为保证系统是稳定的，则系统特征方程 $a_n s^n + a_{n-1} s^{n-1} + \cdots + a_1 s + a_0 = 0$ 各项系数必须均大于零，即

$$a_n > 0, a_{n-1} > 0, \cdots, a_1 > 0, a_0 > 0 \tag{3-41}$$

这是系统稳定的必要条件。

若特征方程 $a_n s^n + a_{n-1} s^{n-1} + \cdots + a_1 s + a_0 = 0$ 的各项系数 a_n，a_{n-1}，…，a_1，a_0有零(即缺项)，例如

$$s^5 + 2s^4 + s + 2 = 0$$

或各项系数 a_n，a_{n-1}，…，a_1，a_0有正有负(即不同号)，例如

$$s^4 + 2s^3 - s^2 - 2s + 1 = 0$$

均不满足系统稳定的必要条件，则系统一定不稳定(含临界稳定)，这是结构不稳定问题。

例 3-6　已知三阶系统的特征方程为

$$a_3 s^3 + a_2 s^2 + a_1 s + a_0 = 0$$

试分析系统稳定的充要条件。

解　列出劳斯表：

$$\begin{array}{c|cc} s^3 & a_3 & a_1 \\ s^2 & a_2 & a_0 \\ s^1 & \dfrac{a_2 a_1 - a_3 a_0}{a_2} & \\ s^0 & a_0 & \end{array}$$

由此可得，三阶系统稳定的充要条件是各项系数均大于零，且 $a_2 a_1 > a_3 a_0$(中间两项系数之积大于两边两项系数之积)。

若三阶系统的各项系数均大于零，当 $a_2 a_1 < a_3 a_0$时，则第一列有变号，系统不稳定；当 $a_2 a_1 = a_3 a_0$时，则为临界稳定(也可换个角度分析，$a_2 a_1 = a_3 a_0$ 即 s^1行出现全零行，第一列无变号，系统临界稳定)。

3. 劳斯稳定判据的扩展应用

对于一个稳定的系统，由式(3-39)可知，若特征根紧靠虚轴，则由于$|s_i|$($i=1$，2，

…，q)或$|\sigma_l|$($l=1,2,\cdots,r$)的值很小，系统动态过程将具有缓慢的非周期特性或缓慢的衰减振荡特性，而且当系统参量摄动时易导致系统不稳定。为了使系统具有良好的动态性能(快速性和稳定"程度")，常希望在左半s平面上系统特征根与虚轴之间有一定距离。为此，可在左半s平面上做一条$s=-a(a>0)$的垂线，而a是系统特征根与虚轴之间的最小给定距离，通常称为给定稳定度，然后坐标平移，用$s=s_1-a$代入原系统特征方程，得到一个以s_1为变量的新特征方程，对新特征方程应用劳斯稳定判据，可以判别系统的特征根是否全部在$s=-a$垂线之左，也可以确定使系统特征根全部位于$s=-a$垂线之左的参量取值范围。

例 3-7　某控制系统如图 3-15 所示，试求：

1）系统稳定时的K值范围。

2）系统处于持续振荡时的K值与持续振荡频率ω。

3）闭环极点全部位于$s=-1$垂线之左时的K值范围。

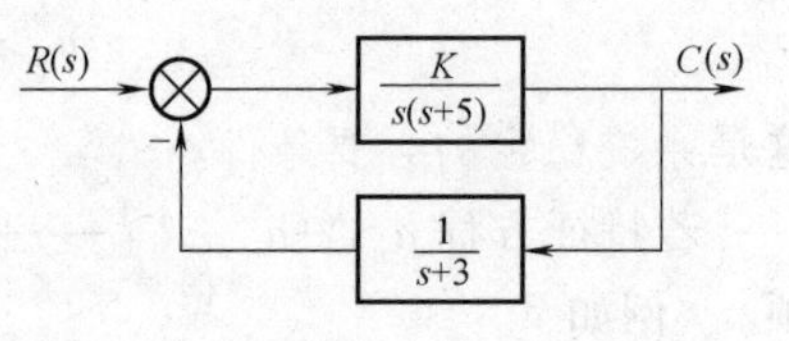

图 3-15　例 3-7 图

解　该控制系统的特征方程为

$$1+G(s)H(s)=1+\frac{K}{s(s+5)(s+3)}=0$$

即

$$s(s+5)(s+3)+K=s^3+8s^2+15s+K=0$$

1）方法一：列出劳斯表：

$$\begin{array}{c|cc} s^3 & 1 & 15 \\ s^2 & 8 & K \\ s^1 & \dfrac{8\times15-K}{8} & \\ s^0 & K & \end{array}$$

若系统稳定，则劳斯表第一列均大于零，即

$$\begin{cases} 8\times15-K>0 \\ K>0 \end{cases}$$

则该系统稳定的K值范围为

$$0<K<120$$

方法二：直接由三阶系统稳定的充要条件，各项系数均大于零且$a_2a_1>a_3a_0$，得

$$\begin{cases} K>0 \\ 8\times15>K \end{cases}$$

则该系统稳定的K值范围为

$$0<K<120$$

2）系统若持续振荡，说明系统临界稳定。

方法一：系统临界稳定时，劳斯表会出现全零行，因而劳斯表 s^1 行为全零行，即

$$\frac{8\times15-K}{8}=0$$

求得

$$K=120$$

再用全零行上一行辅助方程 $8s^2+120=0$ 求出共轭虚根 $s_{1,2}=\pm\mathrm{j}\sqrt{15}$，因此，持续振荡频率为

$$\omega=\sqrt{15}$$

方法二：对三阶系统而言，当特征方程各项系数均大于零且 $a_2a_1=a_3a_0$ 时，则系统处于临界稳定状态，即

$$K=8\times15=120$$

代入特征方程得

$$s^3+8s^2+15s+8\times15=s^2(s+8)+15(s+8)=(s^2+15)(s+8)=0$$

求得共轭虚根为 $s_{1,2}=\pm\mathrm{j}\sqrt{15}$，因此，持续振荡频率为

$$\omega=\sqrt{15}$$

方法三：系统临界稳定时，则特征方程有虚根 $\mathrm{j}\omega$，即

$$(\mathrm{j}\omega)^3+8(\mathrm{j}\omega)^2+\mathrm{j}15\omega+K=(K-8\omega^2)+\mathrm{j}(15\omega-\omega^3)=0$$

对上式实部和虚部分别求解，可得

$$\begin{cases}K-8\omega^2=0\\15\omega-\omega^3=0\end{cases}$$

解得

$$\begin{cases}\omega=0 & （舍去）\\K=0\end{cases},\quad\begin{cases}\omega=\pm\sqrt{15} & （舍去-\sqrt{15}）\\K=120\end{cases}$$

最终得

$$\omega=\sqrt{15},\quad K=120$$

3）当要求闭环极点全部位于 $s=-1$ 垂线之左时，可令 $s=s_1-1$，代入原特征方程，得到新特征方程为

$$(s_1-1)^3+8(s_1-1)^2+15(s_1-1)+K=0$$

整理得

$$s_1^3+5s_1^2+2s_1+(K-8)=0$$

列劳斯表或由三阶系统稳定的充要条件，得

$$\begin{cases}K-8>0\\5\times2>K-8\end{cases}$$

闭环极点全部位于 $s=-1$ 垂线之左时的 K 值范围为

$$8<K<18$$

由此可见，相对于系统稳定时的 K 值范围，给定稳定度为 1 时的 K 值范围变小、上

下边界均收窄。

需要指出的是，绝对稳定性问题指的是判别系统稳定性、给出系统稳定的条件。一旦判定系统是稳定的，重要的是如何确定其稳定程度。稳定程度则用相对稳定性来度量，其定义和计算方法，是用第 4 章频域分析方法给出的，见 4.4 节。

3.6 稳态误差分析与计算

控制系统的时间响应由瞬态响应和稳态响应两部分组成。从稳态响应可以分析出系统的稳态误差，进而用稳态误差衡量系统的稳态性能。控制系统的稳态误差，是系统控制准确性(或控制精度)的一种度量。显然，只有当系统稳定时，研究稳态误差才有意义。本节的主要内容包括误差的定义、稳态误差的基本概念以及稳态误差的计算方法。

3.6.1 误差的定义

闭环控制系统框图如图 3-16a 所示。从输出端定义误差，它定义为系统输出的希望值与实际值之差，即

$$E_1(s)=C_r(s)-C(s)$$

控制的目的是希望系统输出与输入一致，或按给定的函数关系复现输入信号。一般情况下，希望输出信号与输入信号之间的给定关系为 $C_r(s)=\dfrac{R(s)}{H(s)}$，进而有 $E_1(s)=\dfrac{1}{H(s)}R(s)-C(s)$。这种从输出端定义的误差，因不便于测量，一般只具有数学上的意义。

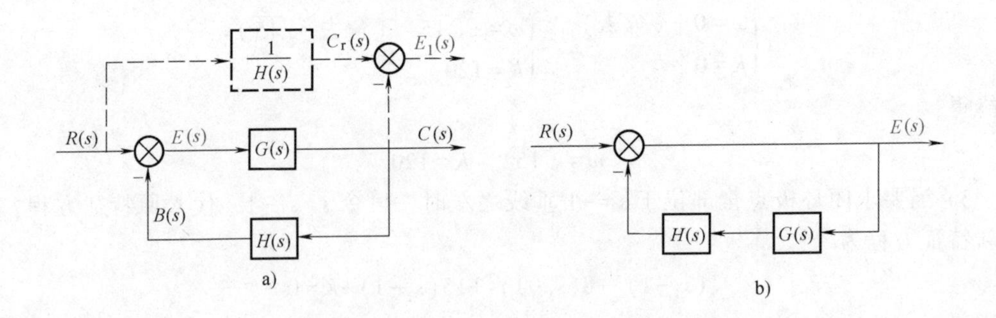

图 3-16 闭环控制系统的误差

经典控制理论中采用输入端定义的误差(即偏差)，定义为输入信号与反馈信号之差，即

$$E(s)=R(s)-B(s)=R(s)-C(s)H(s) \tag{3-42}$$

这种定义能够直接或间接地反映系统输出的希望值与实际值之差，而且在实际工程系统中便于测量，因而，用系统的偏差信号来定义系统的误差更有实际意义。

两种定义下误差之间的关系为

$$E_1(s)=\frac{1}{H(s)}E(s)$$

显然，对于单位反馈，两种定义下的误差表达式是一致的，即 $E_1(s)=E(s)$。

3.6.2 稳态误差的基本概念

在时域中，误差 $e(t)$ 是时间 t 的函数，包含瞬态分量 $e_t(t)$ 和稳态分量 $e_{ss}(t)$ 两部分，即 $e(t)=e_t(t)+e_{ss}(t)$。由于系统必须稳定，故有 $\lim\limits_{t\to\infty}e_t(t)=0$，则有 $\lim\limits_{t\to\infty}e(t)=\lim\limits_{t\to\infty}e_{ss}(t)$。稳态误差(Steady-State Error)定义为误差信号 $e(t)$ 的稳态分量 $e_{ss}(\infty)$，简记为 e_{ss}，即

$$e_{ss}=e_{ss}(\infty)=\lim_{t\to\infty}e(t) \tag{3-43}$$

如果 $E(s)$ 的极点均位于坐标原点和左半 s 平面(不包括虚轴)，则可以用拉普拉斯变换终值定理来求稳态误差，即

$$e_{ss}=\lim_{t\to\infty}e(t)=\lim_{s\to 0}sE(s) \tag{3-44}$$

控制系统的稳态误差有两类，即给定稳态误差和扰动稳态误差。前者是在给定输入信号(以下简称输入信号)作用下产生的稳态误差，表征了系统的精度；后者是在扰动信号作用下引起的误差，反映了系统的抗干扰能力，即系统的刚度。

1. 给定稳态误差

如图 3-16a 所示系统，从给定输入信号 $R(s)$ 到误差 $E(s)$ 的传递函数即给定误差传递函数，可通过框图等效变换(见图 3-16b)求得，即

$$\frac{E(s)}{R(s)}=\frac{1}{1+G(s)H(s)}$$

也可直接利用梅逊公式[$D(s)=1+G(s)H(s)$，$P_1=1$，$D_1=1$]求得，即

$$\frac{E(s)}{R(s)}=\frac{P_1D_1}{D(s)}=\frac{1}{1+G(s)H(s)}$$

根据式(3-44)，给定稳态误差为

$$e_{ss}=\lim_{s\to 0}sE(s)=\lim_{s\to 0}sR(s)\frac{E(s)}{R(s)}=\lim_{s\to 0}sR(s)\frac{1}{1+G(s)H(s)} \tag{3-45}$$

可见，给定稳态误差与开环传递函数和输入信号有关。

2. 扰动稳态误差

系统除受到输入信号的作用外，还经常受到外部扰动的作用，如负载的突变、电源的波动等。下面研究图 3-17a 所示的系统，该系统同时受到输入信号 $R(s)$ 和扰动信号 $N(s)$ 的作用。

求扰动稳态误差[即扰动信号 $N(s)$ 引起的稳态误差]e_{ssn} 时，不考虑输入信号，即令 $R(s)=0$。需要先求出扰动误差 $E_n(s)$ 对扰动信号 $N(s)$ 的传递函数，通过框图等效变换(见图 3-17b)，或者利用梅逊公式[$D(s)=1+G_1(s)G_2(s)H(s)$，$P_1=-G_2(s)H(s)$，$D_1=1$]，得到扰动误差传递函数为

$$\frac{E_{\mathrm{n}}(s)}{N(s)}=\frac{P_1D_1}{D(s)}=\frac{-G_2(s)H(s)}{1+G_1(s)G_2(s)H(s)}$$

进而得到扰动稳态误差 e_{ssn} 为

$$e_{\mathrm{ssn}}=\lim_{t\to\infty}e_{\mathrm{n}}(t)=\lim_{s\to0}sN(s)\frac{E_{\mathrm{n}}(s)}{N(s)}=\lim_{s\to0}sN(s)\frac{-G_2(s)H(s)}{1+G_1(s)G_2(s)H(s)} \tag{3-46}$$

可见，扰动稳态误差与扰动量的大小成正比。下面分析在扰动信号确定的情况下，如何减少扰动稳态误差。假定扰动为阶跃函数 $N(s)=\frac{A}{s}$，由式(3-46)可得

$$e_{\mathrm{ssn}}=\lim_{s\to0}s\frac{A}{s}\frac{-G_2(s)H(s)}{1+G_1(s)G_2(s)H(s)}=\frac{-AG_2(0)H(0)}{1+G_1(0)G_2(0)H(0)}$$

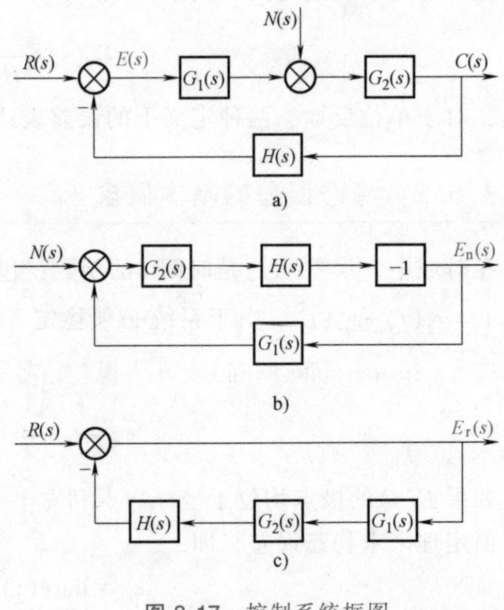

图 3-17 控制系统框图

通常，$G_1(0)G_2(0)H(0)\gg1$，所以有

$$e_{\mathrm{ssn}}\approx-\frac{A}{G_1(0)}$$

可见，增大扰动作用点之前的前向通道传递函数 $G_1(s)$，可以减少扰动稳态误差。

3. 总的稳态误差

如果系统同时受到输入信号$R(s)$和扰动信号$N(s)$的作用，则系统总的稳态误差为给定稳态误差与扰动稳态误差之和。如图 3-17a 所示的系统，根据线性系统叠加原理，系统的总误差 $E(s)$ 等于输入信号单独作用时的误差 $E_{\mathrm{r}}(s)$ 和扰动信号单独作用时的误差 $E_{\mathrm{n}}(s)$ 之和，即 $E(s)=E_{\mathrm{r}}(s)+E_{\mathrm{n}}(s)$，对应的稳态误差为

$$e_{\mathrm{ss}}=e_{\mathrm{ssr}}+e_{\mathrm{ssn}} \tag{3-47}$$

e_{ssn} 已由式(3-46)求出。下面求输入信号 $R(s)$ 作用下的稳态误差 e_{ssr}，此时不考虑扰动信号，即令 $N(s)=0$，给定误差传递函数为

$$\frac{E_{\mathrm{r}}(s)}{R(s)}=\frac{1}{1+G_1(s)G_2(s)H(s)}$$

由式(3-45)得到给定稳态误差 e_{ssr} 为

$$e_{\mathrm{ssr}}=\lim_{s\to0}sR(s)\frac{E_{\mathrm{r}}(s)}{R(s)}=\lim_{s\to0}sR(s)\frac{1}{1+G_1(s)G_2(s)H(s)} \tag{3-48}$$

因而，将式(3-48)和式(3-46)代入式(3-47)中，即可得到总的稳态误差 e_{ss}。

4. 注意事项

基于拉普拉斯变换终值定理求解稳态误差时，要注意终值定理的使用条件，即 $E(s)$ 的全部极点除了坐标原点外应全部在左半 s 平面(不包括虚轴)。

例如，开环传递函数 $G(s)H(s)=\frac{1}{Ts}$的系统在输入信号 $r(t)=\sin t$ 作用下的稳态误差 e_{ss}，若用终值定理求解，会得到

$$e_{ss}=\lim_{s\to 0}sE(s)=\lim_{s\to 0}sR(s)\frac{1}{1+G(s)H(s)}=\lim_{s\to 0}s\frac{1}{s^2+1}\frac{1}{1+\frac{1}{Ts}}=\lim_{s\to 0}s\frac{1}{s^2+1}\frac{Ts}{Ts+1}=0$$

这一结论是错误的。

此时，可先求出 $E(s)$，即

$$E(s)=R(s)\frac{1}{1+G(s)H(s)}=\frac{1}{s^2+1}\frac{Ts}{Ts+1}$$

再进行拉普拉斯反变换求出 $e(t)$，去掉瞬态分量 $e_t(t)$ $[\lim_{t\to\infty}e_t(t)=0]$，最终得到稳态误差为

$$e_{ss}=\frac{T}{T^2+1}\cos t+\frac{T^2}{T^2+1}\sin t$$

3.6.3 稳态误差的计算

为了计算稳态误差，需要引入系统的类型和静态误差系数的概念。

1. 系统的类型

系统的开环传递函数 $G(s)H(s)$ 可以写成如下形式

$$G(s)H(s)=\frac{K(\tau_1 s+1)(\tau_2 s+1)\cdots(\tau_m s+1)}{s^{\lambda}(T_1 s+1)(T_2 s+1)\cdots(T_{n-\lambda}s+1)}=\frac{K\prod_{j=1}^{m}(\tau_j s+1)}{s^{\lambda}\prod_{i=1}^{n-\lambda}(T_i s+1)}\quad (n\geqslant m)\tag{3-49}$$

式中，τ_j、T_i为时间常数；K 为开环增益；λ 为积分环节的个数。

开环传递函数中积分环节的个数称为系统的类型(又称系统的无差度)。$\lambda=0$，无积分环节，称之为0型系统(又称0阶无差系统，即有差系统)；$\lambda=1$，有1个积分环节，称之为Ⅰ型系统(又称1阶无差系统)；$\lambda=2$，有2个积分环节，称之为Ⅱ型系统(又称2阶无差系统)；以此类推。但由于 $\lambda>2$ 时，系统很难稳定，因而Ⅲ型及Ⅲ型以上的系统在工程上一般不采用。系统的类型与系统的阶次是两个不同的概念，比如 $G(s)H(s)=\frac{K(2s+1)}{s(s+1)(5s+1)}$为Ⅰ型系统，是3阶系统。

将式(3-49)代入式(3-45)中，可得

$$e_{ss}=\lim_{s\to 0}sR(s)\frac{1}{1+G(s)H(s)}=\lim_{s\to 0}sR(s)\frac{1}{1+\frac{K}{s^{\lambda}}}=\lim_{s\to 0}\frac{s^{\lambda+1}}{s^{\lambda}+K}R(s)\tag{3-50}$$

可见，当系统的输入信号 $R(s)$ 一定时，稳态误差 e_{ss} 和时间常数无关，但与开环增益 K 及开环传递函数中包含的积分环节个数 λ 有关。特别是 λ 值决定了稳态误差为零、有限值和无穷大三种情况。

因而，增大系统开环增益 K、提高系统类型，可以减小或消除给定稳态误差。

2. 静态误差系数和稳态误差计算

分析式(3-50)可知，系统的开环增益 K 直接影响其稳态误差的大小，为了分析和计算稳态误差，引入静态误差系数的概念。一般按不同的输入信号定义各种静态误差系数，并用式(3-45)即 $e_{ss}=\lim\limits_{s\to 0}sR(s)\dfrac{1}{1+G(s)H(s)}$来计算相应的稳态误差。

系统对阶跃输入 $R(s)=\dfrac{A}{s}$、斜坡输入 $R(s)=\dfrac{A}{s^2}$、加速度输入 $R(s)=\dfrac{A}{s^3}$的稳态误差 e_{ss} 分别定义为位置误差 e_{ssp}、速度误差 e_{ssv}、加速度误差 e_{ssa}，其计算式分别为

$$
\begin{cases}
e_{ssp}=\lim\limits_{s\to 0}s\dfrac{A}{s}\dfrac{1}{1+G(s)H(s)}=\dfrac{A}{1+\lim\limits_{s\to 0}G(s)H(s)} & \left(R(s)=\dfrac{A}{s}\right)\\
e_{ssv}=\lim\limits_{s\to 0}s\dfrac{A}{s^2}\dfrac{1}{1+G(s)H(s)}=\dfrac{A}{\lim\limits_{s\to 0}sG(s)H(s)} & \left(R(s)=\dfrac{A}{s^2}\right)\\
e_{ssa}=\lim\limits_{s\to 0}s\dfrac{A}{s^3}\dfrac{1}{1+G(s)H(s)}=\dfrac{A}{\lim\limits_{s\to 0}s^2G(s)H(s)} & \left(R(s)=\dfrac{A}{s^3}\right)
\end{cases}
\tag{3-51}
$$

定义位置误差系数 K_p、速度误差系数 K_v、加速度误差系数 K_a 分别为

$$
\begin{cases}
K_p=\lim\limits_{s\to 0}G(s)H(s)\\
K_v=\lim\limits_{s\to 0}sG(s)H(s)\\
K_a=\lim\limits_{s\to 0}s^2G(s)H(s)
\end{cases}
\tag{3-52}
$$

由静态误差系数表示的位置误差 e_{ssp}、速度误差 e_{ssv}、加速度误差 e_{ssa} 分别为

$$
\begin{cases}
e_{ssp}=\dfrac{A}{1+K_p}\\
e_{ssv}=\dfrac{A}{K_v}\\
e_{ssa}=\dfrac{A}{K_a}
\end{cases}
\tag{3-53}
$$

静态误差系数 K_p、K_v、K_a 表征了系统抑制位置误差、速度误差、加速度误差的能力。

根据式(3-52)、式(3-53)，可求得不同类型系统的位置误差系数 K_p 及位置误差 e_{ssp}，即

$$
K_p=\begin{cases}K & (\lambda=0)\\ \infty & (\lambda\geqslant 1)\end{cases},\quad e_{ssp}=\frac{A}{1+K_p}=\begin{cases}\dfrac{A}{1+K} & (\lambda=0)\\ 0 & (\lambda\geqslant 1)\end{cases}
$$

可见，0 型系统可以跟踪阶跃输入但有静态误差，只要开环增益 K 越大，则稳态误差越小，但过高的开环增益会使系统变得不稳定。要实现无差跟踪，需Ⅰ型或Ⅰ型以上的系统。不同类型单位反馈系统的位置误差如图 3-18 所示。

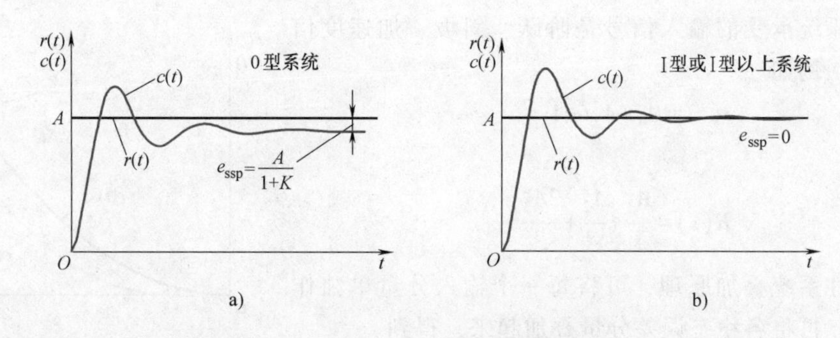

图 3-18 单位反馈系统的位置误差

根据式(3-52)、式(3-53)，可求得不同类型系统的速度误差系数 K_v 及速度误差 e_{ssv}，即

$$K_v=\begin{cases}0 & (\lambda=0)\\ K & (\lambda=1)\\ \infty & (\lambda\geqslant 2)\end{cases},\quad e_{ssv}=\frac{A}{K_v}=\begin{cases}\infty & (\lambda=0)\\ \dfrac{A}{K} & (\lambda=1)\\ 0 & (\lambda\geqslant 2)\end{cases}$$

可见，0 型系统不能跟踪斜坡输入；Ⅰ型系统能跟踪斜坡输入，但存在有限的位置上的稳态误差，开环增益 K 越大，稳态误差越小；Ⅱ型或Ⅱ型以上的系统能够准确地跟踪斜坡输入，稳态误差为零。不同类型单位反馈系统的位置误差如图 3-19 所示。

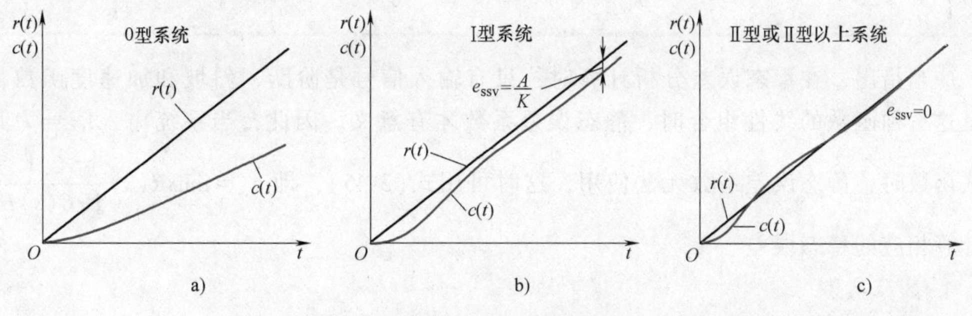

图 3-19 单位反馈系统的速度误差

根据式(3-52)、式(3-53)，可求得不同类型系统的加速度误差系数 K_a 及加速度误差 e_{ssa}，即

$$K_a=\begin{cases}0 & (\lambda=0,1)\\ K & (\lambda=2)\\ \infty & (\lambda\geqslant 3)\end{cases},\quad e_{ssa}=\frac{A}{K_a}=\begin{cases}\infty & (\lambda=0,1)\\ \dfrac{A}{K} & (\lambda=2)\\ 0 & (\lambda\geqslant 3)\end{cases}$$

可见，0 型和Ⅰ型系统都不能跟踪加速度输入；Ⅱ型系统能够跟踪加速度输入，但存在有限的位置上的稳态误差，其值与开环增益 K 成反比。Ⅱ型单位反馈系统的加速度误差如图 3-20 所示。

各种类型系统对三种典型输入信号的稳态误差见表 3-3。

如果系统承受的输入信号是阶跃、斜坡、加速度信号的组合，例如

$$r(t)=A_1+A_2t+A_3t^2$$

即

$$R(s)=\frac{A_1}{s}+\frac{A_2}{s^2}+\frac{2A_3}{s^3}$$

则根据线性系统叠加原理，可将每一个输入分量单独作用于系统，再将各稳态误差分量叠加起来，得到

$$e_{ss}=e_{ssp}+e_{ssv}+e_{ssa}=\frac{A_1}{1+K_p}+\frac{A_2}{K_v}+\frac{2A_3}{K_a} \tag{3-54}$$

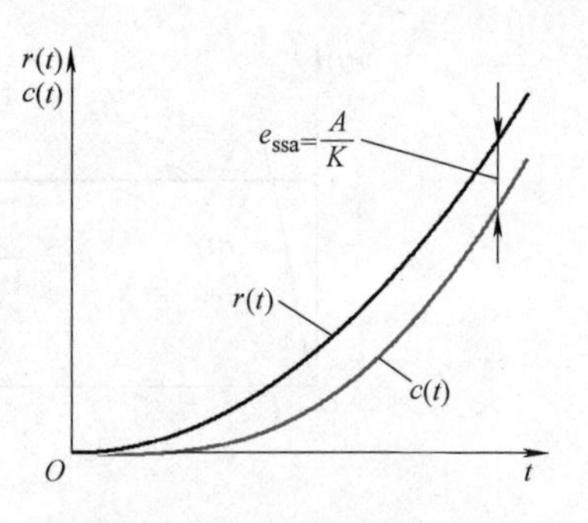

图 3-20 Ⅱ型单位反馈系统的加速度误差

表 3-3 输入信号作用下的稳态误差

系统类型	静态误差系数			阶跃输入 $r(t)=A$	斜坡输入 $r(t)=At$	加速度输入 $r(t)=\frac{A}{2}t^2$
	K_p	K_v	K_a	位置误差 $e_{ssp}=\frac{A}{1+K_p}$	速度误差 $e_{ssv}=\frac{A}{K_v}$	加速度误差 $e_{ssa}=\frac{A}{K_a}$
0型	K	0	0	$\frac{A}{1+K}$	∞	∞
Ⅰ型	∞	K	0	0	$\frac{A}{K}$	∞
Ⅱ型	∞	∞	K	0	0	$\frac{A}{K}$

应当指出，在稳态误差分析计算时，只有输入信号是阶跃、斜坡和加速度函数，或者是这三种函数的线性组合时，静态误差系数才有意义。因此，当系统输入信号为其他形式函数时，静态误差系数无法使用，这时可用式(3-45)，即 $e_{ss}=\lim\limits_{s\to 0}sR(s)\frac{1}{1+G(s)H(s)}$ 来计算相应的稳态误差。

3. 计算实例

例 3-8 某控制系统开环传递函数 $G(s)H(s)=\frac{160(2s+1)(s+5)}{s^2(s+4)(s+20)}$，试求出该系统对输入 $r(t)=2+3t+t^2$ 的稳态误差。

解 利用式(3-52)，求得该系统的静态误差系数分别为

$$\begin{cases} K_p=\lim\limits_{s\to 0}G(s)H(s)=\infty \\ K_v=\lim\limits_{s\to 0}sG(s)H(s)=\infty \\ K_a=\lim\limits_{s\to 0}s^2G(s)H(s)=10 \end{cases}$$

利用式(3-54)，求得该系统对输入 $r(t)=2+3t+t^2$ 的稳态误差为

$$e_{ss}=\frac{2}{1+K_p}+\frac{3}{K_v}+\frac{2}{K_a}=0.2$$

也可以直接利用式(3-45)求解，即

$$e_{ss}=\lim_{s\to 0} sR(s)\frac{1}{1+G(s)H(s)}=\lim_{s\to 0} s\left(\frac{2}{s}+\frac{3}{s^2}+\frac{2}{s^3}\right)\frac{1}{1+\dfrac{160(2s+1)(s+5)}{s^2(s+4)(s+20)}}=0.2$$

例 3-9　某控制系统开环传递函数 $G(s)H(s)=\dfrac{160}{s^2(s+4)(s+20)}$，试求出该系统对输入 $r(t)=2+3t+t^2$ 的稳态误差。

解　若利用例 3-8 的方法去求解，则会得到错误的结论。稳定是系统工作的前提。事实上，该控制系统不稳定，因而不能工作，更谈不到稳态误差。

3.7 根轨迹法

在控制系统的时间响应中，瞬态分量 $c_t(t)$ 的模态[见式(3-37)]和收敛性(即系统稳定性)都由系统特征根(即闭环极点 s_i)决定。因此，确定闭环极点在 s 平面上的位置对于分析系统的性能有重要意义。特别是设计控制系统时，希望使闭环极点分布在 s 平面所希望的位置上，以满足性能指标要求。但当特征方程阶次较高时，手工求解方程相当麻烦，并且不能看出系统参量变化对闭环极点分布的影响趋势。针对这种情况，1948 年，美国人埃文斯(Evans)提出了一种求闭环极点的图解法——根轨迹法(Root Locus Method)。借助这种方法可以比较简便、直观地分析闭环极点与系统参量之间的关系，如果闭环极点的位置不能令人满意，很容易根据根轨迹来确定该怎样对参量进行调整，从而指导选择最佳的参量。

3.7.1 根轨迹的基本概念

根轨迹是指开环传递函数某一参量由零变到无穷大时，闭环极点在 s 平面上变化的轨迹。

为了具体说明根轨迹的概念，设控制系统如图 3-21 所示，绘制 K_1 由 0→∞ 变化时，闭环极点的轨迹。该系统的开环传递函数为

$$G(s)H(s)=\frac{K_1}{s(s+2)}$$

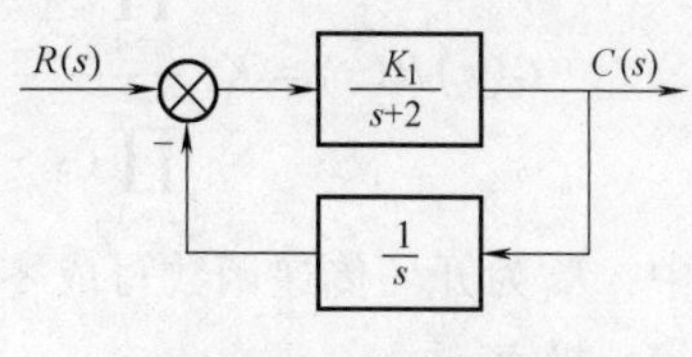

图 3-21　控制系统

系统的特征方程为

$$s^2+2s+K_1=0$$

闭环极点为

$$s_1=-1+\sqrt{1-K_1},\quad s_2=-1-\sqrt{1-K_1}$$

可见：

1）当 $0\leqslant K_1<1$ 时，s_1 和 s_2 为互异实根；当 $K_1=0$ 时，$s_1=0$ 和 $s_2=-2$，即等于系统的 2 个开环极点。

2）当 $K_1=1$ 时，两根为重负实根，即 $s_1=s_2=-1$。

3) 当 $1<K_1<\infty$ 时，两根成为共轭复根，其实部为-1，这时根轨迹与实轴垂直并相交于(-1，j0)点。

K_1 由 0→∞ 变化时的闭环极点的轨迹，如图 3-22 所示。箭头表示 K_1 增大方向。

由图 3-22 可见：

1) 此二阶系统的根轨迹有两条，$K_1=0$ 时分别从开环极点 $p_1=0$ 和 $p_2=-2$ 出发。

2) 当 K_1 从 0 向 1 增加时，两个闭环极点 s_1 和 s_2 沿相反的方向朝着(-1，j0)点移动，这时 s_1 和 s_2 都位于负实轴上，对应系统的过阻尼状况。

3) 当 K_1 增加到 $K_1=1$ 时，两个闭环极点 s_1 和 s_2 会合于 $s_1=s_2=-1$ 处，对应临界阻尼状态。

4) K_1 进一步增加到 $K_1>1$ 时，两个闭环极点 s_1 和 s_2 离开实轴，变为共轭复根，其实部保持为-1，对应欠阻尼状态，系统的阶跃响应将出现衰减振荡。K_1 越大，振荡频率越高。

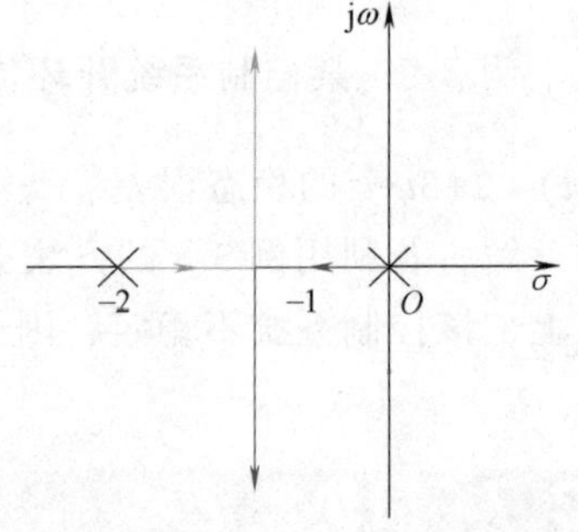

图 3-22　二阶系统的根轨迹

上述二阶系统的闭环极点是直接对特征方程求解得到的，但对高阶系统的特征方程直接求解往往十分困难。为此，介绍根轨迹的幅值条件和相角条件以及基本绘制规则，利用这些基本规则，根据开环零、极点在 s 平面上的分布，就能方便地画出闭环极点的轨迹。

3.7.2　幅值条件和相角条件

设负反馈控制系统如图 3-23 所示，其特征方程为

$$1+G(s)H(s)=0$$

即

$$G(s)H(s)=-1 \tag{3-55}$$

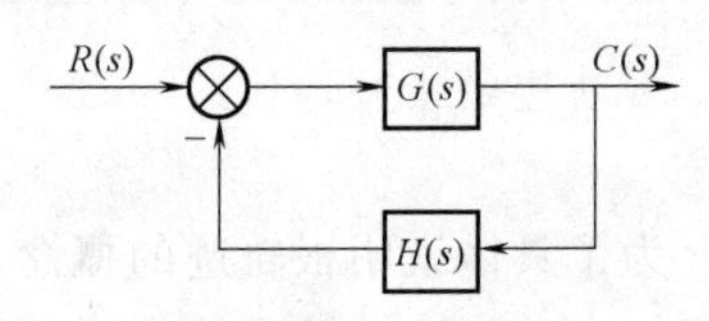

图 3-23　负反馈控制系统

开环传递函数 $G(s)H(s)$ 可写成如下因子式，即

$$G(s)H(s)=K_1\frac{\prod_{j=1}^{m}(s-z_j)}{\prod_{i=1}^{n}(s-p_i)}\quad(n\geqslant m) \tag{3-56}$$

式中，K_1 为开环传递函数写成零、极点形式时的增益，简称根轨迹增益；z_j、p_i 分别为开环零、极点。

式(3-56)表示的零、极点传递函数形式用于绘制根轨迹比较方便。$G(s)H(s)$ 是复变量 s 的函数，式中每一个复变量因子 $(s-z_j)$ 或 $(s-p_i)$ 的幅值用 $|s-z_j|$ 或 $|s-p_i|$ 表示，相角用 $\angle(s-z_j)$ 或 $\angle(s-p_i)$ 表示。复变量因子相乘时，其幅值为各复变量因子的幅值之积，其相角则等于各复变量因子的相角之和。

式(3-55)中，根据等式两边幅值和相角应分别相等的条件，有

$$|G(s)H(s)| = K_1 \frac{\prod_{j=1}^{m} |s - z_j|}{\prod_{i=1}^{n} |s - p_i|} = 1 \tag{3-57}$$

$$\angle G(s)H(s) = \sum_{j=1}^{m} \angle(s - z_j) - \sum_{i=1}^{n} \angle(s - p_i) = 180°(2k+1) \quad (k=0, \pm 1, \pm 2, \cdots) \tag{3-58}$$

式(3-57)和式(3-58)是满足特征方程的幅值条件和相角条件，是绘制根轨迹的重要依据。在 s 平面上满足相角条件的点所构成的图形就是闭环系统的根轨迹。因此，相角条件是决定闭环系统根轨迹的充要条件，而幅值条件用来确定根轨迹上各点对应的 K_1 值。

3.7.3 根轨迹的绘制

1. 基本绘制规则

以增益 K_1 为可变参量绘制的根轨迹称为常规根轨迹，常规根轨迹的基本绘制规则如下。

规则一：根轨迹的各条分支是连续的，而且对称于实轴。

通常，实际系统的特征方程是系数为实数的代数方程。因为代数方程中的系数连续变化时，代数方程的根(即闭环极点)也连续变化，所以特征方程的根轨迹是连续的。此外，闭环极点或为实数，或为共轭复数，因此根轨迹必然对称于实轴。

规则二：根轨迹的分支数等于开环极点数，也就是特征方程的阶数 n。当 $K_1=0$ 时，根轨迹的各分支从开环极点出发；当 $K_1 \to \infty$ 时，有 m 条分支趋向开环零点，另外有 $n-m$ 条分支趋向无穷远处。

根据幅值条件，有

$$K_1 = \frac{\prod_{i=1}^{n} |s - p_i|}{\prod_{j=1}^{m} |s - z_j|}$$

当 $K_1=0$ 时，只有 $s=p_i$ 才能满足上式，故根轨迹分支数为 n，各分支的起点即为各开环极点。

上式可改写为

$$\frac{1}{K_1} = \frac{\prod_{j=1}^{m} |s - z_j|}{\prod_{i=1}^{n} |s - p_i|}$$

当 $K_1 \to \infty$ 时，只有 $s=z_j$ 或 $s \to \infty$ 才能满足上式。因此当 $K_1 \to \infty$ 时，根轨迹的 m 条分支趋向开环零点，另外 $n-m$ 条分支趋向无穷远处。

规则三：在实轴的线段上存在根轨迹的条件是，在这些线段右边的开环零点和开环极点的数目之和为奇数。

设系统开环零、极点分布如图3-24所示。现要判断 p_2 和 z_2 之间的实轴线段上是否存在根轨迹。为此可取此线段上的任一点 s_d 为试验点：在 s_d 点右边实轴上的每个开环零点或极点指向该点的相角为180°；而在点 s_d 左边实轴上的每个开环零点或极点指向该点的相角为0°。一对共轭极点或零点提供的相角相互抵消，其和为零。由相角条件可知，只有在右边开环零、极点的总数为奇数的实轴线段上，才能有根轨迹存在。除此之外，实轴上其他线段上的点均不能满足相角条件。

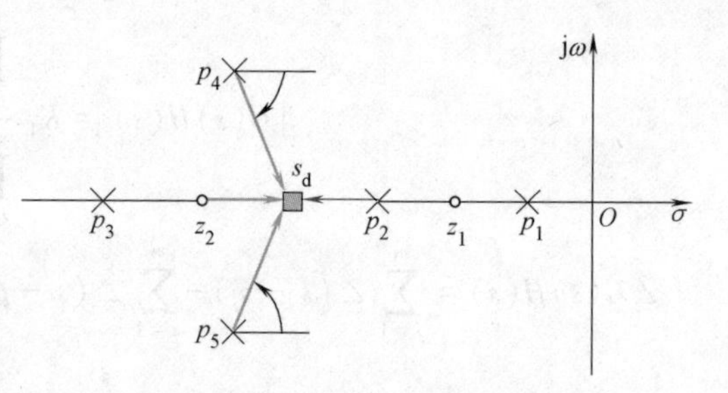

图3-24 实轴上根轨迹的确定

规则四：根轨迹中 $n-m$ 条趋向无穷远处分支的渐近线相角为

$$\varphi_a=\frac{180°(2k+1)}{n-m} \quad (k=0,\pm1,\pm2,\cdots) \tag{3-59}$$

可以认为，从开环零、极点到无穷远处的相角基本相等，以 φ_a 表示。因此有

$$\angle G(s)H(s)=(n-m)\varphi_a=180°(2k+1)$$

由此可得式(3-59)。显然，渐近线的数目等于趋向于无穷远根轨迹的分支数，即为 $n-m$。

规则五：伸向无穷远处根轨迹的渐近线与实轴交于一点，其坐标为 $(\sigma_a, \mathrm{j}0)$，而

$$\sigma_a=\frac{\sum_{i=1}^{n}p_i-\sum_{j=1}^{m}z_j}{n-m} \tag{3-60}$$

规则六：两条以上根轨迹分支的交点称为根轨迹的分离点。根轨迹的分离点必须满足方程

$$\frac{\mathrm{d}K_1}{\mathrm{d}s}=0 \tag{3-61}$$

需要注意，规则六中用来确定分离点的条件只是必要条件，而不是充分条件。也就是说，所有的分离点必须满足规则六的条件，但是满足此条件的所有解却不一定都是分离点。只有位于根轨迹上的那些重根才是实际的分离点。可以证明，在分离点处根轨迹离开实轴的相角应为 $\pm180°/r$，r 为接近或离开实轴的根轨迹分支数。

规则七：根轨迹与虚轴的交点可用 $s=\mathrm{j}\omega$ 代入特征方程求解，或利用劳斯稳定判据确定。

规则八：如果 $n-m\geqslant2$，闭环极点 s_i 之和等于开环极点 p_i 之和，即

$$\sum_{i=1}^{n}s_i=\sum_{i=1}^{n}p_i \tag{3-62}$$

式(3-62)揭示了根轨迹的一个重要性质：在 $n-m\geqslant2$ 的条件下，当 K_1 由 $0\to\infty$ 变化时，虽然闭环方程式的 n 个根都会随之变化，但它们之和却恒等于 n 个开环极点之和。如果一部分根轨迹分支随着 K_1 的增大而向左移动，则另一部分根轨迹分支将随着 K_1 的增大

而向右移动，从而保持闭环极点之和不变，等于开环极点之和。这一性质可用于估计根轨迹分支的变化趋向。对于低阶系统，若已知部分闭环极点，用式(3-62)可以确定其余闭环极点。

2. 绘制根轨迹实例

例 3-10　负反馈控制系统如图 3-25 所示，绘制系统的根轨迹。

解　由规则二可知，系统有三个开环极点($p_1=0$，$p_2=-3$，$p_3=-4$)，所以有三条根轨迹分支。系统的根轨迹在 $K_1=0$ 时分别从三个开环极点出发，当 $K_1\to\infty$ 时，根轨迹的两条分支趋向开环零点($z_1=-1$, $z_2=-2$)，另一条趋向无穷远处。

由规则三可知，在实轴上的 0 至 -1 线段、-2 至 -3 线段、以及 -4 至 -∞ 线段上存在根轨迹。此系统的根轨迹如图 3-26 所示。可见，该系统始终是稳定的，且阶跃响应无超调。

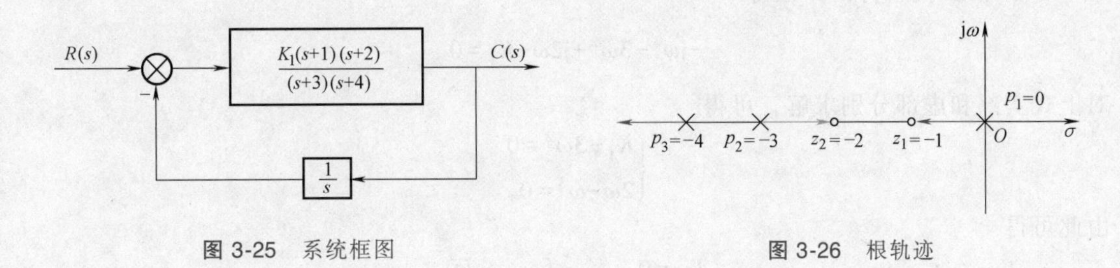

图 3-25　系统框图　　　　图 3-26　根轨迹

例 3-11　绘制开环传递函数 $G(s)H(s)=\dfrac{K_1}{s(s+1)(s+2)}$的根轨迹。

解　此系统无开环零点，有三个开环极点：$p_1=0$，$p_2=-1$ 和 $p_3=-2$。

1）实轴上的 0 至 -1、-2 至 -∞ 线段上存在根轨迹。

2）系统根轨迹有三条分支，当 $K_1=0$ 时分别从开环极点 p_1、p_2 和 p_3 出发，$K_1\to\infty$ 时，趋向无穷远处，其渐近线的相角为

$$\varphi_{\mathrm{a}}=\frac{180^\circ(2k+1)}{3}=\pm60^\circ,180^\circ\quad(k=0,\pm1)$$

3）渐近线与实轴的交点为

$$\sigma_{\mathrm{a}}=\frac{\sum_{i=1}^{n}p_i-\sum_{j=1}^{m}z_j}{n-m}=\frac{-1-2}{3}=-1$$

4）求分离点及此时的 K_1 值。系统的特征方程为

$$1+G(s)H(s)=1+\frac{K_1}{s(s+1)(s+2)}=0$$

或

$$K_1=-s(s+1)(s+2)=-(s^3+3s^2+2s)$$

由此可求得

$$\frac{\mathrm{d}K_1}{\mathrm{d}s}=-(3s^2+6s+2)=0$$

上式的根为

$$s_1=-1+\frac{\sqrt{3}}{3},\quad s_2=-1-\frac{\sqrt{3}}{3}$$

因为分离点必定位于0至−1之间的线段上，故可确定 $s_1=-1+\frac{\sqrt{3}}{3}$ 为分离点。

由幅值条件，求得此时的 K_1 值为

$$K_1=\prod_{i=1}^{3}|s-p_i|_{s=s_1}=\left|-1+\frac{\sqrt{3}}{3}-0\right|\times\left|-1+\frac{\sqrt{3}}{3}+1\right|\times\left|-1+\frac{\sqrt{3}}{3}+2\right|=\frac{2\sqrt{3}}{9}$$

5）求根轨迹与虚轴的交点。由 $1+G(s)H(s)=1+\frac{K_1}{s(s+1)(s+2)}=0$，得到

$$s(s+1)(s+2)+K_1=s^3+3s^2+2s+K_1=0$$

令 $s=\mathrm{j}\omega$，代入特征方程得

$$-\mathrm{j}\omega^3-3\omega^2+\mathrm{j}2\omega+K_1=0$$

对上式实部和虚部分别求解，可得

$$\begin{cases}K_1-3\omega^2=0\\2\omega-\omega^3=0\end{cases}$$

由此可得

$$\begin{cases}\omega=0\\K_1=0\end{cases},\quad\begin{cases}\omega=\pm\sqrt{2}\\K_1=6\end{cases}$$

即根轨迹与虚轴的交点为 $\pm\mathrm{j}\sqrt{2}$，系统的临界增益 $K_1=6$。

系统根轨迹如图3-27所示，由图可见，在根轨迹的三条分支中，一条从 $p_3=-2$ 点出发，随着 K_1 的增大，沿着负实轴趋向无穷远处。

另外两条分支分别从 $p_1=0$ 点和 $p_2=-1$ 点出发，沿着负实轴向 $\left(-1+\frac{\sqrt{3}}{3},\ \mathrm{j}0\right)$ 点移动。当 $K_1=\frac{2\sqrt{3}}{9}$ 时，这两条分支会合于实轴上的 $\left(-1+\frac{\sqrt{3}}{3},\ \mathrm{j}0\right)$ 点。这时特征方程有二重根，系统处于临界阻尼状态。而当 $0<K_1<\frac{2\sqrt{3}}{9}$ 时，系统处于过阻尼状态。当 K_1 继续增大时，这两条分支离开负实轴分别趋近60°和−60°的渐近线，向无穷远处延伸。当 $K_1=6$ 时，这两条分支与虚轴相交。当 $\frac{2\sqrt{3}}{9}<K_1<6$ 时，系统处于欠阻尼状态，出现衰减振荡。而当 $K_1\geqslant6$ 时，系统成为不稳定状态。

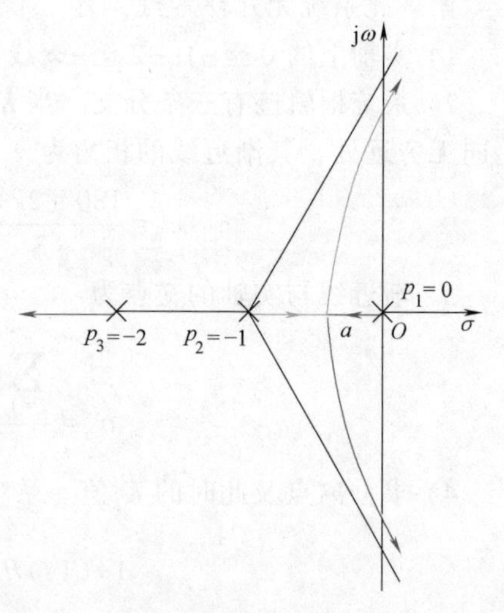

图3-27　根轨迹

本章小结

本章阐述了通过系统的时间响应去分析系统的稳定性以及瞬态和稳态响应性能的问题，即稳、快、准问题，并简述了当系统开环传递函数零、极点已知的条件下确定闭环极点的根轨迹法。

1）系统的稳定性及瞬态性能都由描述系统的微分方程的解所确定，即由系统的时间响应给出。通过控制系统的典型输入信号及其时间响应的瞬态性能指标来评判系统响应瞬态性能的好坏。

2）系统的时间响应可由拉普拉斯反变换的方法求得。系统的结构与参量决定了系统的传递函数；系统传递函数分母多项式的各项系数决定了传递函数极点在 s 平面上的分布；系统传递函数极点的分布决定了系统的时间响应瞬态分量；系统的瞬态响应反映了系统的瞬态性能。

3）对于一、二阶系统，能够得出系统瞬态性能指标与系统参量之间明确的解析关系式。一阶系统的瞬态性能指标仅与时间常数有关。二阶系统的瞬态性能指标除最大超调量仅与阻尼比有关外，其余指标与阻尼比和自然频率有关。

4）高阶系统的时间响应可以表示为一、二阶系统时间响应的组合。其中远离虚轴的极点对高阶系统的响应影响甚微，由此引出高阶系统主导极点的概念。于是可以不须求解高阶系统的响应，而是借用二阶系统的理论去近似分析甚至设计高阶系统。

5）线性定常系统稳定的充要条件是：其传递函数的极点全部位于左半 s 平面。若只判断系统是否稳定，并不须求解出传递函数的极点。劳斯稳定判据是判别系统稳定性的一种间接方法，可以根据传递函数分母多项式各项系数确定极点是否全部位于左半 s 平面，以及不稳定极点的数目。

6）稳态误差表征了系统的稳态性能。系统的稳态误差不但与系统的结构及参量有关，而且与输入(或扰动)的形式密切相关。如果 $sE(s)$ 的极点均位于左半 s 平面(包括坐标原点)，可以利用终值定理求取稳态误差 e_{ss}。增大系统开环增益、提高系统类型可以减小或消除给定稳态误差。

7）控制系统的性能与系统闭环传递函数的极点位置有密切关系。系统参量变化时，闭环极点在 s 平面上运动的轨迹称为根轨迹。最常见的是以系统开环增益为变量的常规根轨迹。当系统开环传递函数零、极点已知，根据由闭环特征方程得到的相角条件和幅值条件，利用基本绘制规则可简便地绘制出根轨迹的大致形状，并可进一步分析开环增益变化对于系统闭环极点位置及系统性能的影响。

习　题

3-1　思考以下问题。

1）如何从时间响应 $c(t)$ 中区分瞬态响应和稳态响应？

2）系统有稳、快、准三方面的性能，瞬态响应反映系统哪方面的性能？稳态响应反映哪方面的性能？

3）若线性定常系统的单位阶跃响应呈发散振荡趋势，是否能说明该系统是不稳定的？

4）线性定常系统稳定的充要条件是什么？

5）开环传递函数中无零点的Ⅱ型系统是否能够通过调整参量使之稳定？

6）定义系统类型及静态误差系数的好处是什么？

3-2 假设温度计可用传递函数 $G(s)=\dfrac{1}{Ts+1}$ 描述其特性。现用该温度计测量水温，发现经 1min 后才能指示出实际水温的 96%，试求：

1）温度计的指示从实际水温的 10%变化到 90%所需的时间。

2）给水加热使水温以 0.1℃/s 的速度均匀上升，当定义误差 $e(t)=r(t)-c(t)$ 时的温度计稳态误差。

3-3 某控制系统如图 3-28 所示，试求：

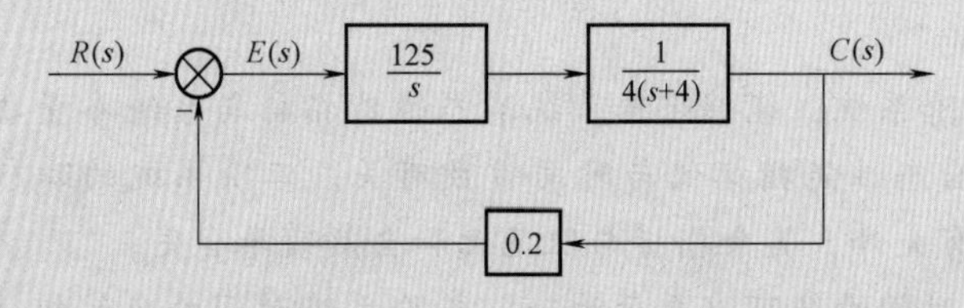

图 3-28 题 3-3 图

1）开环传递函数，系统阶次，系统类型。

2）闭环传递函数，闭环增益，闭环零点，闭环极点。

3）最大超调量 $\sigma_p\%$，上升时间 t_r，峰值时间 t_p，调整时间 $t_s(\Delta=2\%)$。

4）输入信号 $r(t)=2$ 时，系统的输出响应终值 $c(\infty)$、输出响应最大值 c_{max}。

5）输入信号 $r(t)=5+2t+t^2$ 时的系统稳态误差 e_{ss}。

3-4 图 3-29a 所示机械平移系统，当系统受到 $F(t)=10\text{N}$ 的恒力作用时，$x(t)$ 的变化如图 3-29b 所示。试确定系统参量 m、f 和 k。

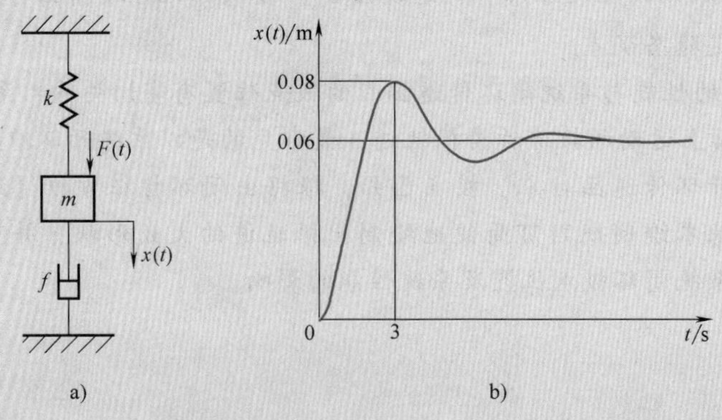

图 3-29 题 3-4 图

3-5 已知系统的单位阶跃响应为

$$c(t)=1-\frac{4}{3}e^{-2t}+\frac{1}{3}e^{-8t}\quad(t\geqslant 0)$$

1）求系统的单位脉冲响应。

2）若系统的开环传递函数为$\frac{K}{s(Ts+1)}$，确定K和T。

3-6 系统的开环传递函数$G(s)H(s)=\frac{10(s+a)}{s(s+2)(s+3)}$，试求：

1）系统稳定时的a值范围。

2）系统持续振荡时的a值及振荡频率ω。

3）系统特征根的实部均小于-1时的a值范围。

3-7 某控制系统框图如图3-30所示，欲保证最大超调量$\sigma_p\%=16.3\%$和单位斜坡响应的稳态误差$e_{ss}=0.2$，试确定系统参量K、τ。

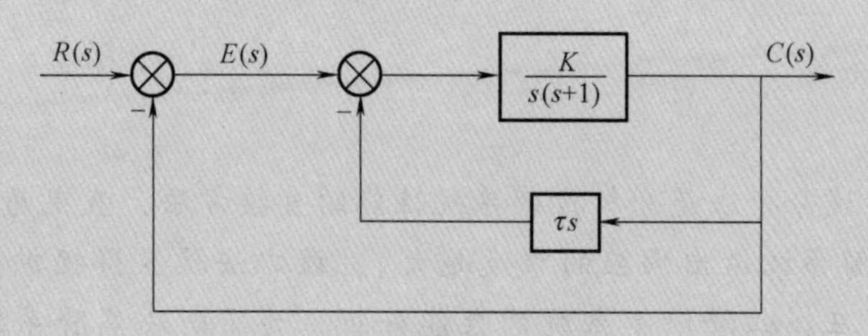

图3-30 题3-7图

3-8 系统的开环传递函数$G(s)H(s)=\frac{K_1}{s(s^2+14s+45)}$，试求：

1）系统无超调时的K_1值范围。

2）系统特征根的实部均小于-1时的K_1值范围。

3）阻尼比$\zeta=\frac{\sqrt{2}}{2}$时的K_1值。

第4章 控制系统的频域分析

第3章介绍的时域分析法是分析控制系统性能的直接方法，直观易懂。但对高阶系统而言(阶次越高，求解系统输出响应的难度越大)，该方法就显得捉襟见肘，所以时域分析法通常只用于分析三、四阶以下系统的性能分析。为了解决高阶系统性能分析这一难题，工程上出现了频域分析法。频域分析法备受青睐的原因是：①不需要求解系统特征方程的根便可判断系统是否稳定，而且还可以分析计算系统的相对稳定性等一系列特性，能准确有效地回答控制系统的稳、快、准问题；②可以用频率特性分析仪等测试设备来精确测量控制系统的输出信号并辨识其模型和参数，其结果可作为系统分析与综合的依据，这对一些复杂系统或难于列写微分方程的系统有很大实用价值；③便于对系统分析、综合与校正，以有效地改善控制系统品质，达到预期的效果，并且可以扩展应用到部分非线性系统的性能分析中去。本章依次介绍频率特性的基本概念、频率特性的表示方法、几何稳定判据、系统的相对稳定性及闭环频率特性。

4.1 频率特性的基本概念

第3章中介绍了在脉冲信号、阶跃信号和斜坡信号的作用下一阶系统的时间响应以及二阶系统和高阶系统的单位阶跃响应。正弦信号是典型的输入信号之一。在正弦信号的作用下，系统的时间响应具有什么特点？下面，我们通过一个惯性环节的例子了解一下。

图4-1所示的 RC 滤波器电路，其传递函数为

$$G(s)=\frac{U_o(s)}{U_i(s)}=\frac{1}{Ts+1} \tag{4-1}$$

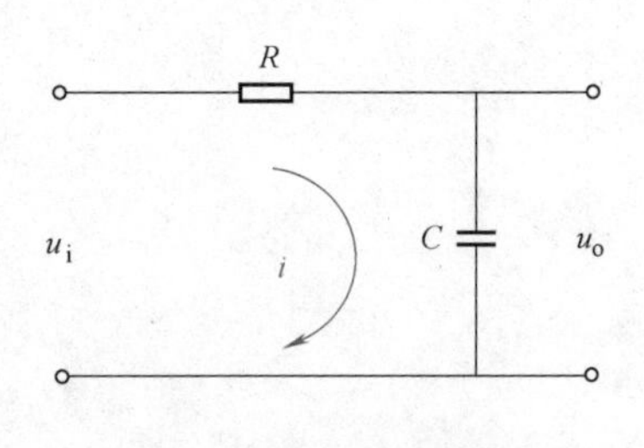

图4-1 RC 滤波器电路

式中，$T=RC$。

对式(4-1)所示惯性环节，当输入信号为正弦输入 $u_{\mathrm{i}}(t)=R_0\sin\omega t$ 时，其输出信号的象函数为

$$U_{\mathrm{o}}(s)=\frac{R_0\omega}{(Ts+1)(s^2+\omega^2)} \tag{4-2}$$

对式(4-2)进行拉普拉斯反变换，可得其时间响应为

$$u_{\mathrm{o}}(t)=\frac{\omega R_0 T}{1+T^2\omega^2}\mathrm{e}^{-\frac{t}{T}}+\frac{R_0}{\sqrt{1+T^2\omega^2}}\sin[\omega t+\varphi(\omega)] \tag{4-3}$$

式中，$\varphi(\omega)=-\arctan T\omega$。

当 $t\to\infty$ 时，式(4-3)的瞬态响应趋于零，稳态响应为

$$u_{\mathrm{oss}}(t)=\frac{R_0}{\sqrt{1+T^2\omega^2}}\sin[\omega t+\varphi(\omega)] \tag{4-4}$$

由式(4-4)可得，在正弦输入作用下，惯性环节的稳态输出亦为正弦信号，不同之处是稳态输出的幅值是输入信号幅值的$\frac{1}{\sqrt{1+(T\omega)^2}}$，相位差(又称相差、相角差)为$-\arctan T\omega$。

令式(4-1)中的 $s=\mathrm{j}\omega$，可得以 ω 为变量的复变函数

$$G(\mathrm{j}\omega)=\frac{1}{\mathrm{j}T\omega+1}$$

由上式可知，惯性环节在正弦输入信号作用下，其稳态输出信号与输入信号的幅值之比$\frac{1}{\sqrt{1+(T\omega)^2}}$即该复变函数的幅值，相位差$-\arctan T\omega$ 即该复变函数的相角。

惯性环节在正弦输入信号的作用下，稳态输出呈现如此特性，那么其他基本环节呢？复杂系统又如何？下面我们从共性的角度分析一下在正弦输入信号的作用下，系统的输出响应是否具有此特性。

设控制系统的传递函数为

$$G(s)=\frac{C(s)}{R(s)}=\frac{b_m s^m+b_{m-1}s^{m-1}+\cdots+b_1 s+b_0}{a_n s^n+a_{n-1}s^{n-1}+\cdots+a_1 s+a_0}\quad(n\geqslant m) \tag{4-5}$$

当输入为正弦波 $r(t)=R_0\sin\omega t$，即 $R(s)=R_0\frac{\omega}{s^2+\omega^2}$时，系统输出为

$$C(s)=G(s)R(s)=G(s)\frac{R_0\omega}{s^2+\omega^2} \tag{4-6}$$

系统式(4-5)的传递函数描述为

$$G(s)=\frac{N(s)}{D(s)}=\frac{p(s)}{(s-s_1)(s-s_2)\cdots(s-s_n)} \tag{4-7}$$

式中，分母多项式 $D(s)$ 中包含有互不相同的单极点 $s_i(i=1,2,\cdots,n)$，若系统稳定，

则其实部均为负值。

将式(4-7)代入式(4-6)并化为部分分式形式，得

$$C(s)=\frac{a}{s+\mathrm{j}\omega}+\frac{\bar{a}}{s-\mathrm{j}\omega}+\frac{k_1}{s-s_1}+\frac{k_2}{s-s_2}+\cdots+\frac{k_n}{s-s_n} \tag{4-8}$$

式中，a、$\bar{a}$ 为输入极点处的留数(为共轭复数)；$k_i(i=1,2,\cdots,n)$为系统极点 s_i处的留数。

对式(4-8)进行拉普拉斯反变换，得

$$c(t)=a\mathrm{e}^{-\mathrm{j}\omega t}+\bar{a}\mathrm{e}^{\mathrm{j}\omega t}+k_1\mathrm{e}^{s_1t}+k_2\mathrm{e}^{s_2t}+\cdots+k_n\mathrm{e}^{s_nt}\quad(t\geqslant 0) \tag{4-9}$$

当 $t\to\infty$ 时，对稳定的系统而言，式(4-9)中的 e^{s_1t}，e^{s_2t}，…，e^{s_nt}均趋近于零。因此

$$c_{ss}(t)=\underset{t\to\infty}{c(t)}=a\mathrm{e}^{-\mathrm{j}\omega t}+\bar{a}\mathrm{e}^{\mathrm{j}\omega t} \tag{4-10}$$

根据式(4-6)、式(4-8)用部分分式法求得

$$a=G(s)\frac{R_0\omega}{s^2+\omega^2}(s+\mathrm{j}\omega)\bigg|_{s=-\mathrm{j}\omega}=-\frac{R_0G(-\mathrm{j}\omega)}{2\mathrm{j}}$$

$$\bar{a}=G(s)\frac{R_0\omega}{s^2+\omega^2}(s-\mathrm{j}\omega)\bigg|_{s=\mathrm{j}\omega}=\frac{R_0G(\mathrm{j}\omega)}{2\mathrm{j}}$$

式中，$G(-\mathrm{j}\omega)=|G(-\mathrm{j}\omega)|\mathrm{e}^{-\mathrm{j}\varphi(\omega)}=|G(\mathrm{j}\omega)|\mathrm{e}^{-\mathrm{j}\varphi(\omega)}$；$G(\mathrm{j}\omega)=|G(\mathrm{j}\omega)|\mathrm{e}^{\mathrm{j}\varphi(\omega)}$。$|G(\mathrm{j}\omega)|$表示 $G(\mathrm{j}\omega)$的幅值，$\varphi(\omega)$表示 $G(\mathrm{j}\omega)$的相位，即

$$\varphi(\omega)=\arg G(\mathrm{j}\omega)=\angle G(\mathrm{j}\omega)=\arctan\frac{\mathrm{Im}[G(\mathrm{j}\omega)]}{\mathrm{Re}[G(\mathrm{j}\omega)]} \tag{4-11}$$

式中，$\mathrm{Im}[G(\mathrm{j}\omega)]$为 $G(\mathrm{j}\omega)$的虚部；$\mathrm{Re}[G(\mathrm{j}\omega)]$为 $G(\mathrm{j}\omega)$的实部。

将 a、$\bar{a}$ 代入式(4-10)得

$$c_{ss}(t)=R_0|G(\mathrm{j}\omega)|\frac{\mathrm{e}^{\mathrm{j}[\omega t+\varphi(\omega)]}-\mathrm{e}^{-\mathrm{j}[\omega t+\varphi(\omega)]}}{2\mathrm{j}}=$$

$$R_0|G(\mathrm{j}\omega)|\sin[\omega t+\varphi(\omega)]=B(\omega)\sin[\omega t+\varphi(\omega)] \tag{4-12}$$

式中，$B(\omega)$为输出正弦信号的幅值，$B(\omega)=R_0|G(\mathrm{j}\omega)|$。

式(4-11)和式(4-12)证明了当线性系统输入一正弦信号时，其稳态响应亦为正弦信号。我们把控制系统或元件对正弦输入信号的稳态响应称之为频率响应。频率响应的幅值 $R_0|G(\mathrm{j}\omega)|$和相位$(\omega t+\varphi)$一般都和输入信号的幅值 R_0和相位 ωt 不同，并且这种变化是输入信号频率 ω 的函数。即当输入信号 $r(t)=R_0\sin\omega t$ 时，则控制系统 $G(s)$的稳态输出信号为

$$c_{ss}(t)=A(\omega)R_0\sin[\omega t+\varphi(\omega)] \tag{4-13}$$

式中，$A(\omega)=|G(\mathrm{j}\omega)|$；$|G(\mathrm{j}\omega)|$和 $\varphi(\omega)$分别为 $G(\mathrm{j}\omega)$的模和相角。

令系统传递函数 $G(s)$中 $s=\mathrm{j}\omega$ 可得到 $G(\mathrm{j}\omega)$。$G(\mathrm{j}\omega)$表征了系统的固有特性，称之为系统的频率特性。$G(\mathrm{j}\omega)$亦为在正弦信号输入下系统稳态输出量与输入量的复数比。因频率特性 $G(\mathrm{j}\omega)$为一复变函数，故可将 $G(\mathrm{j}\omega)$分解为实部虚部形式或幅值相角的

形式，即

$$G(j\omega)=U(\omega)+jV(\omega)=A(\omega)e^{j\varphi(\omega)} \tag{4-14}$$

式中，$U(\omega)$为实频特性，$U(\omega)=\mathrm{Re}[G(j\omega)]$；$V(\omega)$为虚频特性，$V(\omega)=\mathrm{Im}[G(j\omega)]$；$A(\omega)$为幅频特性，$A(\omega)=|G(j\omega)|$，即稳态输出量与输入量的幅值比；$\varphi(\omega)$为相频特性，$\varphi(\omega)=\angle G(j\omega)$，即稳态输出量与输入量的相位差。

这些频率特性间的关系为

$$A(\omega)=\sqrt{[U(\omega)]^2+[V(\omega)]^2} \tag{4-15}$$

$$\varphi(\omega)=\arctan\frac{V(\omega)}{U(\omega)} \tag{4-16}$$

$$U(\omega)=A(\omega)\cos\varphi(\omega) \tag{4-17}$$

$$V(\omega)=A(\omega)\sin\varphi(\omega) \tag{4-18}$$

$$G(j\omega)=A(\omega)[\cos\varphi(\omega)+j\sin\varphi(\omega)]=A(\omega)e^{j\varphi(\omega)} \tag{4-19}$$

综上所述：

1）控制系统的结构与参数确定之后，其频率特性完全确定，故频率特性反映了系统的固有特性，与外界因素无关。

2）惯性环节具有低通滤波特性。当输入频率很低时，输出量的振幅$\dfrac{R_0}{\sqrt{1+(T\omega)^2}}$衰减甚微，相位滞后 $\arctan T\omega$ 也很小，当输入频率 ω 增加时，输出振幅减小，相位滞后加大；当 $\omega\to\infty$ 时，输出量的振幅衰减至零，相位滞后 $\varphi(\omega)\to 90°$。

3）系统频率特性之所以随输入频率变化，是因为系统中含有储能元件，导致输入信号不能立即输送出去。

例 4-1　若图 4-1 所示滤波器的传递函数为$\dfrac{2}{s+2}$，求当输入电压 $u_i(t)=\sin(2t+45°)$时，其稳态输出电压 $u_{oss}(t)$。

解　由题意可知，该滤波器为线性系统，当输入电压为正弦函数信号时，系统的输出电压为与输入电压同频率的正弦函数信号，其输出电压的幅值与相位取决于该滤波器的幅频特性与相频特性。

该系统的频率特性为

$$G(j\omega)=\frac{2}{2+j\omega}$$

其幅频特性与相频特性分别为

$$A(\omega)=\frac{2}{\sqrt{\omega^2+4}}$$

$$\varphi(\omega)=-\arctan\frac{\omega}{2}$$

已知 $u_i(t)=\sin(2t+45°)$，可得 $A(2)=\dfrac{\sqrt{2}}{2}$，$\varphi(2)=-45°$。

根据系统频率特性可知，系统的稳态输出电压为

$$u_{oss}(t)=\frac{\sqrt{2}}{2}\sin 2t$$

4.2 频率特性图形表示法

频率特性是指在正弦输入信号作用下，系统的稳态响应与输入信号的幅值比和相位差。若在相应的坐标系中将频率特性绘成曲线，可直观地看出幅值比与相位差随频率变化的情况，并根据该曲线的特征来判断系统的稳定性、快速性和其他品质，以便对系统进行分析与综合。以图形来描述系统的频率特性，通常采用以下两种形式：

1）Nyquist 图：Nyquist 图(奈魁斯特图，简称奈氏图)即幅相频率特性图，在极坐标系上表示的$|G(j\omega)|$与$\angle G(j\omega)$的关系。

2）Bode 图：Bode 图(伯德图)即对数频率特性图，由在半对数坐标系上表示的幅频特性图和相频特性图组成，是应用最多的一种表示法。

本节主要介绍基本环节频率特性、开环频率特性的绘制、最小相位系统的概念及重要特性。

4.2.1 Nyquist 图

频率特性是以频率 ω 为变量的矢量，可在 s 平面上绘出 ω 由 $0\to\infty$ 的频率特性 $G(j\omega)$ 矢量，把各矢量端点连成曲线即是 Nyquist 图。由于任何系统都是由若干基本环节组成的，绘制基本环节的 Nyquist 图是绘制复杂系统 Nyquist 图的基础。下面介绍基本环节 Nyquist 图的绘制。

1. 比例环节

根据比例环节的传递函数 $G(s)=K$，令 $s=j\omega$，可得其频率特性

$$G(j\omega)=K$$

幅频特性为

$$|G(j\omega)|=\sqrt{U^2+V^2}=\sqrt{K^2+0}=K$$

相频特性为

$$\angle G(j\omega)=\arctan\frac{V}{U}=\arctan\frac{0}{K}=0°$$

比例环节的幅频特性为常数 K，相频特性为常数 0°，其 Nyquist 图为实轴上的一个点，如图 4-2a 所示。

2. 积分环节

根据积分环节的传递函数 $G(s)=\frac{1}{s}$，令 $s=j\omega$，可得其频率特性

$$G(j\omega)=\frac{1}{j\omega}=-j\frac{1}{\omega} \tag{4-20}$$

幅频特性为

$$|G(\mathrm{j}\omega)|=\frac{1}{\omega} \tag{4-21}$$

当 $\omega=0$ 时，$|G(\mathrm{j}\omega)|=\infty$；当 $\omega\to\infty$ 时，$|G(\mathrm{j}\omega)|=0$。

相频特性为

$$\angle G(\mathrm{j}\omega)=\arctan\frac{-\frac{1}{\omega}}{0}=-90° \tag{4-22}$$

积分环节的相角 $\angle G(\mathrm{j}\omega)$ 为常数 $-90°$，而 $|G(\mathrm{j}\omega)|$ 随 ω 增加逐渐减小，其 Nyquist 图为与虚轴负半轴重合的直线，如图 4-2b 所示。

3. 微分环节

根据微分环节的传递函数 $G(s)=s$，令 $s=\mathrm{j}\omega$，可得其频率特性

$$G(\mathrm{j}\omega)=\mathrm{j}\omega \tag{4-23}$$

幅频特性为

$$|G(\mathrm{j}\omega)|=\omega \tag{4-24}$$

相频特性为

$$\angle G(\mathrm{j}\omega)=\arctan\frac{\omega}{0}=90° \tag{4-25}$$

微分环节的相角 $\angle G(\mathrm{j}\omega)$ 为常数 $90°$，而 $|G(\mathrm{j}\omega)|$ 随 ω 增加逐渐增大，其 Nyquist 图为与虚轴正半轴重合的直线，如图 4-2c 所示。

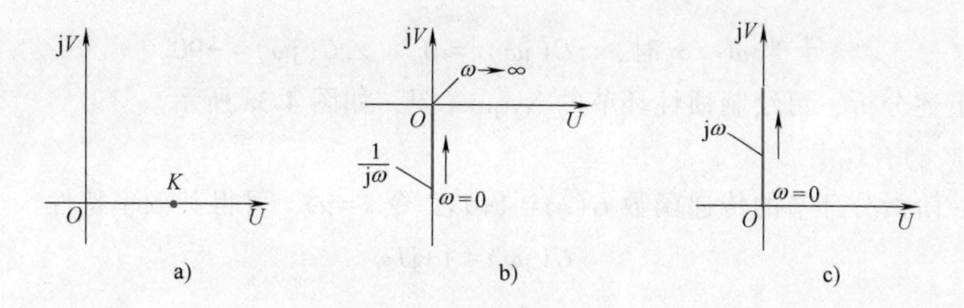

图 4-2 比例、积分和微分环节的 Nyquist 图

a) 比例环节 b) 积分环节 c) 微分环节

4. 惯性环节

根据惯性环节的传递函数 $G(s)=\dfrac{1}{Ts+1}$，令 $s=\mathrm{j}\omega$，可得其频率特性

$$G(\mathrm{j}\omega)=\frac{1}{1+\mathrm{j}T\omega}=\frac{1}{1+(T\omega)^2}-\mathrm{j}\frac{T\omega}{1+(T\omega)^2}=U+\mathrm{j}V \tag{4-26}$$

实频特性为

$$U=\frac{1}{1+(T\omega)^2} \tag{4-27}$$

虚频特性为

$$V=\frac{-T\omega}{1+(T\omega)^2} \tag{4-28}$$

幅频特性为

$$|G(j\omega)|=\sqrt{U^2+V^2}=\frac{1}{\sqrt{1+(T\omega)^2}} \tag{4-29}$$

相频特性为

$$\angle G(j\omega)=\arctan\frac{V}{U}=\arctan(-T\omega) \tag{4-30}$$

虚频特性与实频特性之比为$\frac{V}{U}=-T\omega$，代入实频特性表达式(4-27)，得

$$U=\frac{1}{1+\left(\frac{V}{U}\right)^2}$$

将上式展开，得

$$\left(U-\frac{1}{2}\right)^2+V^2=\left(\frac{1}{2}\right)^2 \tag{4-31}$$

式(4-31)为一圆的方程，圆的半径为0.5、圆心为(0.5，j0)。

当$\omega=0$时，$|G(j\omega)|=1$，$\angle G(j\omega)=0°$

当$\omega=\frac{1}{T}$时，$|G(j\omega)|=\frac{1}{\sqrt{2}}$，$\angle G(j\omega)=-45°$

当$\omega\to\infty$时，$|G(j\omega)|=0$，$\angle G(j\omega)=-90°$

根据上述分析，可绘制惯性环节的Nyquist图，如图4-3a所示。

5. 一阶微分环节

根据一阶微分环节的传递函数$G(s)=1+Ts$，令$s=j\omega$，可得其频率特性

$$G(j\omega)=1+jT\omega \tag{4-32}$$

幅频特性为

$$|G(j\omega)|=\sqrt{1+(T\omega)^2} \tag{4-33}$$

相频特性为

$$\angle G(j\omega)=\arctan T\omega \tag{4-34}$$

由式(4-32)可知，一阶微分环节的实部为常数1，虚部为$T\omega$，则其Nyquist图为通过(1，j0)点且平行于虚轴正半轴的直线，如图4-3b所示。从图中还可看出，当$\omega=0$时，$|G(j\omega)|=1$，$\angle G(j\omega)=0°$；当$\omega\to\infty$时，$|G(j\omega)|\to\infty$，$\angle G(j\omega)=90°$。

6. 振荡环节

根据振荡环节的传递函数$G(s)=\frac{1}{T^2s^2+2\zeta Ts+1}$，令$s=j\omega$，可得其频率特性

$$G(j\omega)=\frac{1}{1+j2\zeta T\omega+(jT\omega)^2}=\frac{1}{[1-(T\omega)^2]+j2\zeta T\omega}=$$

$$\frac{1-(T\omega)^2}{[1-(T\omega)^2]^2+(2\zeta T\omega)^2}-\mathrm{j}\frac{2\zeta T\omega}{[1-(T\omega)^2]^2+(2\zeta T\omega)^2}=U+\mathrm{j}V \tag{4-35}$$

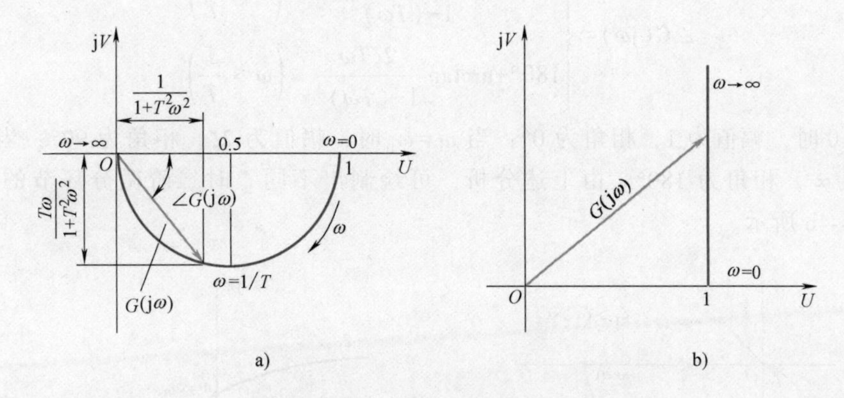

图 4-3 惯性环节和一阶微分环节的 Nyquist 图

a）惯性环节 b）一阶微分环节

实频特性为

$$U=\frac{1-(T\omega)^2}{[1-(T\omega)^2]^2+(2\zeta T\omega)^2} \tag{4-36}$$

虚频特性为

$$V=\frac{-2\zeta T\omega}{[1-(T\omega)^2]^2+(2\zeta T\omega)^2} \tag{4-37}$$

幅频特性为

$$|G(\mathrm{j}\omega)|=\frac{1}{\sqrt{[1-(T\omega)^2]^2+(2\zeta T\omega)^2}} \tag{4-38}$$

相频特性为

$$\angle G(\mathrm{j}\omega)=\begin{cases}-\arctan\dfrac{2\zeta T\omega}{1-(T\omega)^2} & \left(\omega\leqslant\dfrac{1}{T}\right)\\ -180°-\arctan\dfrac{2\zeta T\omega}{1-(T\omega)^2} & \left(\omega>\dfrac{1}{T}\right)\end{cases} \tag{4-39}$$

当 $\omega=0$ 时，幅值为 1，相角为 0°；当 $\omega=\frac{1}{T}$时，幅值为$\frac{1}{2\zeta}$，相角为-90°；当 $\omega\to\infty$ 时，幅值为 0，相角为-180°。由上述分析，可绘制出不同 ζ 时振荡环节的 Nyquist 图，如图 4-4a 所示。

7. 二阶微分环节

根据二阶微分环节的传递函数 $G(s)=T^2s^2+2\zeta Ts+1$，令 $s=\mathrm{j}\omega$，可得其频率特性

$$G(\mathrm{j}\omega)=1+\mathrm{j}2\zeta T\omega+(\mathrm{j}T\omega)^2=[1-(T\omega)^2]+\mathrm{j}2\zeta T\omega \tag{4-40}$$

幅频特性为

$$|G(j\omega)|=\sqrt{[1-(T\omega)^2]^2+(2\zeta T\omega)^2} \tag{4-41}$$

相频特性为

$$\angle G(j\omega)=\begin{cases}\arctan\dfrac{2\zeta T\omega}{1-(T\omega)^2} & \left(\omega\leqslant\dfrac{1}{T}\right)\\ 180^\circ+\arctan\dfrac{2\zeta T\omega}{1-(T\omega)^2} & \left(\omega>\dfrac{1}{T}\right)\end{cases} \tag{4-42}$$

当 $\omega=0$ 时，幅值为 1，相角为 0°；当 $\omega=\omega_n$ 时，幅值为 2ζ，相角为 90°；当 $\omega\to\infty$ 时，幅值为∞，相角为 180°。由上述分析，可绘制出不同 ζ 时二阶微分环节的 Nyquist 图，如图 4-4b 所示。

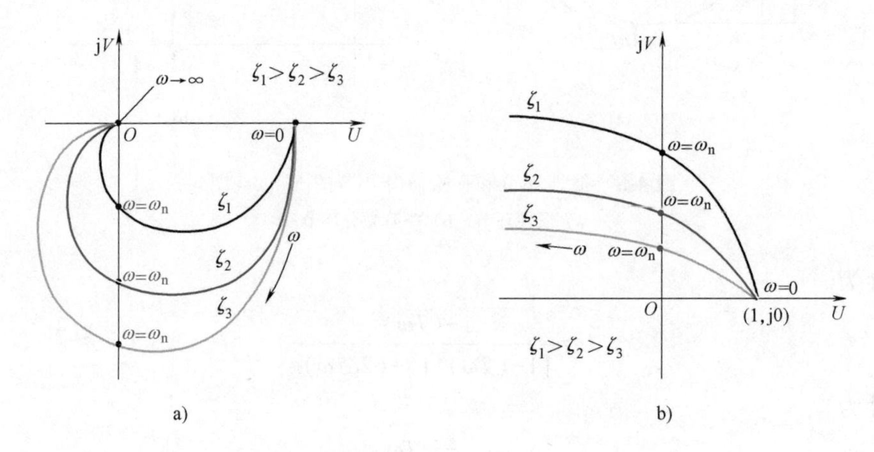

图 4-4 振荡环节和二阶微分环节的 Nyquist 图

a）振荡环节 b）二阶微分环节

8. 延时环节

根据延时环节的传递函数 $G(s)=e^{-Ts}$，令 $s=j\omega$，可得其频率特性

$$G(j\omega)=e^{-jT\omega}=\cos T\omega-j\sin T\omega \tag{4-43}$$

幅频特性为

$$|G(j\omega)|=1 \tag{4-44}$$

由式(4-43)可知，延时环节的相频特性 $\angle G(j\omega)=-T\omega$，其单位为 rad。若化为°，则有

$$\angle G(j\omega)=-\frac{180^\circ}{\pi}T\omega=-57.3^\circ T\omega \tag{4-45}$$

由式(4-44)和式(4-45)可知，延时环节频率特性的幅值为 1，相角与 ω 呈线性关系，故延时环节的 Nyquist 图为一单位圆，如图 4-5a 所示。在低频段 $\left(\omega\leqslant\dfrac{1}{T}\right)$，延时环节和惯性环节的幅相特性相近，它们的 Nyquist 曲线 $\left(e^{-jT\omega}\text{和}\dfrac{1}{1+jT\omega}\right)$ 在 $\omega=0$ 处相切；在高频段 $\left(\omega\geqslant\dfrac{1}{T}\right)$，二者有显著的区别，如图 4-5b 所示。这说明二者在高频段对输入信号的幅值

衰减和相位滞后区别较大。

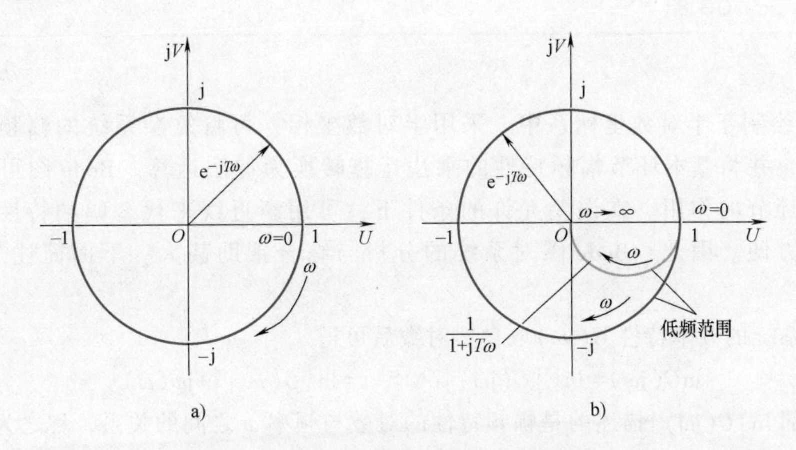

图 4-5 延时和惯性环节的 Nyquist 图

a) 延时环节 b) $e^{-jT\omega}$ 和 $\frac{1}{1+jT\omega}$

例 4-2 某系统的传递函数为 $G(s)=\frac{e^{-\tau s}}{1+Ts}$，试绘制其 Nyquist 图。

解 由系统的传递函数可知，该系统由一个延时环节和一个惯性环节组成。令 $s=j\omega$，则

$$G(j\omega)=\frac{e^{-j\tau\omega}}{1+jT\omega}$$

幅频特性为

$$|G(j\omega)|=|e^{-j\tau\omega}|\left|\frac{1}{1+jT\omega}\right|=\frac{1}{\sqrt{1+(T\omega)^2}}$$

相频特性为

$$\angle G(j\omega)=\angle e^{-j\tau\omega}+\angle\frac{1}{1+jT\omega}=-57.3\tau\omega-\arctan T\omega$$

当 $\omega=0$ 时，$|G(j\omega)|=1$，$\angle G(j\omega)=0°$；随着 ω 增加，其幅值和相角均单调减小；当 $\omega\to\infty$ 时，$|G(j\omega)|\to0$，$\angle G(j\omega)\to-\infty$。故其 Nyquist 图如图 4-6 所示。

在控制系统设计过程中，可以借助 Nyquist 图来分析系统的稳定性和相对稳定性，但需逐点计算频率特性和绘制 Nyquist 曲线，计算量较大。若系统由多个基本环节构成，需结合复变函数的相关定理绘制其 Nyquist 曲线，计算量更为庞大。而且，从 Nyquist 图中很难观测出基本环节的作用，这不利于系统的分析与综合。因此，本书对 Nyquist 图的绘制不做要求。下面介绍的 Bode 图从根源上弥补了这种不足。

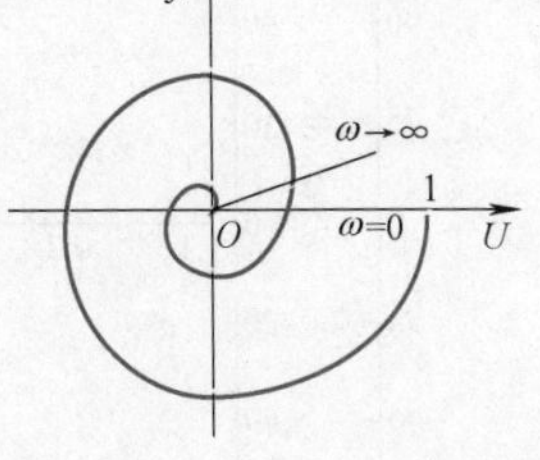

图 4-6 $\frac{e^{-j\tau\omega}}{1+jT\omega}$ 的 Nyquist 图

4.2.2　Bode 图

1. 概述

Bode 图绘制于半对数坐标系中。采用半对数坐标，可将复杂系统的幅频特性和相频特性分离，并将基本环节幅频特性的乘法运算转换为加法运算。Bode 图可以清晰地展示各基本环节的作用。在误差允许的条件下，可用渐近线来代替幅频特性曲线，故绘图简单、方便。因此，Bode 图对系统的分析与综合帮助甚大。下面简述 Bode 图的绘制。

对任一系统的频率特性 $G(\mathrm{j}\omega)$ 取自然对数后可得

$$\ln G(\mathrm{j}\omega)=\ln[\,|G(\mathrm{j}\omega)|\mathrm{e}^{\mathrm{j}\varphi(\omega)}\,]=\ln|G(\mathrm{j}\omega)|+\mathrm{j}\varphi(\omega)$$

上式中，实部 $\ln|G(\mathrm{j}\omega)|$ 描述的是幅频特性的对数与频率 ω 之间的关系，称之为对数幅频特性；虚部 $\varphi(\omega)$ 描述的是频率特性的相角与频率 ω 之间的关系，称之为对数相频特性。由此可知，对数频率特性是由对数幅频特性和对数相频特性组成的。在工程计算中，经常采用以 10 为底的常用对数来代替自然对数，且为了增强其观测效果，对其计算结果增大 20 倍。因此，对数幅频特性又可描述为

$$L(\omega)=20\lg|G(\mathrm{j}\omega)| \tag{4-46}$$

式中，$L(\omega)$ 的单位是分贝，以“dB”表示（分贝原意表示信号功率的衰减程度，后来推广用作表示两数比值的大小，如果数 N_1、N_2 之间满足 $20\lg\dfrac{N_2}{N_1}=1$，则称 N_2 比 N_1 大，二者相差 1dB）。

$L(\omega)$ 和 ω 是非线性关系，若将 $L(\omega)$ 绘制于普通笛卡尔坐标系中，则对数幅频特性为一曲线，通过该曲线很难对系统性能进行直观的分析。因此，为了实现对数幅频特性的线性描述，在此引入半对数坐标系。半对数坐标系是指横坐标采用十倍频分度，标注时只标频率 ω 值，而纵坐标采用线性分度，表示幅值（单位是“dB”）或相角（单位是“°”）的一种坐标系，且绘制对数幅频特性 $L(\omega)$ 和对数相频特性 $\varphi(\omega)$ 的两个坐标系上下排放，

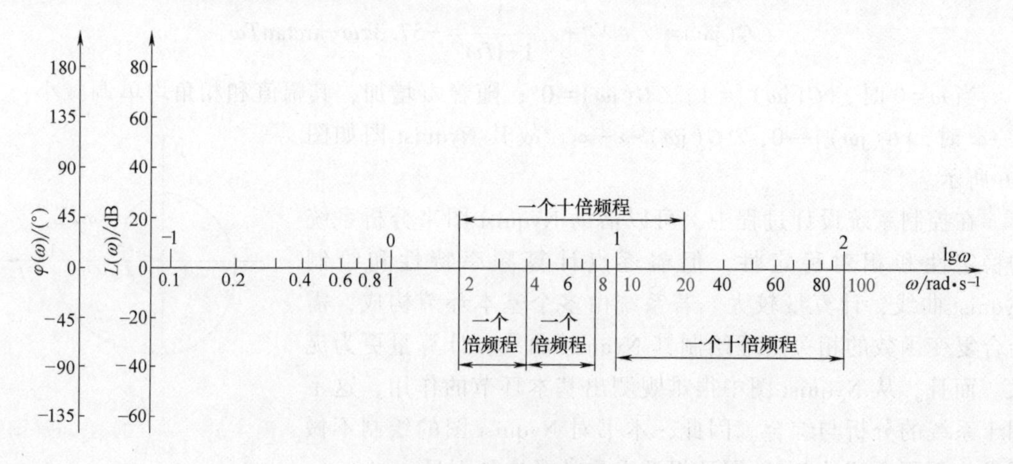

图 4-7　半对数坐标系

纵轴对齐，如图 4-7 所示。在半对数坐标系中，横轴上任取两点 ω_1 和 ω_2，若满足 $\dfrac{\omega_2}{\omega_1}=10$，则两点之间的距离 $\lg\dfrac{\omega_2}{\omega_1}=\lg 10=1$，即频率每变化 10 倍，在横轴上的距离为一个单位，称之为一个“十倍频程”，以“dec”表示。与均匀分度相比，十倍频分度更适用于在较宽频率范围内研究系统的频率特性。在半对数坐标系中绘制的对数幅频特性曲线和对数相频特性曲线，合称为 Bode 图。

2. 基本环节的 Bode 图

（1）比例环节　比例环节的频率特性为

$$G(\mathrm{j}\omega)=K$$

对数幅频特性为

$$L(\omega)=20\lg|G(\mathrm{j}\omega)|=20\lg K$$

对数相频特性为

$$\varphi(\omega)=\angle G(\mathrm{j}\omega)=0°$$

由上两式可见，比例环节的对数幅频特性 $L(\omega)$ 和对数相频特性 $\varphi(\omega)$ 均为常数，在 Bode 图上皆为直线，如图 4-8 所示。

由图 4-8 可知，当 $K>1$ 时，幅值分贝数为正；当 $K<1$ 时，幅值分贝数为负。K 值的增减，只会使得 $L(\omega)$ 升降，而不改变 $L(\omega)$ 的形状和 $\varphi(\omega)$。故下面在绘制其他环节的 Bode 图时，均设 $K=1$。

图 4-8　比例环节的 Bode 图

（2）积分环节　积分环节的频率特性为

$$G(\mathrm{j}\omega)=\frac{1}{\mathrm{j}\omega}=\frac{1}{\omega}\mathrm{e}^{-\mathrm{j}\frac{\pi}{2}} \tag{4-47}$$

对数幅频特性为

$$L(\omega)=20\lg\frac{1}{\omega}=-20\lg\omega \tag{4-48}$$

对数相频特性为

$$\varphi(\omega)=-90°$$

由式(4-48)知，$L(\omega)$ 在 Bode 图中为一直线。当 $\omega=1$ 时，$L(\omega)=0$，即 $L(\omega)$ 和横轴交于 $\omega=1$ 处。在横轴上任取两点 ω_1 和 ω_2，且 $\omega_2=10\omega_1$，则 $L(\omega_2)-L(\omega_1)=-20\lg\omega_2+20\lg\omega_1=-20\lg 10\omega_1+20\lg\omega_1=-20$ dB，即 ω 变化 10 倍，幅值下降 20 dB。由上述分析可知，积分环节的对数幅频特性为一条在 $\omega=1$ 处穿过横轴，斜率为 −20 dB/dec 的直线，积分环节的对数相频特性为 $\varphi(\omega)=-90°$ 的直线，如图 4-9a 所示。

（3）微分环节　微分环节的频率特性为

$$G(\mathrm{j}\omega)=\mathrm{j}\omega=\omega\mathrm{e}^{\mathrm{j}\frac{\pi}{2}} \tag{4-49}$$

对数幅频特性为

$$L(\omega)=20\lg\omega \tag{4-50}$$

对数相频特性为

$$\varphi(\omega)=90°$$

微分环节和积分环节的对数频率特性互为相反数，所以微分环节的 Bode 图与积分环节的 Bode 图沿横轴对称，即微分环节的对数幅频特性为一条在 $\omega=1$ 处穿过横轴，斜率为 20 dB/dec 的直线，对数相频特性为一条 $\varphi(\omega)=90°$的水平线，如图 4-9b 所示。

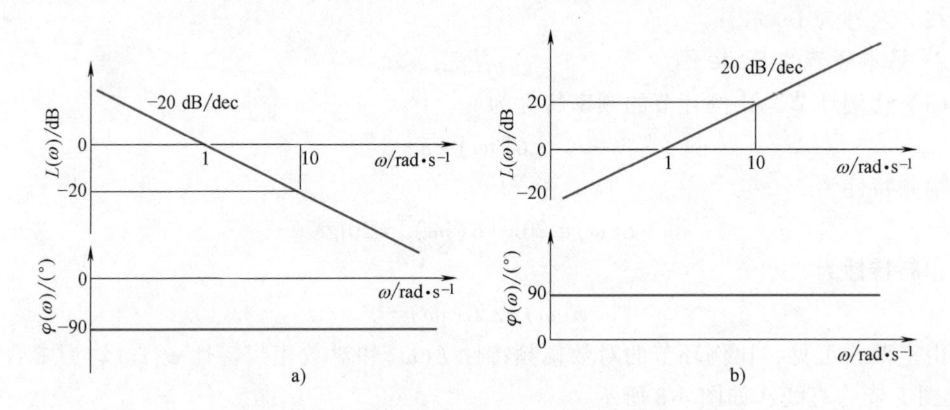

图 4-9 积分和微分环节的 Bode 图

a）积分环节 b）微分环节

（4）惯性环节 惯性环节的频率特性为

$$G(\mathrm{j}\omega)=\frac{1}{1+\mathrm{j}T\omega}=\frac{1}{\sqrt{1+(T\omega)^2}}\mathrm{e}^{-\mathrm{j}\arctan T\omega} \tag{4-51}$$

对数幅频特性为

$$L(\omega)=20\lg\frac{1}{\sqrt{1+(T\omega)^2}}=-20\lg\sqrt{1+(T\omega)^2} \tag{4-52}$$

对数相频特性为

$$\varphi(\omega)=-\arctan T\omega \tag{4-53}$$

在半对数坐标系中，ω 由 $0\to\infty$，计算出相应的 $L(\omega)$值，然后连点成线即得对数幅频特性曲线。但在工程应用中，在误差允许的情况下，常以对数幅频特性曲线的渐近线来代替对数幅频特性曲线对系统进行分析与综合。下面简述对数幅频特性曲线渐近线的绘制过程。

在低频段$\left(\omega\ll\frac{1}{T}\right)$，即 $T\omega\ll1$，由式(4-52)知，$L(\omega)\approx-20\lg1=0$，即 $L(\omega)$低频段的渐近线为横轴。

在高频段$\left(\omega\gg\frac{1}{T}\right)$，即 $T\omega\gg1$，由式(4-52)知，$L(\omega)\approx-20\lg T\omega=-20\lg T-20\lg\omega$，即 $L(\omega)$高频段的渐近线为一条在 $\omega=\frac{1}{T}$处穿越横轴且斜率为−20 dB/dec 的直线，低频段渐

近线和高频段渐近线交于 $\omega=\dfrac{1}{T}$处。

两条渐近线交点处的频率称之为转折(或转角)频率，记为 ω_T。在(0，ω_T)上的低频段渐近线和[ω_T，+∞)上的高频段渐近线构成的折线称之为对数幅频特性渐近线，如图4-10所示。渐近线和实际曲线的最大误差 e_{max} 发生在 ω_T处，且

$$e_{max}=-20\lg\sqrt{1+(T\omega)^2}+20\lg\sqrt{1}=-20\lg\sqrt{2}=-3.01\text{ dB}$$

在半对数坐标系中，ω 由 0→∞，计算出相应的 $\varphi(\omega)$ 值，然后连点成线即得对数相频特性曲线，如图4-10所示。当 $\omega=\omega_T$时，$\varphi(\omega_T)=-45°$。当 $\omega>\omega_T$时，其幅值迅速衰减，故惯性环节具有低通滤波的特性。由于工程计算中常用对数幅频特性渐近线代替对数幅频特性曲线进行系统分析与综合，因此对数幅频特性渐近线和对数相频特性曲线也称之为 Bode 图。而且在后续章节中，除了特指之外，所提 Bode 图均指对数幅频特性渐近线和对数相频特性曲线。

(5) 一阶微分环节　一阶微分环节的频率特性为

$$G(j\omega)=1+jT\omega=\sqrt{1+(T\omega)^2}\,e^{j\arctan T\omega} \tag{4-54}$$

对数幅频特性为

$$L(\omega)=20\lg\sqrt{1+(T\omega)^2} \tag{4-55}$$

对数相频特性为

$$\varphi(\omega)=\arctan T\omega \tag{4-56}$$

式(4-55)、式(4-56)与式(4-52)、式(4-53)比较可知，一阶微分环节的对数频率特性与惯性环节的对数频率特性互为相反数，则一阶微分环节的 Bode 图和惯性环节的 Bode 图沿横轴对称，如图4-11所示。当 $\omega>\omega_T$时，相位 $\varphi(\omega)$ 已超过 45°，且幅值迅速上升，故一阶微分环节对高频信号具有超前放大作用。

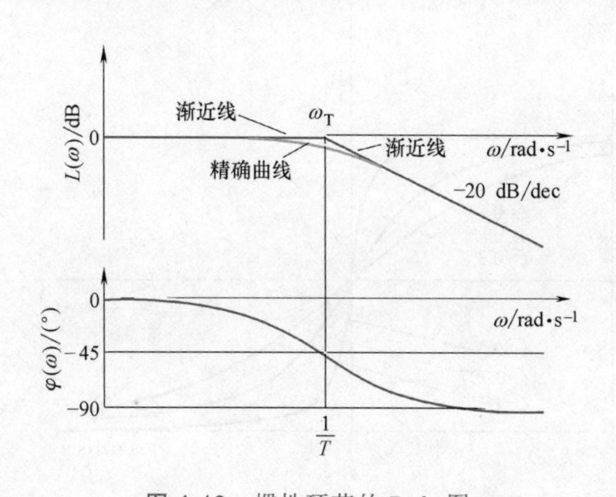

图 4-10　惯性环节的 Bode 图

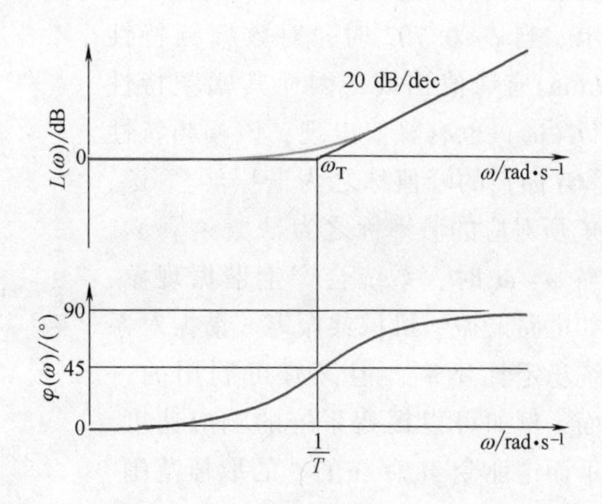

图 4-11　一阶微分环节的 Bode 图

(6) 振荡环节　振荡环节的频率特性为

$$G(j\omega)=\frac{1}{(jT\omega)^2+j2\zeta T\omega+1}=\frac{1}{\sqrt{[1-(T\omega)^2]^2+(2\zeta T\omega)^2}}e^{j\varphi(\omega)} \tag{4-57}$$

对数幅频特性为

$$L(\omega)=20\lg|G(\mathrm{j}\omega)|=-20\lg\sqrt{[1-(T\omega)^2]^2+(2\zeta T\omega)^2} \tag{4-58}$$

对数相频特性为

$$\varphi(\omega)=\begin{cases}-\arctan\dfrac{2\zeta T\omega}{1-(T\omega)^2} & \left(\omega\leqslant\dfrac{1}{T}\right)\\ -180^\circ-\arctan\dfrac{2\zeta T\omega}{1-(T\omega)^2} & \left(\omega>\dfrac{1}{T}\right)\end{cases} \tag{4-59}$$

式(4-58)、式(4-59)表明，振荡环节的对数频率特性是 ω 和 ζ 的函数。下面讨论 Bode 图的绘制。

当 $\omega\ll\dfrac{1}{T}$(即 $T\omega\ll1$)时，$L(\omega)\approx-20\lg\sqrt{1}=0$，即低频段对数幅频特性渐近线为横轴。

当 $\omega\gg\dfrac{1}{T}$(即 $T\omega\gg1$)时，$L(\omega)\approx-20\lg(T\omega)^2=-40\lg T\omega$，即高频段对数幅频特性渐近线为一条在 $\omega_T=\dfrac{1}{T}$处穿越横轴且斜率为−40 dB/dec 的斜线。

综上所述，绘制振荡环节的对数幅频特性渐近线，如图 4-12 所示。振荡环节的对数相频特性曲线的绘制方法与惯性环节类似，在此不再冗述。由图 4-12 可知，$\varphi(\omega)$是 ω 和 ζ 的函数。当 $\omega=0$ 时，$\varphi(\omega)=0$；当 $\omega\to\infty$ 时，$\varphi(\omega)=-180^\circ$；当 $\omega=\omega_T$ 时，$\varphi(\omega_T)=-90^\circ$。

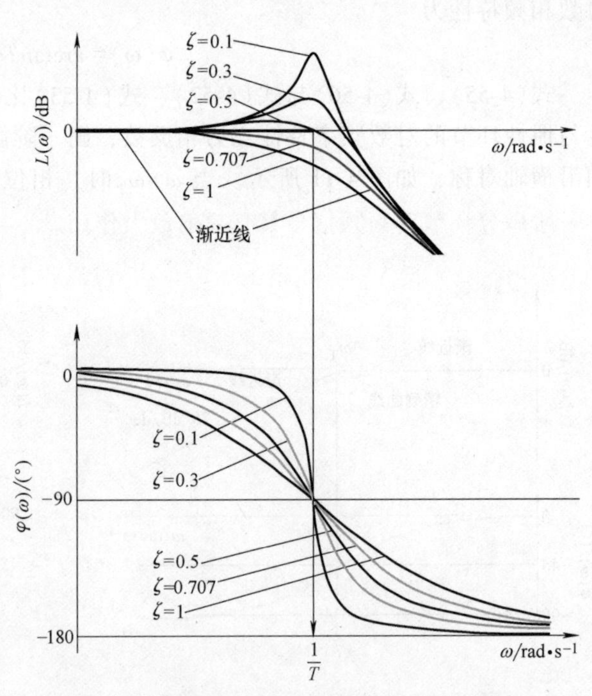

图 4-12　振荡环节的 Bode 图

振荡环节的对数幅频特性渐近线与阻尼比 ζ 无关，但其实际曲线与 ζ 是有关的，其变化规律如图 4-12 所示。当 $\zeta<0.707$ 时，对数幅频特性 $L(\omega)$有峰值出现，因而其幅频特性$|G(\mathrm{j}\omega)|$也有峰值出现，该幅频特性$|G(\mathrm{j}\omega)|$的峰值称之为谐振峰值 M_r，M_r所对应的频率称之为谐振频率 ω_r。当 $\omega=\omega_r$时，系统会产生谐振现象，如电路谐振、机械共振等。谐振对系统稳定性不利，但又有可利用的一面，例如可以提高系统的响应速度。下面论证令 M_r存在的 ζ 的取值范围，并给出 ω_r和 M_r的计算公式。

幅频特性$|G(\mathrm{j}\omega)|$对变量 ω 求导并令其为零，得

$$\frac{\mathrm{d}|G(\mathrm{j}\omega)|}{\mathrm{d}\omega}=\frac{\mathrm{d}}{\mathrm{d}\omega}\left[\frac{1}{\sqrt{[1-(T\omega)^2]^2+(2\zeta T\omega)^2}}\right]=0$$

解得

$$\omega_r=\frac{1}{T}\sqrt{1-2\zeta^2}=\omega_n\sqrt{1-2\zeta^2} \tag{4-60}$$

式中，ω_n 为无阻尼振荡频率(或称自然频率)，$\omega_n=\frac{1}{T}$。

由式(4-60)和图 4-12 可知，当$(1-2\zeta^2)>0\left(即\ 0\leqslant\zeta<\frac{\sqrt{2}}{2}\approx 0.707\right)$时，谐振频率 ω_r 存在。当 $\omega=\omega_r$时，可得谐振峰值

$$M_r=|G(j\omega)|_{max}=\left.\frac{1}{\sqrt{[1-(T\omega)^2]^2+(2\zeta T\omega)^2}}\right|_{\omega=\omega_r}=\frac{1}{2\zeta\sqrt{1-\zeta^2}} \tag{4-61}$$

当 $\zeta=0$ 时，由式(4-60)得 $\omega_r=\omega_n$。此时将 ζ 和 ω_r 代入 $|G(j\omega)|$，得

$$|G(j\omega)|=\left.\frac{1}{\sqrt{[1-(T\omega)^2]^2+(2\zeta T\omega)^2}}\right|_{\substack{\zeta=0\\ \omega=\omega_n}}=\infty$$

即系统的谐振峰值为无穷大。

当 $\zeta\neq 0$ 且 $\omega=\omega_n$时，$G(j\omega)$的幅值为

$$|G(j\omega)|_{\omega=\omega_n}=\frac{1}{2\zeta} \tag{4-62}$$

此时系统的频率特性为

$$G(j\omega_n)=-j\frac{1}{2\zeta} \tag{4-63}$$

相角$\angle G(j\omega_n)=\arctan\frac{-\frac{1}{2\zeta}}{0}=-90°$，即此时振荡环节的对数相频特性曲线通过$\left(\frac{1}{T},\ -90°\right)$，如图 4-12 所示。

当 $\omega=\omega_r$时，振荡环节频率特性的相角为

$$\angle G(j\omega_r)=-90°+\arctan\frac{\zeta}{\sqrt{1-2\zeta^2}}$$

下面对 3.3.3 节所述二阶系统最佳阻尼比 $\zeta=\frac{\sqrt{2}}{2}\approx 0.707$ 进行说明。二阶系统传递函数为

$$G(s)=\frac{\omega_n^2}{s^2+2\zeta\omega_n s+\omega_n^2}=\frac{1}{T^2s^2+2\zeta Ts+1}$$

在理想的情况下，如满足$|G(j\omega)|=1$、$\angle G(j\omega)=0°$，则系统完全跟随给定量，即

$$\begin{cases}|G(j\omega)|=\dfrac{1}{\sqrt{[1-(T\omega)^2]^2+(2\zeta T\omega)^2}}=1\\[2ex] \angle G(j\omega)=-\arctan\dfrac{2\zeta T\omega}{1-(T\omega)^2}=0°\end{cases}$$

整理得

$$\begin{cases}1-2(T\omega)^2+(T\omega)^4+(2\zeta T\omega)^2=1\\ \omega\to 0\end{cases}$$

在低频范围内(ω 非常小)，$(T\omega)^4\to 0$，有$(2\zeta)^2=2$，即

$$\zeta=\frac{\sqrt{2}}{2}$$

而且，由式(4-60)可知，阻尼比 $\zeta=\frac{\sqrt{2}}{2}$ 为系统不出现谐振$\left(即\ \zeta\geqslant\frac{\sqrt{2}}{2}\right)$时响应最快的阻尼比，因此，人们把 $\zeta=\frac{\sqrt{2}}{2}$ 定义为二阶系统的最佳阻尼比。

(7) 二阶微分环节　二阶微分环节的频率特性为

$$G(j\omega)=(jT\omega)^2+j2\zeta T\omega+1=\sqrt{[1-(T\omega)^2]^2+(2\zeta T\omega)^2}\ e^{j\varphi(\omega)} \tag{4-64}$$

对数幅频特性为

$$L(\omega)=20\lg\sqrt{[1-(T\omega)^2]^2+(2\zeta T\omega)^2} \tag{4-65}$$

对数相频特性为

$$\varphi(\omega)=\begin{cases}\arctan\dfrac{2\zeta T\omega}{1-(T\omega)^2} & \left(\omega\leqslant\dfrac{1}{T}\right)\\ 180°+\arctan\dfrac{2\zeta T\omega}{1-(T\omega)^2} & \left(\omega>\dfrac{1}{T}\right)\end{cases} \tag{4-66}$$

由式(4-65)、式(4-66)和式(4-62)、式(4-63)可知，振荡环节的对数频率特性和二阶微分环节的对数频率特性互为相反数，所以二阶微分环节的 Bode 图和振荡环节的 Bode 图对称于横轴，其渐近线如图 4-13 所示。

(8) 延时环节　延时环节的频率特性为

$$G(j\omega)=e^{-jT\omega}$$

对数幅频特性为

$$L(\omega)=20\lg 1=0 \tag{4-67}$$

对数相频特性为

$$\varphi(\omega)=-T\omega$$

式(4-67)相频特性的单位为 rad，若化为°，则有

$$\varphi(\omega)=-57.3°T\omega$$

延时环节的对数幅频特性为 0 dB 线。而对数相频特性与 ω 呈线性变化，如图 4-14 所示。

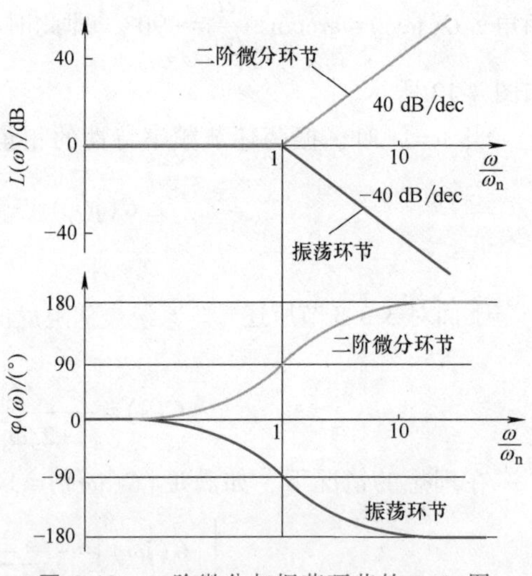

图 4-13　二阶微分与振荡环节的 Bode 图

对照图 4-15 和图 4-14，归纳上述八种基本环节 Bode 图的特点：

1) 比例环节的对数幅频特性渐近线为平行于横轴的直线，其对数相频特性为 0°线，与 ω 无关。

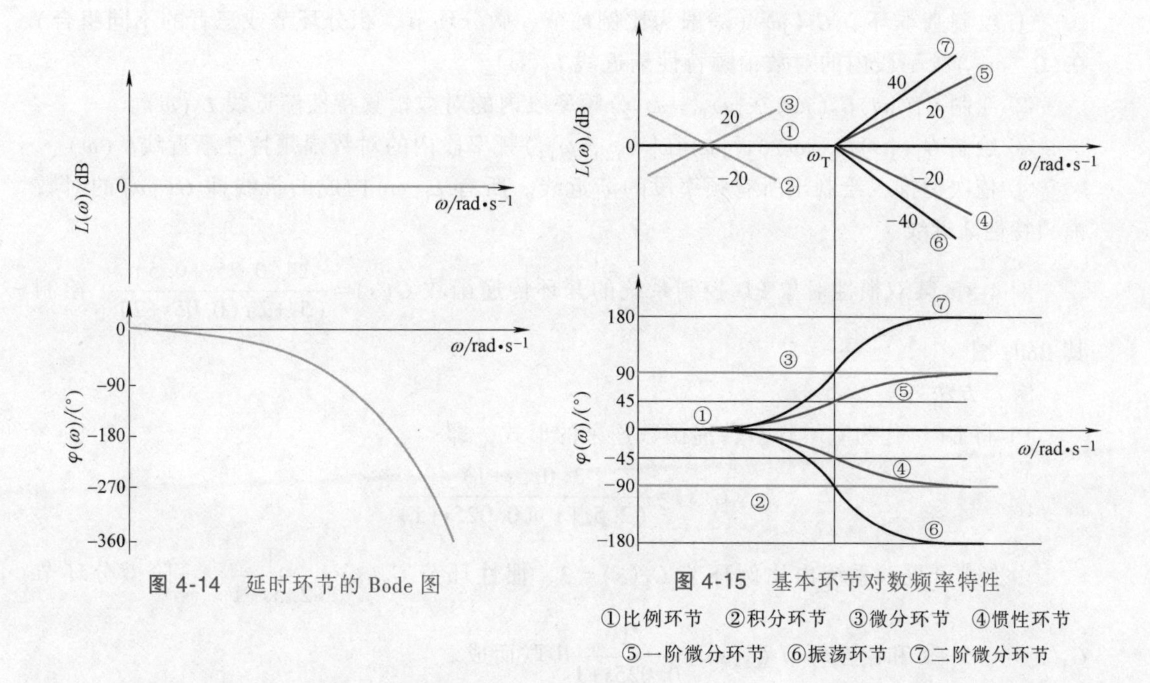

图 4-14　延时环节的 Bode 图

图 4-15　基本环节对数频率特性

①比例环节　②积分环节　③微分环节　④惯性环节　⑤一阶微分环节　⑥振荡环节　⑦二阶微分环节

2）微分环节和积分环节的 Bode 图沿横轴对称。对数幅频特性分别是斜率为±20 dB/dec的斜线，均与横轴相交于 $\omega=1$ 处。对数相频特性分别为±90°线，与 ω 无关。

3）一阶微分环节和惯性环节的 Bode 图沿横轴对称。对数幅频特性渐近线在低频段(0 dB线)重合，在高频段分别是斜率为±20 dB/dec 的斜线，转折频率为 ω_T。对数相频特性在 0～±90°范围内变化，斜对称于弯点(ω_T，±45°)。

4）二阶微分环节和振荡环节的 Bode 图沿横轴对称。对数幅频特性渐近线在低频段(0 dB线)重合，在高频段分别是斜率为±40 dB/dec 的斜线，转折频率为 ω_T。对数相频特性在 0～±180°范围内变化，斜对称于弯点(ω_T，±90°)。

5）延时环节的对数幅频特性为 0 dB 线，相角随 ω 线性变化，对数相频特性在半对数坐标系中为一抛物线。

3. 系统开环频率特性的绘制

绘制系统开环传递函数 Bode 图的基本步骤如下：

1）将传递函数 $G(s)$ 化为基本环节传递函数 $G_i(s)$ $(i=1, 2, \cdots, n)$ 连乘的形式。

2）令 $s=\mathrm{j}\omega$，求得 $G(\mathrm{j}\omega)$。

3）找出各基本环节 $G_i(\mathrm{j}\omega)$ 的转折频率 ω_{Ti}，标注于横轴，绘制各基本环节的 Bode 图。

4）将各基本环节(比例环节除外)的对数幅频特性渐近线相叠加，然后将叠加后的渐近线向上平移 $20\lg K$，得 $G(\mathrm{j}\omega)$ 的对数幅频特性渐近线。

5）计算 $G(\mathrm{j}\omega)$ 对数幅频特性渐近线的幅值穿越频率(剪切频率) ω_c。

6）将各基本环节的对数相频特性曲线叠加，得 $G(\mathrm{j}\omega)$ 的对数相频特性曲线。

在上述步骤中，步骤 4)也可采用分频率段绘制的形式：

① 绘制基本环节 $G_1(j\omega)$（一般为比例环节、微分环节、积分环节或三者的不同组合）在 $(0,\ \omega_{T1})$ 频率段内的对数幅频特性渐近线 $L_1(\omega)$。

② 绘制 $G_1(j\omega)G_2(j\omega)$ 在 $[\omega_{T1},\ \omega_{T2})$ 频率段内的对数幅频特性渐近线 $L_2(\omega)$。

③ 绘制 $G_1(j\omega)G_2(j\omega)G_3(j\omega)$ 在 $[\omega_{T2},\ \omega_{T3})$ 频率段内的对数幅频特性渐近线 $L_3(\omega)$。

④ 依次类推，绘制出所有频率段的渐近线。所有 $L_i(\omega)$ 构成的折线即 $G(j\omega)$ 的对数幅频特性渐近线。

例 4-3　某双惯性对象 PD 控制系统的开环传递函数 $G(s)=\dfrac{24(0.25s+0.5)}{(5s+2)(0.05s+2)}$，绘制其 Bode 图。

解　方法一：

1）将 $G(s)$ 化为基本环节传递函数连乘的形式，即

$$G(s)=\frac{3(0.5s+1)}{(2.5s+1)(0.025s+1)}$$

由上式可见，系统由比例环节 $G_1(s)=3$、惯性环节 $G_2(s)=\dfrac{1}{2.5s+1}$、一阶微分环节 $G_3(s)=0.5s+1$ 和惯性环节 $G_4(s)=\dfrac{1}{0.025s+1}$ 串联而成。

2）令 $s=j\omega$，得系统 $G(s)$ 的频率特性为

$$G(j\omega)=\frac{3(1+j0.5\omega)}{(1+j2.5\omega)(1+j0.025\omega)}$$

3）计算各基本环节的转折频率，标注于横轴。作各基本环节的 Bode 图，如图 4-16 所示。

① $G_1(j\omega)=3$，$L_1(\omega)=20\lg3\approx9.5\ \text{dB}$。

② $G_2(j\omega)=\dfrac{1}{1+j2.5\omega}$，$\omega_{T1}=\dfrac{1}{2.5}=0.4\ \text{rad}\cdot\text{s}^{-1}$，对数幅频特性渐近线高频段斜率为 $-20\ \text{dB/dec}$。

③ $G_3(j\omega)=1+j0.5\omega$，$\omega_{T2}=\dfrac{1}{0.5}=2\ \text{rad}\cdot\text{s}^{-1}$，对数幅频特性渐近线高频段斜率为 20 dB/dec。

④ $G_4(j\omega)=\dfrac{1}{1+j0.25\omega}$，$\omega_{T3}=\dfrac{1}{0.025}=40\ \text{rad}\cdot\text{s}^{-1}$，对数幅频特性渐近线高频段斜率为 $-20\ \text{dB/dec}$。

4）将各基本环节（比例环节除外）的对数幅频特性渐近线叠加得折线 a'，然后将 a' 向上平移 $20\lg K=9.5\ \text{dB}$，得 $G(j\omega)$ 的对数幅频特性渐近线 a，如图 4-16 所示。

5）当 $\omega=2$ 时，$20\lg\dfrac{3}{2.5\omega}=20\lg\dfrac{3}{5}<0$，因此可知穿越频率位于频率段 $(0,\ 2)$ 内，且满足 $20\lg\dfrac{3}{2.5\omega_c}=0$，计算得 $\omega_c=1.2\ \text{rad}\cdot\text{s}^{-1}$。

6）绘制各环节的对数相频特性曲线，叠加后得 $G(j\omega)$ 的对数相频特性曲线，如图

4-16所示。

方法二：

1) 和 2) 同方法一中的 1) 和 2)，在此不做冗述。

3) 计算出各基本环节的转折频率 ω_{Ti}，标注于横轴。

4) 绘制 $G(j\omega)$ 的对数幅频特性渐近线 a。

① 在(0, 0.4)频率段内，$L_1(\omega)=20\lg3\approx9.5$ dB，为一条 9.5 dB 的线段，记为 L_1。

② 在[0.4, 2)频率段内，$L_2(\omega)=20\lg3-20\lg\sqrt{1+(2.5\omega)^2}\approx20\lg1.2-20\lg\omega$，为一条斜率为-20 dB/dec 的斜线段，记为 L_2。L_2与 L_1首尾相接。

③ 在[2, 40)频率段内，$L_3(\omega)=20\lg3-20\lg\sqrt{1+(2.5\omega)^2}+20\lg\sqrt{1+(0.5\omega)^2}\approx20\lg0.6$，为一条斜率为 0 dB/dec 的线段，记为 L_3。L_3与 L_2首尾相接。

④ 在[40, ∞)频率内，$L_3(\omega)=20\lg3-20\lg\sqrt{1+(2.5\omega)^2}+20\lg\sqrt{1+(0.5\omega)^2}-20\lg\sqrt{1+(0.025\omega)^2}\approx20\lg24-20\lg\omega$，为一条斜率为 20 dB/dec 的斜线段，记为 L_4。L_4与 L_3首尾相接。

$L_1\sim L_4$构成的折线即 $G(j\omega)$ 的对数幅频特性渐近线 a，如图 4-16 所示。

5) 和 6) 同方法一中的 5) 和 6)，在此不再冗述。

例 4-4　某直流电动机比例积分转速控制系统的开环传递函数 $G(s)=\dfrac{1.2(0.5s+1)}{s(0.025s+1)}$，绘制其 Bode 图。

解　1) 由 $G(s)$ 表达式可知，系统由比例环节 $G_1(s)=1.2$、积分环节 $G_2(s)=\dfrac{1}{s}$、一阶微分环节 $G_3(s)=0.5s+1$ 和惯性环节 $G_4(s)=\dfrac{1}{0.025s+1}$构成。

2) 令 $s=j\omega$，得系统的频率特性为

$$G(j\omega)=\frac{1.2(1+j0.5\omega)}{j\omega(1+j0.025\omega)}$$

3) 计算出各基本环节的转折频率，标注于横轴，如图 4-17 所示。

① $G_3(j\omega)=1+j0.5\omega$，转折频率 $\omega_{T1}=2\ \mathrm{rad\cdot s^{-1}}$。

② $G_4(j\omega)=\dfrac{1}{1+j0.025\omega}$，转折频率 $\omega_{T2}=40\ \mathrm{rad\cdot s^{-1}}$。

4) 绘制 $G(j\omega)$ 的对数幅频特性渐近线。

① 绘制 $G_1(j\omega)G_2(j\omega)$ 在(0, 2)频率段的对数幅频特性渐近线，$L_1(\omega)=20\lg\dfrac{1.2}{\omega}=20\lg1.2-20\lg\omega$，为一条斜率为-20 dB/dec 的斜线段，记为 L_1。

② 绘制 $G_1(j\omega)G_2(j\omega)G_3(j\omega)$ 在[2, 40)频率段的对数幅频特性渐近线，$L_2(\omega)=20\lg1.2-20\lg\omega+20\lg\sqrt{1+(0.5\omega)^2}\approx20\lg0.6$，为一条斜率为0 dB/dec的线段，记为 L_2。L_2与 L_1首尾相接。

③ 绘制 $G(j\omega)$ 在[40, ∞)的对数幅频特性渐近线，$L_3(\omega)=20\lg1.2-20\lg\omega+$

$20\lg\sqrt{1+(0.5\omega)^2}-20\lg\sqrt{1+(0.025\omega)^2}\approx 20\lg 24-20\lg\omega$，为一条斜率为-20 dB/dec 的斜线段，记为 L_3。L_3 与 L_2 首尾相接。

$L_1 \sim L_3$ 构成的折线即 $G(j\omega)$ 的对数幅频特性渐近线 a，如图 4-17 所示。

5）当 $\omega=2$ 时，$20\lg\dfrac{1.2}{\omega}=20\lg 0.6<0$，由此可知穿越频率位于频率段(0，2)内，且满足 $20\lg\dfrac{1.2}{\omega_c}=0$，计算得 $\omega_c=1.2\ \text{rad}\cdot\text{s}^{-1}$。

6）绘制各基本环节对数相频特性曲线，叠加后得 $G(j\omega)$ 的对数相频特性曲线，如图 4-17所示。

综上所述，最终得系统 Bode 图，如图 4-17 所示。

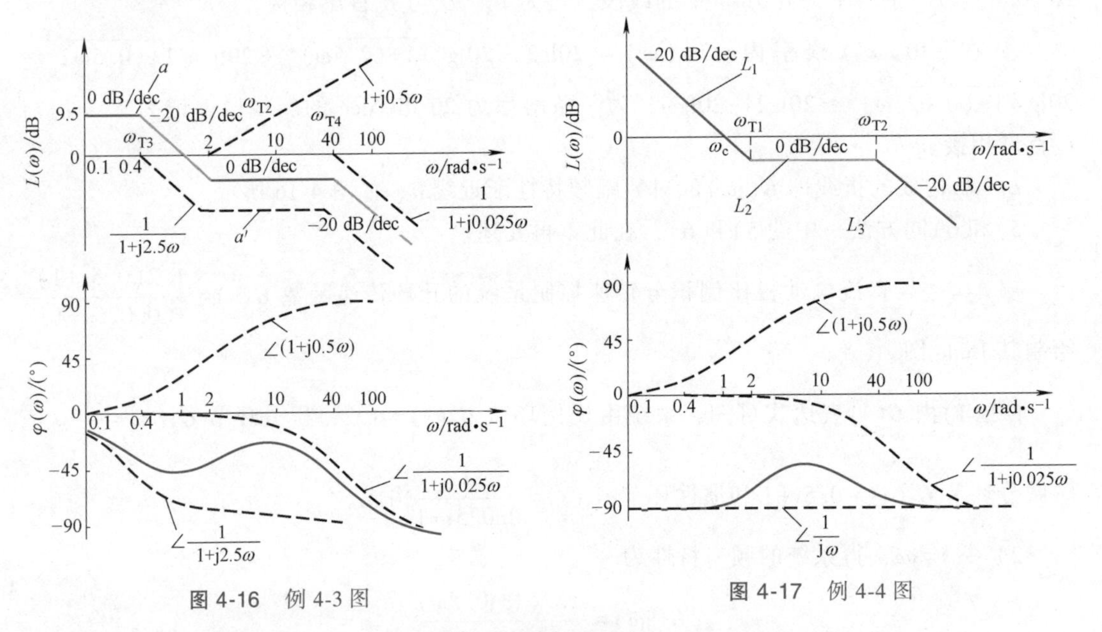

图 4-16 例 4-3 图　　　　图 4-17 例 4-4 图

对于传递函数 $G(s)$，当 $\omega\to\infty$ 时，对数幅频特性 $L(\omega)$ 的斜率 $k_{L(\omega)}$ 为

$$\lim_{\omega\to\infty}k_{L(\omega)}=-20(n-m)\ \text{dB/dec}\quad(n\geqslant m)$$

式中，n、m 分别为 $G(s)$ 分母、分子的阶次。

利用这一特性可以方便地预判和检验系统开环传递函数 Bode 图。如例 4-4，当 $\omega\to\infty$ 时，最后一段渐近线的斜率 $\lim\limits_{\omega\to\infty}k_{L(\omega)}=-20\times(2-1)=-20\ \text{dB/dec}$。

4.2.3 最小相位系统

1. 最小相位系统的概念

在上述几个例子中，传递函数在右半 s 平面没有零点和极点(即传递函数零、极点的实部均小于或等于零)且不含延时环节，这种传递函数称之为最小相位传递函数；该传递函数所描述的系统，称为最小相位系统。反之，若传递函数中有零点或极点在右半 s 平面，则这种传递函数称之为非最小相位传递函数，相应的系统称为非最小相位系统。顾名思义，最小相位系统的相位滞后最小。

例如，有两个系统的传递函数为

$$G_1(s)=\frac{1+T_2s}{1+T_1s}\quad(0<T_2<T_1)$$

$$G_2(s)=\frac{1-T_2s}{1+T_1s}\quad(0<T_2<T_1)$$

$G_1(s)$的零点是$z=-\frac{1}{T_2}$，极点是$p=-\frac{1}{T_1}$；$G_2(s)$的零点是$z=\frac{1}{T_2}$，极点是$p=-\frac{1}{T_1}$。两个系统在s平面上的零、极点分布如图4-18所示。

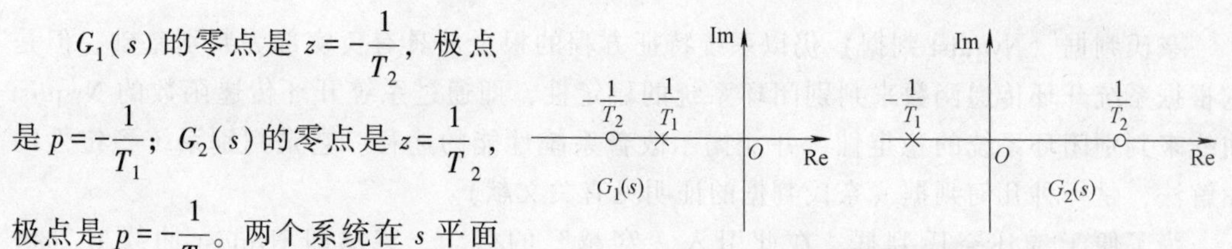

图4-18 $G_1(s)$和$G_2(s)$的零、极点分布

根据定义，$G_1(s)$属最小相位系统，$G_2(s)$属非最小相位系统。它们具有相同的幅频特性，但相频特性不同，如图4-19所示，$G_1(s)$的相位滞后最小。

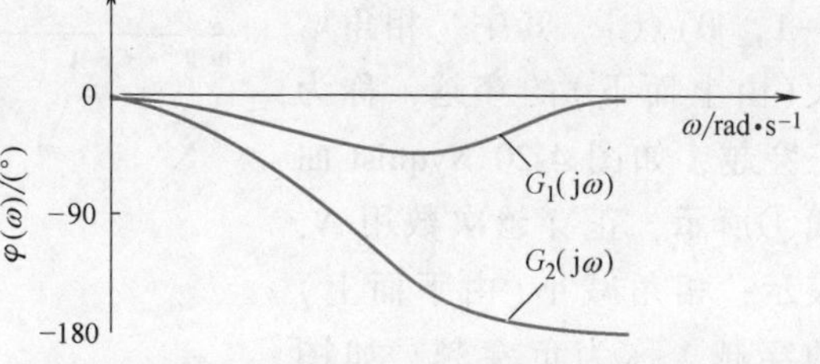

图4-19 $G_1(s)$和$G_2(s)$的相频特性

显然，除延时环节外，其他七种基本环节的传递函数均为最小相位传递函数。由这七种基本环节相乘所得的传递函数也是最小相位的。

因非最小相位系统往往含有延时环节或小闭环不稳定环节，故起动性能差、响应慢。在要求响应快的系统中，总是尽量避免非最小相位系统的出现。

2. 最小相位系统的重要特性

对于幅频特性相同的传递函数，最小相位传递函数的相位滞后是最小的，而非最小相位传递函数的相位滞后则必定大于前者。若传递函数$G(s)$是最小相位的，则有以下特性：

特性1：当$\omega\to\infty$时，$G(j\omega)$的相角$\angle G(j\omega)$或对数相频特性$\varphi(\omega)$为

$$\lim_{\omega\to\infty}\angle G(j\omega)=\lim_{\omega\to\infty}\varphi(\omega)=-90°(n-m)\quad(n\geqslant m)$$

利用此特性，可以方便地预判和检验频率特性图。对于Nyquist图，可知$\omega\to\infty$时的相角，如振荡环节$G(s)=\frac{1}{T^2s^2+2\zeta Ts+1}$，当$\omega\to\infty$时，相角$\angle G(j\omega)=-90°\times(2-0)=-180°$；对于Bode图，可知$\omega\to\infty$时的相角，如例4-4，当$\omega\to\infty$时

$$\lim_{\omega\to\infty}\angle G(j\omega)=\lim_{\omega\to\infty}\varphi(\omega)=-90°\times(2-1)=-90°$$

特性2：对数幅频特性与相频特性之间存在着唯一的对应关系。这就是说，根据系统的对数幅频特性，可以唯一地确定相应的相频特性和传递函数。但对于非最小相位系统，就不存在上述的这种关系。

4.3 几何稳定判据

4.3.1 奈氏判据

奈氏判据（Nyquist 判据）仍以系统特征方程的根全部具有负实部为判别基础，但是它根据系统开环传递函数来判别闭环系统的稳定性，即通过系统开环传递函数的 Nyquist 曲线来判别闭环系统的稳定性，并能揭示改善系统性能的途径。它是判别系统稳定性的图解法，是一种几何判据（奈氏判据的证明见有关文献）。

为了便于描述奈氏判据，在此引入“穿越”的概念。穿越即 Nyquist 曲线 $G(j\omega)H(j\omega)$ 穿过$(-1,\ j0)$点左侧实轴[即穿过实轴上$(-\infty,\ -1)$区间，该区间不包含$(-1,\ j0)$点]。其中，相角增大（由上而下）的穿越，称为正穿越，如图 4-20 Nyquist 曲线①所示，正穿越次数用 N_+ 表示；相角减小（由下而上）的穿越，称为负穿越，如图 4-20 Nyquist 曲线②所示，负穿越次数用 N_- 表示。总的穿越次数 $N=N_+-N_-$。若 Nyquist 曲线始于或止于$(-1,\ j0)$点左侧实轴上，则穿越次数为 1/2，如图 4-20 Nyquist 曲线③和④所示。

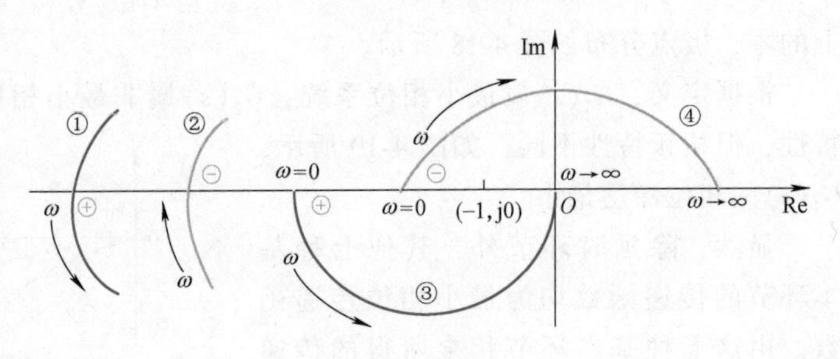

图 4-20　穿越示意图

奈氏判据：假设系统在右半 s 平面的开环极点数为 P_R，开环传递函数 Nyquist 曲线（ω：$-\infty\to+\infty$）的穿越次数为 N，闭环系统在右半 s 平面的极点数为 Z_R，则系统满足

$$Z_R=P_R-N \quad (\omega:-\infty\to+\infty) \tag{4-68}$$

为简单起见，在使用奈氏判据时，一般只画出频率 ω 从 $0\to+\infty$ 变化时的 Nyquist 曲线。此时，系统满足

$$Z_R=P_R-2N \quad (\omega:0\to+\infty) \tag{4-69}$$

若 $Z_R>0$，则闭环系统不稳定；若 $Z_R=0$ 且 Nyquist 曲线不经过$(-1,\ j0)$点，则闭环系统稳定；若 $Z_R=0$ 且 Nyquist 曲线经过$(-1,\ j0)$点，则闭环系统临界稳定。

例 4-5　四个单位负反馈系统的开环传递函数 Nyquist 曲线如图 4-21 所示，已知各系统开环右极点数 P_R，试判别各闭环系统的稳定性。

解　图 4-21a 系统的开环 Nyquist 曲线的穿越次数 $N=0$，且 $P_R=0$，则 $Z_R=P_R-2N=0$，故由奈氏判据可知闭环系统稳定。

图 4-21b 系统的开环 Nyquist 曲线的穿越次数 $N=0$，且 $P_R=0$，故由奈氏判据判定 $Z_R=0$，且开环 Nyquist 曲线穿过$(-1,\ j0)$点，故闭环系统临界稳定。

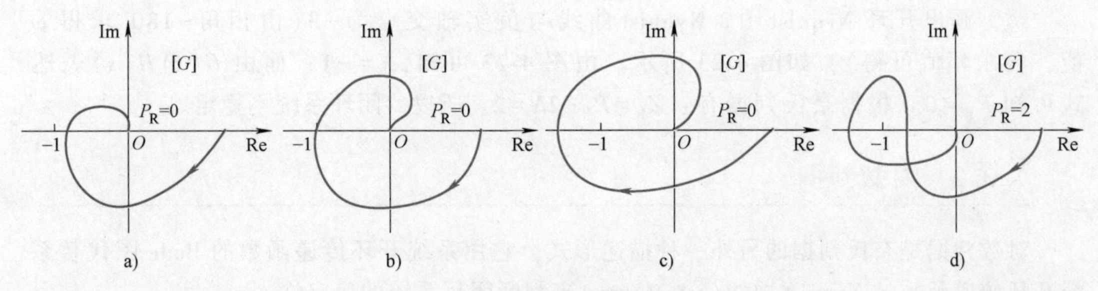

图 4-21 例 4-5 图

图 4-21c 系统的开环 Nyquist 曲线的穿越次数 $N=-1$，且 $P_R=0$，则 $Z_R=P_R-2N=2$，故由奈氏判据可知闭环系统不稳定。

图 4-21d 系统的开环 Nyquist 曲线的穿越次数 $N=1$，且 $P_R=2$，则 $Z_R=P_R-2N=0$，故由奈氏判据可知闭环系统稳定。

由此例可见，系统开环稳定，但各部件以及受控对象的参数匹配不当，很可能保证不了闭环的稳定性；而开环不稳定，只要合理地选择控制装置，完全能调试出稳定的闭环系统。

例 4-6 某铣床的电流环开环传递函数可近似为 $G(s)H(s)=\dfrac{K}{(T_1s+1)(T_2s+1)}$，试分析该系统电流环的稳定性。

解 首先画开环 Nyquist 曲线如图 4-22 所示。

因为是 0 型系统，所以当 $\omega=0$ 时，$G(j\omega)H(j\omega)=K\angle 0°$；当 $\omega\to\infty$ 时，$G(j\omega)H(j\omega)=0\angle-180°$，如图 4-22 实线所示。若要求画出整条 Nyquist 曲线，利用沿横轴对称关系，加上虚线部分即为 Nyquist 图。

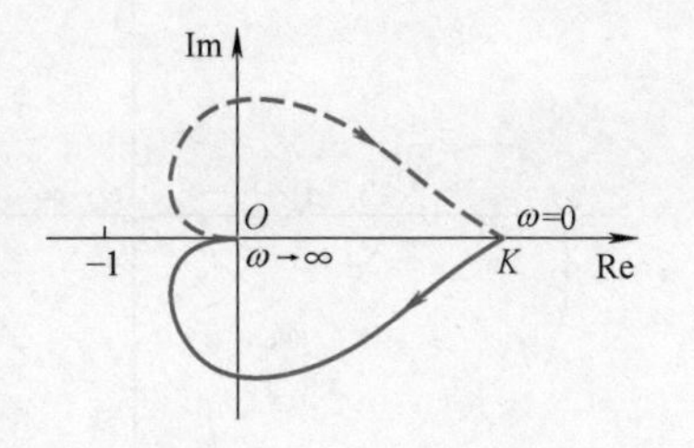

图 4-22 例 4-6 图

因为开环传递函数不存在位于右半 s 平面的开环极点，即 $P_R=0$。Nyquist 曲线的穿越次数 $N=0$，所以闭环系统稳定。从图 4-22 还看出，不管 K、T_1、T_2 为何值，Nyquist 曲线均满足穿越次数 $N=0$，所以，该系统对任何 K、T_1、T_2 的值都是稳定的。

在应用奈氏判据时应特别注意，虚轴上的开环极点不属于开环右极点 P_R。

还要注意，当开环传递函数含有 λ 个积分环节时，其开环 Nyquist 曲线不和实轴封闭，有时难以判断穿越次数。为此，须做辅助圆弧，进而求得穿越次数。辅助圆弧的做法：当 $G(j0)H(j0)>0$ 时，从 $G(j0)H(j0)$ 端实轴起顺时针做半径为无穷大（无穷大不能绘制，故用虚线）、弧度为 $\lambda\pi/2$ 的圆弧至 $G(0^+)H(0^+)$。

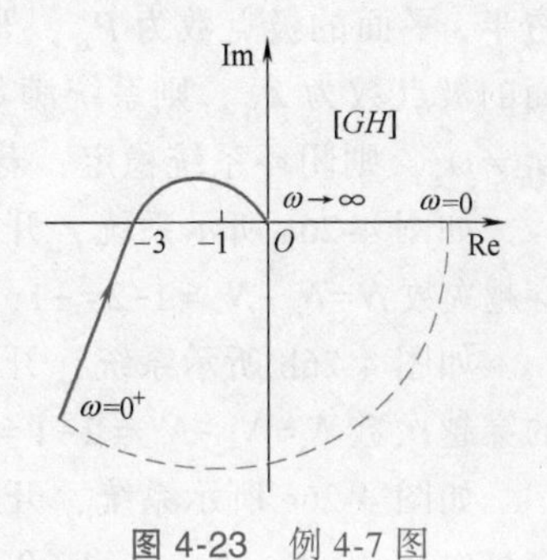

图 4-23 例 4-7 图

例 4-7 若系统开环传递函数为 $G(s)H(s)=\dfrac{4.5}{s(2s+1)(s+1)}$，试用奈氏判据判别其闭环系统的稳定性。

解 画出开环 Nyquist 图。Nyquist 曲线与负实轴交点为 -3(由相角 -180° 求得 ω 值，再求幅值可得)，如图 4-23 所示。由图 4-23 可知，$N=-1$；而由 $G(s)H(s)$ 表达式可知 $P_R=0$。根据奈氏判据有：$Z_R=P_R-2N=2$。所以，闭环系统不稳定。

4.3.2 对数判据

对数判据是奈氏判据的另外一种描述形式，它用系统开环传递函数的 Bode 图代替系统开环传递函数的 Nyquist 曲线(ω: 0→∞)来判断闭环系统的稳定性。

如何把奈氏判据的思想移植到对数判据？奈氏判据与对数判据或 Nyquist 曲线与 Bode 图有何相通之处？下面做一分析。如图 4-24 和图 4-25 所示，图 4-24 Nyquist 图中的单位圆对应于图 4-25 Bode 图中的 0 dB 线，图 4-24 中的负实轴对应于图 4-25 Bode 图中的 -180°线。图 4-24 中单位圆外部[$A(\omega)>1$]的 Nyquist 曲线部分对应于图 4-25 Bode 图中对数幅频特性曲线 $L(\omega)>0$ dB 的部分。图 4-24 中单位圆上和单位圆内部[$A(\omega)\leqslant 1$]的 Nyquist 曲线部分对应于图 4-25 Bode 图中 $L(\omega)\leqslant 0$ dB 的部分。在 Nyquist 图中，Nyquist 曲线的一次"正穿越"对应于 Bode 图中在 $L(\omega)>0$ dB 的频率段内 $\varphi(\omega)$ 自下而上地穿越 -180°线一次($N_+=1$)；一次"负穿越"对应于 Bode 图中在 $L(\omega)>0$ dB 的频率段内 $\varphi(\omega)$ 自上而下地穿越 -180°线一次($N_-=1$)。Bode 图中 $\varphi(\omega)$ 的总穿越次数 $N=N_+-N_-$。

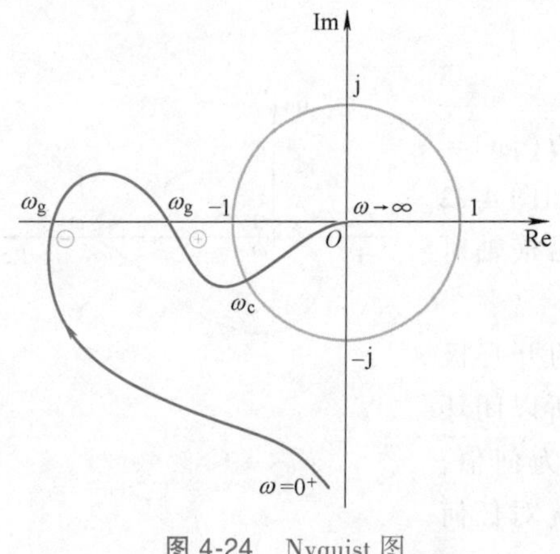

图 4-24 Nyquist 图

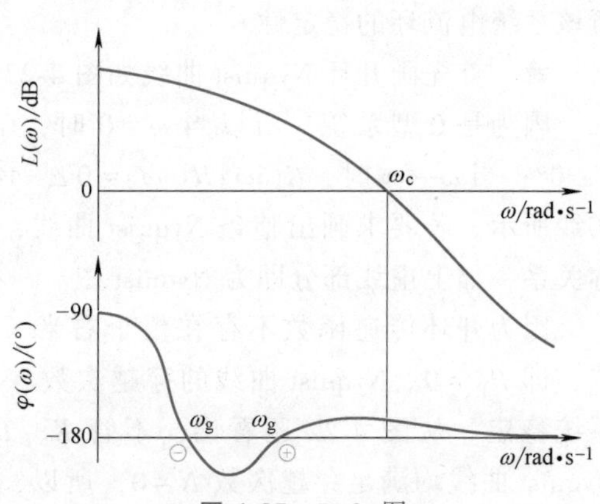

图 4-25 Bode 图

根据上述 Nyquist 图与 Bode 图的对应关系，对数判据可陈述为：假设开环传递函数在右半 s 平面的极点数为 P_R，开环传递函数 Bode 图的穿越次数为 N，闭环系统在右半 s 平面的极点数为 Z_R，则系统满足 $Z_R=P_R-2N$。若 $Z_R>0$，则闭环系统不稳定；若 $Z_R=0$ 且 $\omega_c\neq\omega_g$，则闭环系统稳定；若 $Z_R=0$ 且 $\omega_c=\omega_g$，则闭环系统临界稳定。

如图 4-26a 所示系统，开环系统不稳定($P_R=2$)，在 $L(\omega)>0$ 的频率段内，$\varphi(\omega)$ 曲线的穿越次数 $N=N_+-N_-=1-2=-1$，$Z_R=P_R-2N=4$，故闭环系统不稳定，且不稳定根的个数为 4。

如图 4-26b 所示系统，开环系统不稳定($P_R=2$)，在 $L(\omega)>0$ 的频率段内，$\varphi(\omega)$ 曲线的穿越次数 $N=N_+-N_-=2-1=1$，$Z_R=P_R-2N=0$ 且 $\omega_c\neq\omega_g$，故闭环系统稳定。

如图 4-26c 所示系统，开环系统稳定($P_R=0$)，在 $L(\omega)>0$ 的频率段内，$\varphi(\omega)$ 曲线的穿越次数 $N=N_+-N_-=1-1=0$，$Z_R=P_R-2N=0$ 且 $\omega_c=\omega_g$，故闭环系统临界稳定。

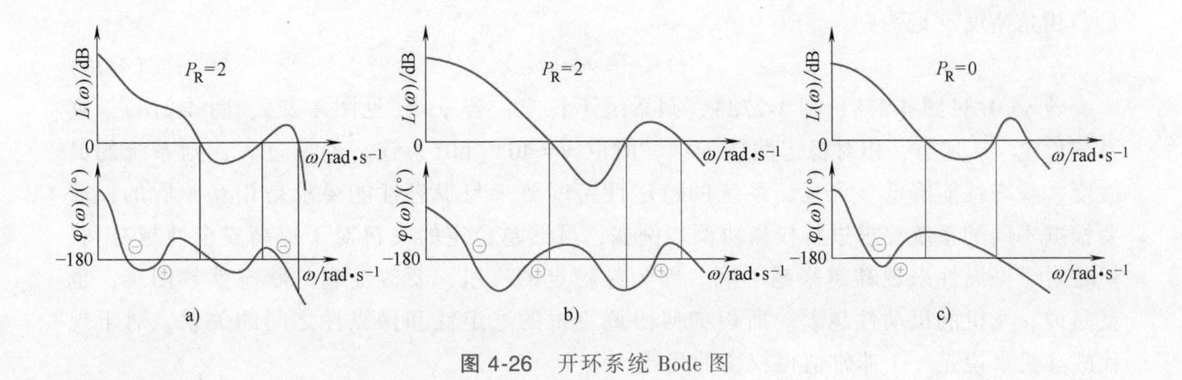

图 4-26 开环系统 Bode 图

4.4 相对稳定性

第 3 章的代数稳定判据和上一节的几何稳定判据可以判别系统是否处于稳定、临界稳定或不稳定状态。但在设计控制系统时，不仅要求系统是稳定的，而且要求系统距稳定临界点有一定的裕度，即具备适当的相对稳定性。由于工程中存在各类不确定因素，使得系统的临界稳定状态是不存在或不可获得的。即使经计算处于临界稳定点附近稳定区域的系统，多数也是不稳定的，其原因如下：

1）数学模型难以精确建立。如建立数学模型时，忽略了次要因素；又如列元件运动方程时，采用了线性化的方法。

2）系统参数难以精确获得，如质量、惯量、阻尼系数、放大系数、时间常数等难以获得精确数据；又如用实验方法建立数学模型时，因仪器精度、数据样本大小等因素造成的误差。

3）系统参数不恒定存在摄动，工作环境如振动、温度、湿度、电压、辐射、空气等会引起控制系统的参数摄动，如温度引起几何尺度和油液黏度等发生变化、液压油体积模量随着空气的混入会降低、阻尼系数随着工况和润滑条件的不同而变化。

因此，在设计系统时使系统具有适当的相对稳定性是必要的，这样才能保证系统工作时的稳定性是可靠的。

4.4.1 相角裕度和幅值裕度

相对稳定性通过 Nyquist 图或 Bode 图对临界稳定点的靠近程度来描述，定量地表示为相角裕度和幅值裕度。

1. 相角裕度

如图 4-27a 所示，在开环稳定的 Nyquist 图中，Nyquist 曲线与单位圆的交点 C 与原点 O 的连线与负实轴的夹角 γ 定义为相角裕度(或称相角储备)。相角裕度也可以描述为在开环稳定的 Bode 图中，对数相频特性在幅值穿越频率 ω_c 处的相角与 $-180°$ 的差值，如图 4-27c 所示。它表示了在幅值穿越频率 ω_c 上，使系统达到临界稳定所需要附加的相位滞后

量。相角裕度 γ 记为

$$\gamma = 180° + \varphi(\omega_c) \tag{4-70}$$

若 $\gamma<0$(见图 4-27b、图 4-27d)，则系统不稳定；若 $\gamma>0$(见图 4-27a、图 4-27c)，则系统稳定。γ 越小，相对稳定性越差，一般取 $\gamma = 40° \sim 60°$ 为宜。若 γ 过大，则系统的灵敏度、瞬态性能降低。可见，系统的稳定性裕度要求与瞬态性能要求是相互矛盾的，需要根据不同的系统要求进行权衡协调。例如，虽然越稳定的飞机对于提高安全性越有利，但是对于操纵性来说却越来越不利。因为越稳定的飞机，要改变它的状态就越困难，也就是说，飞机的机动性越差。所以如何协调飞机的稳定性和操纵性之间的关系，对于现代战斗机来说是一个非常值得权衡的问题。

2. 幅值裕度

在图 4-27a 中，Nyquist 曲线与负实轴相交时，将开环频率特性幅值的倒数定义为幅值裕度(或称幅值储备)。幅值裕度也可以描述为在开环稳定的 Bode 图中，对数相频特性曲线与-180°线相交时，对数幅频特性幅值的相反数。它表示了在相角穿越频率 ω_g 上，使

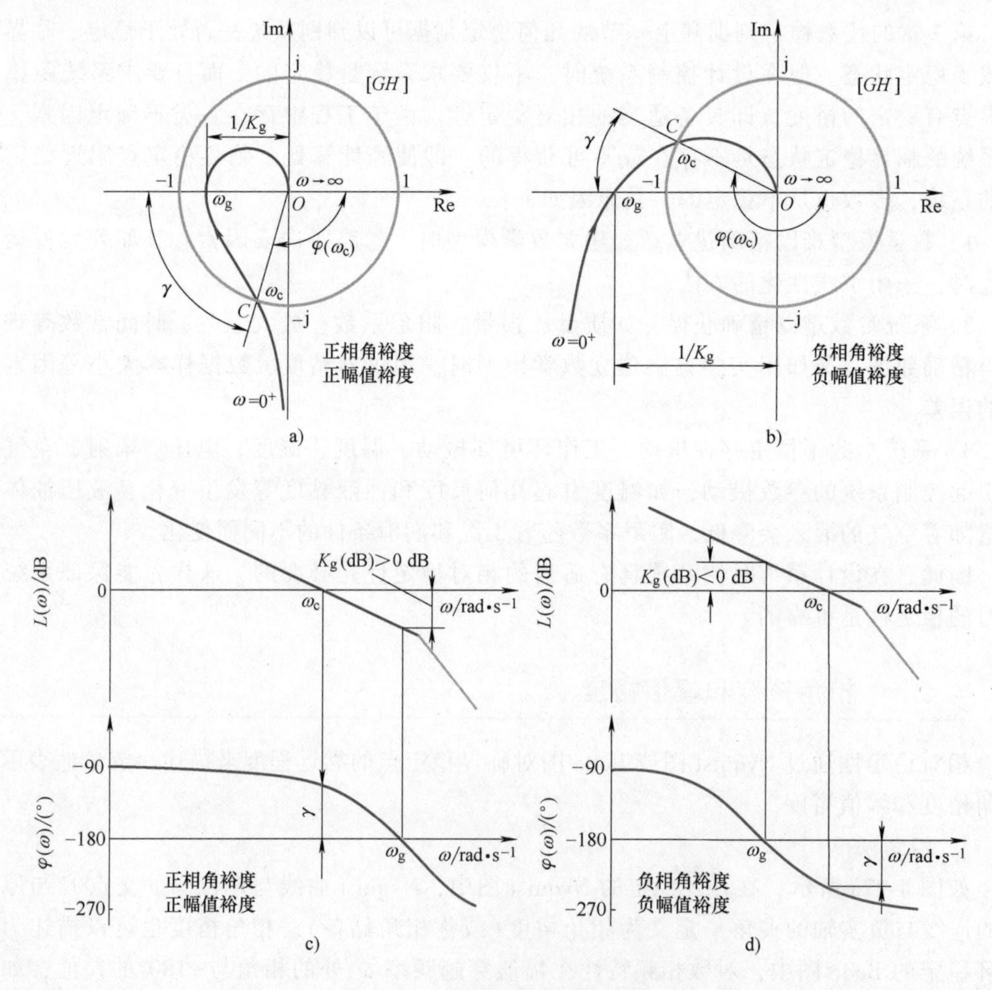

图 4-27 相角裕度和幅值裕度

系统达到临界稳定所需要附加的增益量，幅值裕度 K_g 为

$$K_g=\frac{1}{|G(j\omega_g)H(j\omega_g)|} \tag{4-71}$$

或表示为

$$K_g(\mathrm{dB})=20\lg K_g=-L(\omega_g)=-20\lg|G(j\omega_g)H(j\omega_g)|(\mathrm{dB}) \tag{4-72}$$

式中，$\varphi(\omega_g)=-180°$。

若 $K_g>1$ 或 $K_g(\mathrm{dB})>0$ dB，则系统稳定，如图 4-27a 和图 4-27c 所示。若 $K_g<1$ 或 $K_g(\mathrm{dB})<0$ dB，则系统不稳定，如图 4-27b 和图 4-27d 所示。K_g越大，相对稳定性越好。为了得到满意的性能，通常取 $K_g(\mathrm{dB})=10\sim20$ dB。

4.4.2 相对稳定性的计算与分析

1. 相对稳定性的计算

采用稳定裕度作为设计准则时应注意如下几点：

1) 在 Nyquist 图中，稳定裕度是开环 Nyquist 曲线 $G(j\omega)H(j\omega)$ 与单位圆的交点对临界点$(-1, j0)$靠近程度的度量，仅用相角裕度或幅值裕度皆不足以说明系统的相对稳定性，必须两者同时给出。

例 4-8 某一液压控制系统，其开环传递函数为 $G(s)H(s)=\dfrac{K}{s\left(\dfrac{s^2}{\omega_n^2}+\dfrac{2\zeta_n}{\omega_n}s+1\right)}$，式中，$\omega_n$为液压系统固有频率，$\zeta_n$为液压系统阻尼比。通常液压系统阻尼比较小，试分析该闭环系统的相对稳定性。

解 因 ζ_n小，其开环 Nyquist 图和 Bode 图如图 4-28 所示。

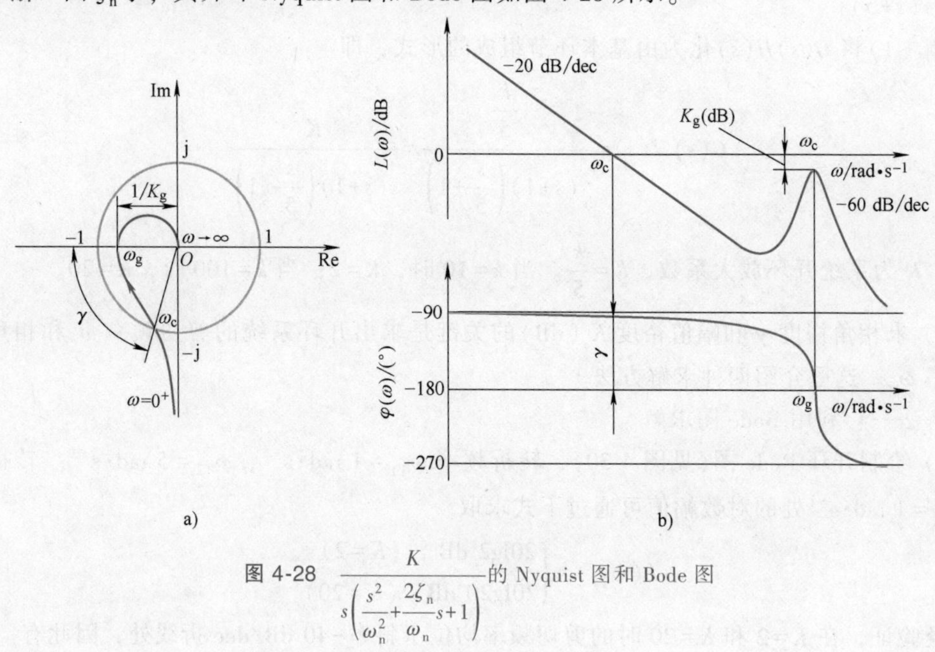

图 4-28 $\dfrac{K}{s\left(\dfrac{s^2}{\omega_n^2}+\dfrac{2\zeta_n}{\omega_n}s+1\right)}$的 Nyquist 图和 Bode 图

由图 4-28 可见，该系统的相角裕度 γ 较大(因穿越频率 ω_c 较低)而幅值裕度 K_g(dB)较小(因 ζ_n 小)。若仅以 γ 来评价该系统的相对稳定性，则会片面得出该系统相对稳定性较好的结论，而实际上系统的稳定程度不高。故必两种稳定裕度指标兼用。

2）对开环稳定的系统而言，当穿越次数 $N=0$ 时，亦即其相角裕度 γ 和幅值裕度 K_g(dB)为正值，系统稳定，如图 4-27a 和图 4-27c 所示。

对开环不稳定的系统而言，只有当穿越次数 $N>0$ 时，闭环系统才有可能稳定。故这类系统，若闭环稳定，其幅值裕度和相角裕度可能为正值，也可能为负值，这要选取离(-1，j0)点最近的裕度值。例如对图 4-29 所示系统，根据奈氏判据可知其开环不稳定而闭环稳定，该系统的幅值裕度 $K_g<1\left(\frac{1}{K_g}>1\right)$，即 K_g(dB)为负值，而相角裕度 γ 此时为正值。

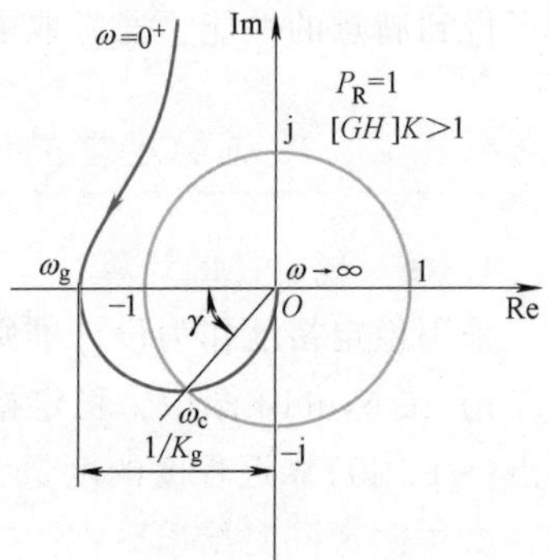

图 4-29 $\frac{K(s+3)}{s(s-1)}$的 Nyquist 图和稳定裕度

3）对最小相位系统而言，其相角和幅值有一定的对应关系。要求相角裕度 $\gamma=30°\sim60°$，即意味着在幅值穿越频率 ω_c 处，对数幅值曲线 $L(\omega)$ 的斜率应大于 −40 dB/dec，通常要求为 −20 dB/dec。如果此处斜率为 −40 dB/dec，则即使系统能够稳定，相角裕度也偏小。如果在 ω_c 处的对数幅值曲线斜率降至 −60 dB/dec，则系统就不稳定了。由此可见，一般Ⅰ型系统稳定性好，Ⅱ型系统稳定性较差，Ⅲ型及其以上系统难于稳定。

例 4-9 某型号直流电动机转速控制系统的开环传递函数为 $G(s)H(s)=\frac{k}{s(s+1)(s+5)}$。试求：$k=10$ 和 $k=100$ 时系统的相角裕度 γ 和幅值裕度 K_g(dB)。

解 1)将 $G(s)H(s)$ 化为由基本环节组成的形式，即

$$G(s)H(s)=\frac{\frac{k}{5}}{s(s+1)\left(\frac{s}{5}+1\right)}=\frac{K}{s(s+1)\left(\frac{s}{5}+1\right)}$$

式中，K 为系统开环放大系数，$K=\frac{k}{5}$。当 $k=10$ 时，$K=2$；当 $k=100$ 时，$K=20$。

2）求相角裕度 γ 和幅值裕度 K_g(dB)的关键是求出开环系统的剪切频率 ω_c 和相角穿越频率 ω_g。这里介绍四种求解方法。

解法一：利用 Bode 图求解。

a）绘制开环 Bode 图(见图 4-30)，转折频率 $\omega_{T1}=1\ \mathrm{rad\cdot s^{-1}}$，$\omega_{T2}=5\ \mathrm{rad\cdot s^{-1}}$。转折频率 $\omega_{T1}=1\ \mathrm{rad\cdot s^{-1}}$处的对数幅值可通过下式求取

$$L(\omega_{T1})=\begin{cases}20\lg2\ \mathrm{dB} & (K=2)\\ 20\lg20\ \mathrm{dB} & (K=20)\end{cases}$$

经验证，在 $K=2$ 和 $K=20$ 时的剪切频率均位于斜率 −40 dB/dec 折线处，因此有

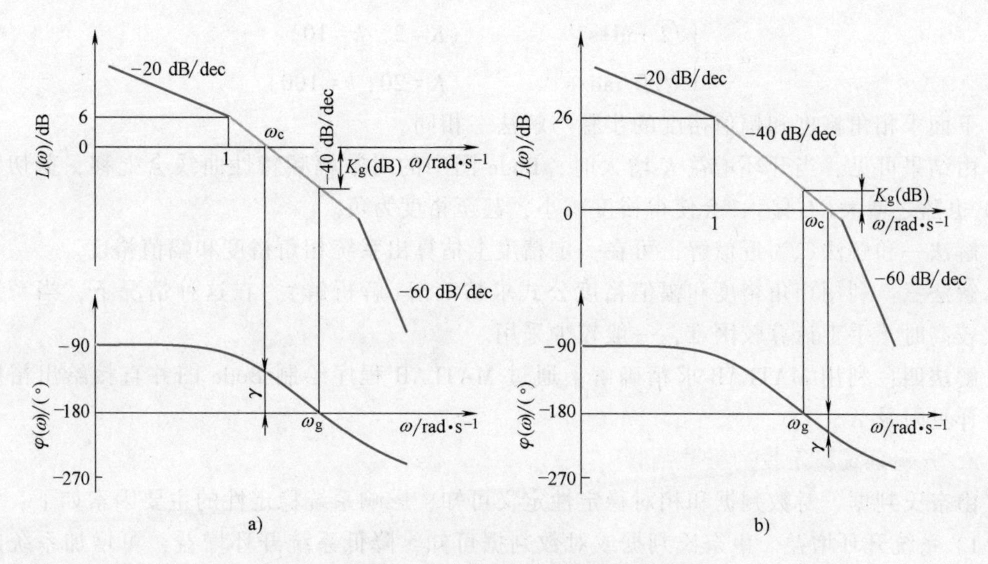

图 4-30 控制系统的稳定裕度

a) $K=2$ b) $K=20$

$$L(\omega_{T1})=40\lg\frac{\omega_c}{1}$$

继而求得

$$\omega_c=\begin{cases}\sqrt{2}\ \ \text{rad}\cdot\text{s}^{-1} & (K=2)\\ \sqrt{20}\ \ \text{rad}\cdot\text{s}^{-1} & (K=20)\end{cases}$$

进而求得相角裕度 γ 为

$$\gamma=180°+\varphi(\omega_c)=180°-90°-\arctan\omega_c-\arctan0.2\omega_c=\begin{cases}19.5° & (\omega_c=\sqrt{2}\ \text{rad}\cdot\text{s}^{-1})\\ -29.2° & (\omega_c=\sqrt{20}\ \text{rad}\cdot\text{s}^{-1})\end{cases}$$

b) 求相角穿越频率 ω_g，已知 $\varphi(\omega_g)=-180°$，即

$$\varphi(\omega_g)=-90°-\arctan\omega_g-\arctan0.2\omega_g=-180°$$

得到

$$\omega_g=\sqrt{5}\ \text{rad}\cdot\text{s}^{-1}$$

所以幅值裕度 $K_g(\text{dB})$ 为

$$K_g(\text{dB})=-L(\omega_g)=-20\lg\frac{K}{\omega_g^2}=\begin{cases}7.96\ \text{dB} & (k=10)\\ -12.04\ \text{dB} & (k=100)\end{cases}$$

解法二：求剪切频率 ω_c。

$$L(\omega)=\begin{cases}20\lg\dfrac{K}{\omega} & (\omega\leqslant1)\\ 20\lg\dfrac{K}{\omega^2} & (1<\omega\leqslant5)\\ 20\lg\dfrac{K}{0.2\omega^3} & (\omega>5)\end{cases}$$

由 $L(\omega_c)=0$ 解得

$$\omega_c=\begin{cases}\sqrt{2}\ \text{rad}\cdot\text{s}^{-1} & (K=2,\ k=10)\\ \sqrt{20}\ \text{rad}\cdot\text{s}^{-1} & (K=20,\ k=100)\end{cases}$$

下面求相角裕度和幅值裕度的步骤与解法一相同。

由结果可见，当开环增益 K 增大时，Bode 图中的对数幅频特性曲线会上移，剪切频率 ω_c 也随之增大(右移)，会使得裕度减小，甚至裕度为负。

解法一和解法二为近似解，可在一定精度上估算出系统相角裕度和幅值裕度。

解法三：利用相角裕度和幅值裕度公式求精确解(解析解)，在这种情况下，当系统阶次较高时，手工计算较困难，一般较少采用。

解法四：利用 MATLAB 求精确解。通过 MATLAB 程序绘制 Bode 图并直接给出裕度值。详见附录 A。

2. 影响系统稳定性的主要因素

由奈氏判据、对数判据和相对稳定性定义可知，影响系统稳定性的主要因素如下：

1) 系统开环增益。由奈氏判据或对数判据可知，降低系统开环增益，可增加系统的幅值裕度和相角裕度，从而提高系统的相对稳定性。这是提高相对稳定性最简便的方法。

2) 积分环节。由系统的相对稳定性要求可知，Ⅰ型系统的稳定性好，Ⅱ型系统的稳定性较差，Ⅲ型及Ⅲ型以上系统难于稳定。因此，开环系统含有积分环节的数目一般不能超过 2。

3) 系统固有频率和阻尼比。最小相位二阶系统不存在稳定性问题，即系统开环增益和时间常数不影响稳定性。但高于二阶的系统存在不稳定的可能性。在开环增益确定的条件下，系统固有频率越高、阻尼比越大，则系统稳定性裕度可能越大，系统的相对稳定性会越好。

4) 延时环节和非最小相位环节。延时环节和非最小相位环节会给系统带来相位滞后，从而减小相角裕度，降低稳定性。因此，应尽量避免延时环节或使其延时时间尽量最小，尽量避免非最小相位环节的出现。

4.5 闭环频率特性

4.5.1 由开环频率特性估计闭环频率特性

如图 4-31a 所示系统，开环频率特性为 $G(j\omega)H(j\omega)$，其闭环频率特性为

$$\frac{C(j\omega)}{R(j\omega)}=\frac{G(j\omega)}{1+G(j\omega)H(j\omega)}$$

若系统为单位负反馈，已知其开环频率特性，则可定性地估计其闭环频率特性为

$$\frac{C(j\omega)}{R(j\omega)}=\frac{G(j\omega)}{1+G(j\omega)}\ (H(j\omega)=1)$$

一般工程系统的开环频率特性具有低通滤波的性质。在低频段，$G(j\omega)\gg 1$，则

$$M(\omega)=\left|\frac{C(\mathrm{j}\omega)}{R(\mathrm{j}\omega)}\right|=\left|\frac{G(\mathrm{j}\omega)}{1+G(\mathrm{j}\omega)}\right|\approx 1$$

在高频段，$G(\mathrm{j}\omega)\ll 1$，则

$$M(\omega)=\left|\frac{C(\mathrm{j}\omega)}{R(\mathrm{j}\omega)}\right|=\left|\frac{G(\mathrm{j}\omega)}{1+G(\mathrm{j}\omega)}\right|\approx |G(\mathrm{j}\omega)|$$

在中频段(穿越频率 ω_c附近)，可通过描点法画出轮廓。其闭环对数幅频特性曲线如图 4-31b 所示。

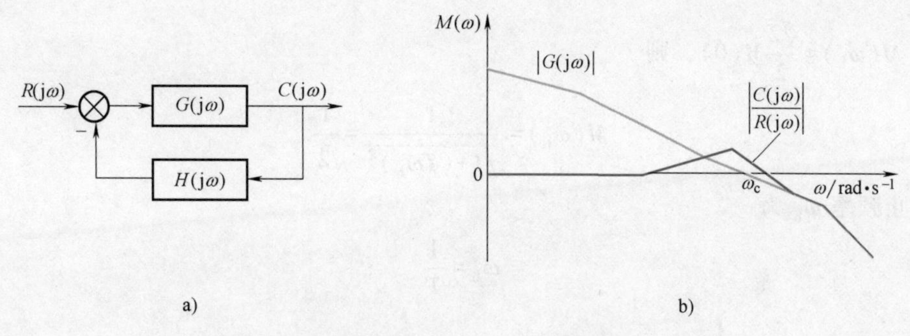

图 4-31　系统开环及闭环性能对比

a)典型闭环系统框图　b)系统开环及闭环幅频特性对照

由图 4-31b 可知，对于一般单位负反馈的最小相位系统，如果输入是低频信号，则输出可以认为与输入基本相等，而闭环系统和开环系统在高频段的特性相近。

4.5.2　闭环系统的频域性能指标

在频域中分析系统的性能时，以变量 ω 来描述的性能指标称为频域性能指标。频域性能指标可表征系统的快速性、稳定性等动态品质。常用的频域性能指标有截止频率和带宽、谐振峰值和谐振频率及剪切率等。

1. 截止频率和带宽

如图 4-32 所示，截止频率 ω_b 是指闭环系统的幅频特性 $M(\omega)$ 下降到$\frac{\sqrt{2}}{2}M(0)\approx$ $0.707M(0)$时对应的频率，即

$$M(\omega_b)=\frac{\sqrt{2}}{2}M(0)$$

闭环系统将高于截止频率的信号分量过滤掉，而允许低于截止频率的信号分量通过。一般系统的闭环频率特性低频段满足 $M(\omega)\approx 1$，因此，截止频率 ω_b 又可描述为闭环系统的对数幅频特性下降到 -3 dB 时对应的频率，即

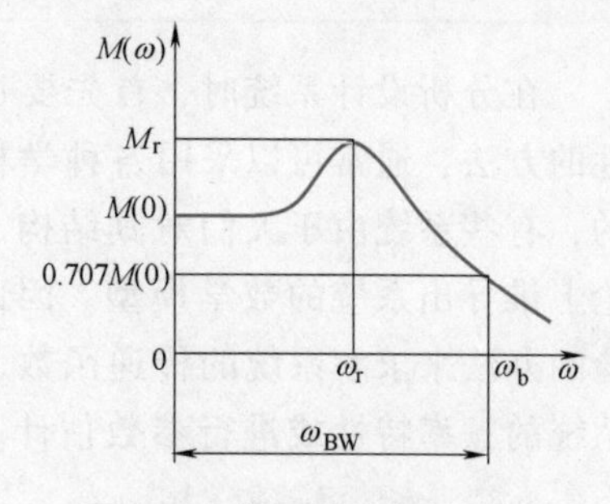

图 4-32　闭环系统频域指标

$$20\lg M(\omega_b)=20\lg\frac{\sqrt{2}}{2}M(0)=20\lg M(0)-20\lg\sqrt{2}\approx -3$$

系统的带宽是指闭环系统的幅频特性不低于 $M(\omega_b)$ 所对应的频率范围($0 \leqslant \omega_{BW} \leqslant \omega_b$)。带宽表征了系统响应的快速性。对系统带宽的要求，取决于以下两方面因素：

1）响应速度的要求。响应越快，要求带宽越宽。

2）高频滤波的要求。为滤掉高频噪声，带宽又不能太宽。

由 4.2 节可知，一阶系统的幅频特性为

$$M(\omega)=\frac{1}{\sqrt{1+(T\omega)^2}}$$

令 $M(\omega_b)=\frac{\sqrt{2}}{2}M(0)$，则

$$M(\omega_b)=\frac{1}{\sqrt{1+(T\omega_b)^2}}=\frac{1}{\sqrt{2}}$$

求得截止频率 ω_b 为

$$\omega_b=\frac{1}{T}$$

系统带宽为 $0 \leqslant \omega_{BW} \leqslant \frac{1}{T}$。

2. 谐振峰值和谐振频率

如图 4-32 所示，闭环系统频率特性幅值的极大值 M_r 称为谐振峰值。谐振峰值对应的频率 ω_r 称为谐振频率，ω_r表征了系统的响应速度。由图 4-32 可见，$\omega_b>\omega_r$，谐振频率 ω_r 越大，系统带宽越宽，故响应速度越快。以二阶系统为例，从式(4-61)知，谐振峰值 M_r 越大，系统的阻尼越小，最大超调量 $\sigma_p\%$ 越大，越易振荡，故 M_r表征系统的相对稳定性。

3. 剪切率

剪切率是指闭环系统对数幅频特性曲线在截止频率附近的斜率。剪切率越大，高频噪声衰减得越快。因此，剪切率表征了系统从噪声中辨别信号的能力。

除上述频域指标外，还有描述系统相对稳定性的相角裕度、幅值裕度等频域指标。

4.5.3 系统辨识的概念

在分析设计系统时，首先要建立系统的数学模型。求取环节系统传递函数或频率特性的方法，通常可以采用各种学科领域提出的物理定律推演出来。但是实际系统是复杂的，有些系统由于人们对其结构、参数及其支配运动的机理不是很了解，常常难于从理论上推导出系统的数学模型。因此，一方面需要进行理论分析，另一方面需要借助于实验的办法来求解系统的传递函数、频率特性或系统参数，即利用输入与输出信号来求取系统的频率特性或进行参数估计。这种在测量和分析输入、输出信号的基础上，确定一个能表征所测系统数学模型的方法，即是系统辨识。系统辨识已发展成一门越来越受重视的专门学科。

用实验的方法辨识系统的传递函数，通常是施加一定的激励信号，测出系统的响应，

借助计算机进行数据处理从而辨识系统。或者根据实测的系统 Bode 图，用渐近线来确定频率特性的有关参数，从而对系统的传递函数做出粗略的估计。常用的激励信号有正弦信号、脉冲信号、三角波、方波或任意波形。

从频率特性的基本概念出发，给系统输入以等幅变频的正弦信号 $R\sin\omega_i t$、测出系统相应的输出 $C_i(\omega)\sin(\omega_i t+\varphi_i)$，则可求出系统的幅频特性和相频特性为

$$|G(j\omega)|=\frac{C_i(\omega)}{R},\ \angle G(j\omega)=\varphi_i(\omega)$$

具体做法是采用各种形式的频率分析仪，逐点或自动扫频测出系统的 Bode 图，对各种形式的控制系统(如机械的、液压的或气动的)，其测量频率范围多在 0.001~1000 Hz 之间。对时间常数大的系统，在低频区测量；对时间常数小的系统，测量的频率范围向高频区扩展。也可使用频谱分析仪，以其他典型信号为输入，自动求出频率特性曲线。在测量出的 Bode 图上画出实验系统的渐近线，最后由渐近线的形式来确定系统的传递函数。

1. 系统类型和增益 K 的确定

系统类型和增益 K 主要由系统低频特性的形状和数值来确定。频率特性的一般形式为

$$G(j\omega)=\frac{K(1+j\tau_1\omega)(1+j\tau_2\omega)\cdots(1+j\tau_m\omega)}{(j\omega)^{\lambda}(1+jT_1\omega)(1+jT_2\omega)\cdots(1+jT_{n-\lambda}\omega)} \tag{4-73}$$

式中，λ 为串联积分环节的数目。

当 $\omega\to 0$ 时，式(4-73)中各一阶环节因子趋近于 1，故有

$$\lim_{\omega\to 0}G(j\omega)=\frac{K}{(j\omega)^{\lambda}} \tag{4-74}$$

在实际系统中，积分因子 λ 的数目等于 0、1 或 2。

1）当 $\lambda=0$ 时，即 0 型系统，式(4-74)变为

$$G(j\omega)=K$$

$$20\lg|G(j\omega)|=20\lg K$$

上式表明，低频渐近线是一条 $20\lg K$ dB 的水平线，K 值由该水平线求得，如图 4-33a 所示。

2）当 $\lambda=1$ 时，即Ⅰ型系统，式(4-74)变为

$$G(j\omega)=\frac{K}{j\omega}$$

即

$$20\lg|G(j\omega)|=20\lg K-20\lg\omega$$

上式表明，低频渐近线的斜率为-20 dB/dec，渐近线(或延长线)与 0 dB 轴交点处的频率在数值上等于 K，如图 4-33b 所示。

3）当 $\lambda=2$ 时，即Ⅱ型系统，式(4-74)变为

$$G(j\omega)=\frac{K}{(j\omega)^2}$$

即

$$20\lg|G(j\omega)| = 20\lg K - 40\lg\omega$$

上式表明，低频渐近线的斜率为-40 dB/dec，渐近线(或延长线)与0 dB轴交点处的频率在数值上等于$\sqrt{K}$，如图4-33c所示。

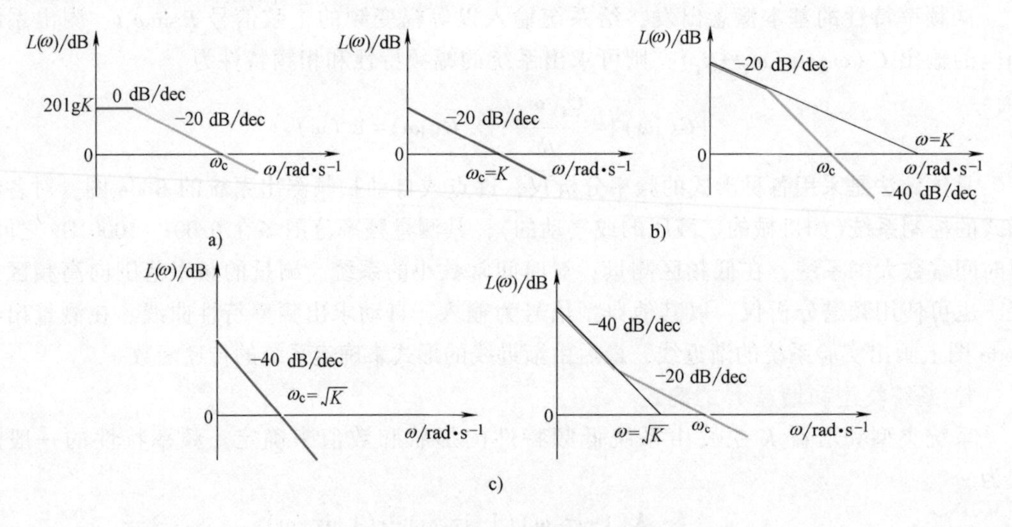

图4-33 各种类型系统的对数幅值曲线

a) 0型系统 b) Ⅰ型系统 c) Ⅱ型系统

2. 系统各环节的估计

在幅频特性图上，从低频到高频，利用曲线各段斜率的变化来估计系统的组成环节。即用斜率为0、±20 dB/dec及其倍数的渐近线逼近实验曲线，由各渐近线的交点来确定转折频率。下面举例说明。

例4-10 根据图4-34所示的实验幅频特性曲线，确定系统的传递函数。

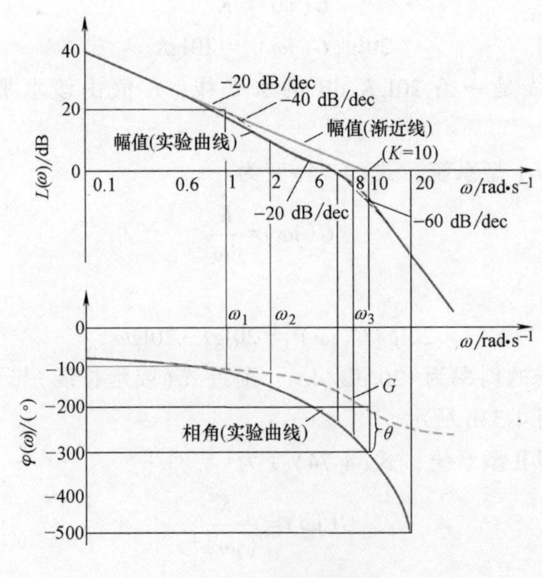

图4-34 例4-10图

解　采用渐近线对实测曲线进行逼近。

1）首先以斜率为±20 dB/dec 及其倍数的线段逼近实验曲线，如图 4-34 中虚线所示。显然系统中包含一个积分环节、一个惯性环节、一个一阶微分环节和一个振荡环节。各斜线交点处的频率，即为转折频率：$\omega_1=1\ \text{rad}\cdot\text{s}^{-1}$，$\omega_2=2\ \text{rad}\cdot\text{s}^{-1}$，$\omega_3=8\ \text{rad}\cdot\text{s}^{-1}$。

由此，假定系统的频率特性为

$$G(\text{j}\omega)=\frac{K\left(1+\frac{1}{2}\text{j}\omega\right)}{\text{j}\omega(1+\text{j}\omega)\left[1+2\zeta\left(\text{j}\frac{\omega}{8}\right)+\left(\text{j}\frac{\omega}{8}\right)^2\right]}$$

2）系统增益 K 在数值上等于低频渐近线的延长线和 0 dB 轴交点处的频率，即 $K=10$。

3）振荡环节的阻尼比 ζ 可由谐振峰值（$\omega_r=6\ \text{rad}\cdot\text{s}^{-1}$处）求得，参照图 4-12 得 $\zeta=0.5$。故初步确定系统的频率特性为

$$G(\text{j}\omega)=\frac{10\left(1+\frac{1}{2}\text{j}\omega\right)}{\text{j}\omega(1+\text{j}\omega)\left[1+\text{j}\frac{\omega}{8}+\left(\text{j}\frac{\omega}{8}\right)^2\right]}$$

根据上式，初步确定系统传递函数为

$$G(s)=\frac{320(s+2)}{s(s+1)(s^2+8s+64)}$$

3. 非最小相位的修正

在例 4-10 中，仅根据实验对数幅值曲线确定的系统频率特性 $G(\text{j}\omega)$ 的各项系数为正，尚不能判定该系统为最小相位系统，还要根据实验相频特性曲线进行校验。如计算的相频特性曲线 $\angle G(\text{j}\omega)$ 与实验相频特性曲线相符，则说明实际系统为最小相位系统，频率特性即为 $G(\text{j}\omega)$。如若不符，则说明系统有非最小相位环节。例如，若计算的相频特性曲线与实验相频特性曲线随频率增加，两者的相位差增加且变化率为一常数，则说明系统存在延时环节；若两者的相位差趋于某一常值，则说明传递函数中存在非最小相位环节。在例 4-11 中，由图 4-34 中可见，按照初步估计的传递函数式(4-70)计算的相频特性曲线 $\angle G(\text{j}\omega)$ 与实测相频特性曲线不符，并且这两条相频特性曲线之差随频率增加的变化率为一常数，故系统存在延时环节。因此，可以修正系统的传递函数为

$$G(s)=\frac{320(s+2)\text{e}^{-\tau s}}{s(s+1)(s^2+8s+64)}$$

由图 4-34 可知，当 $\omega=10\ \text{rad}\cdot\text{s}^{-1}$时，实验曲线和计算曲线相差 $\theta=115°$，即纯滞后环节使相位增加了 115°。由于 $\theta=\tau\omega$，故有

$$\tau=\frac{\theta}{\omega}=\frac{115}{10\times57.3}\ \text{s}\approx0.2\ \text{s}$$

为提高模型精度，也可多取几个 ω 值，以求出 τ 的平均值。修正后系统的传递函数为

$$G(s)=\frac{320(s+2)\text{e}^{-0.2s}}{s(s+1)(s^2+8s+64)}$$

上式表明，实验系统为一非最小相位系统。

本章小结

在频域中对系统进行性能分析，是系统设计的重要组成部分，亦是第5章控制系统校正的基础。理解频域分析法的基本概念，熟悉基本环节的频率特性，掌握Bode图绘制、奈氏判据、对数判据以及频域性能指标是进行系统性能分析与设计的基本要求。

1）控制系统或元件对正弦输入信号的稳态响应称为频率响应。线性定常系统$G(s)$在正弦输入$R_0\sin(\omega t)$的作用下，其稳态输出为$c(t)=A(\omega)R_0\sin[\omega t+\varphi(\omega)]$，其中$A(\omega)=|G(\mathrm{j}\omega)|$，$\varphi(\omega)=\angle G(\mathrm{j}\omega)$。复变函数$G(\mathrm{j}\omega)$又称为线性定常系统的频率特性。$G(\mathrm{j}\omega)$作为以$\omega$为变量的复变函数，可描述为$G(\mathrm{j}\omega)=U(\omega)+\mathrm{j}V(\omega)=A(\omega)\mathrm{e}^{\mathrm{j}\varphi(\omega)}$，其中，$U(\omega)=\mathrm{Re}[G(\mathrm{j}\omega)]$称为实频特性，$V(\omega)=\mathrm{Im}[G(\mathrm{j}\omega)]$称为虚频特性，$A(\omega)=|G(\mathrm{j}\omega)|$称为幅频特性，$\varphi(\omega)=\angle G(\mathrm{j}\omega)$称为相频特性。

2）以曲线来描述频率特性$G(\mathrm{j}\omega)$随ω变化的规律，可直观、形象地判断系统的稳定性、快速性和其他品质。若该曲线绘制于极坐标系中，则称为Nyquist图，若绘制于半对数坐标系中，则称为Bode图。

采用叠加法或分段绘制法可绘制出线性定常系统的Bode图。通过Bode图可体现基本环节的作用，有利于系统的分析与综合。

在右半s平面没有零点和极点（即传递函数零、极点的实部均小于或等于零）且不含延时环节的传递函数称为最小相位传递函数，该传递函数所描述的系统称为最小相位系统；反之，若传递函数中有零点或极点在右半s平面，则这种传递函数称为非最小相位传递函数，相应的系统称为非最小相位系统。顾名思义，最小相位系统的相位滞后最小。最小相位系统的幅频和相频特性之间存在着唯一的对应关系。最小相位系统的相位滞后最小，具有较快的响应速度。因此，在工程设计中应避免非最小相位系统的出现。

3）奈氏判据是根据系统开环传递函数来判别闭环系统稳定性的一种几何判据。奈氏判据：假设系统在右半s平面的开环极点数为P_R，开环Nyquist曲线（ω:$-\infty\rightarrow+\infty$）的穿越次数为$N$，闭环系统在右半$s$平面的极点数为$Z_R$，则系统满足$Z_R=P_R-N$。若只画出频率$\omega$从$0\rightarrow+\infty$变化时的Nyquist曲线，则系统满足$Z_R=P_R-2N$。若$Z_R>0$，则闭环系统不稳定。若$Z_R=0$且Nyquist曲线不经过$(-1,\ \mathrm{j}0)$点，则闭环系统稳定；若$Z_R=0$且Nyquist曲线经过$(-1,\ \mathrm{j}0)$点，则闭环系统临界稳定。应用奈氏判据时应注意虚轴上的开环极点要按左极点处理。对数判据：假设开环传递函数在右半s平面的极点数为P_R，开环传递函数Bode图的穿越次数为N，闭环在右半s平面的极点数为Z_R，则系统满足$Z_R=P_R-2N$。若$Z_R>0$，则闭环系统不稳定；若$Z_R=0$且$\omega_c\neq\omega_g$，则闭环系统稳定；若$Z_R=0$且$\omega_c=\omega_g$，则闭环系统临界稳定。

4）在设计控制系统时，不仅要求系统是稳定的，而且要求系统具有适当的相对稳定性。相对稳定性由相角裕度和幅值裕度一起确定。对于开环稳定的系统，其Nyquist

曲线与单位圆的交点与原点的连线和负实轴的夹角定义为相角裕度(在开环稳定的 Bode 图中，对数相频特性在幅值穿越频率处的相角与-180°的差值)。它表示了在幅值穿越频率上，使系统达到临界稳定所需要附加的相位滞后量。相角裕度记为 $\gamma=180°+\varphi(\omega_c)$。Nyquist 曲线与负实轴相交时，开环频率特性幅值的倒数定义为幅值裕度(在开环稳定的 Bode 图中，对数相频特性曲线与-180°线相交时，对数幅频特性幅值的相反数)。它表示了在相角穿越频率上，使系统达到临界稳定所需要附加的增益量，幅值裕度记为 $K_g=1/|G(j\omega_g)H(j\omega_g)|$，或 $K_g(dB)=-20lg|G(j\omega_g)H(j\omega_g)|$。

5）单位负反馈系统的闭环频率特性可由开环频率特性来定性估计。在低频段，闭环系统幅频特性近似为零；在高频段，闭环系统与开环系统的幅频特性相近。

频域性能指标可表征系统的快速性、稳定性等动态品质。常用的频域性能指标有截止频率 ω_b、带宽($0\leqslant\omega_{BW}\leqslant\omega_b$)、谐振峰值 M_r、谐振频率 ω_r和剪切率。其中，带宽表征了系统响应的快速性，响应越快，要求带宽越宽；为滤掉高频噪声，带宽又不能太宽。谐振频率 ω_r越大，系统带宽越宽，故响应速度越快。剪切率越大，高频噪声衰减得越快，它表征了系统从噪声中辨别信号的能力。

6）在工程设计中，当难以在理论上计算出系统的数学模型时，技术人员常借助于实验设备对系统进行辨识，即对系统施加输入信号，通过分析输出信号的特征来确定系统的模型或参数。通过系统辨识可以确定系统的类型、增益 K 以及所包含的各基本环节。

习　题

4-1　思考以下问题。

1）频率特性的物理意义，频率特性与频率响应有何区别？频率响应是否只包含稳态响应？

2）频率特性有哪些描述形式？如何定义的？

3）相对于 Nyquist 图，Bode 图描述频率特性的优势是什么？在 Bode 图中，为什么横轴上没有频率值为零的点？

4）最小相位系统与非最小相位系统的区别，最小相位系统有什么特点？非最小相位系统是否一定是不稳定的系统？

5）谐振的物理意义是什么？带宽如何计算？

6）常用频域指标除了相角裕度、幅值裕度、截止频率、带宽，还有哪些？

7）奈氏判据和对数判据与劳斯稳定判据有何区别？

8）系统的相对稳定性可由哪些性能指标决定？

9）对于稳定的系统，其相角裕度和幅值裕度是否一定为正？

10）开环增益 K 是否对系统的稳定性、准确性和快速性有影响？

4-2　试求下列函数的幅频特性 $A(\omega)$、相频特性 $\varphi(\omega)$、实频特性 $U(\omega)$和虚频特性 $V(\omega)$。

1）$G_1(\mathrm{j}\omega)=\dfrac{5}{\mathrm{j}T\omega+1}$　　　2）$G_2(\mathrm{j}\omega)=\dfrac{1}{\mathrm{j}\omega(\mathrm{j}0.1\omega+1)}$

4-3　当频率 $\omega=20\ \mathrm{rad\cdot s^{-1}}$ 时，试确定下列传递函数的幅值和相角。

1）$G_1(s)=\dfrac{10}{s}$　　　2）$G_2(s)=\dfrac{1}{s(0.1s+1)}$

4-4　某单位负反馈系统的开环传递函数 $G(s)=\dfrac{9}{5s+1}$，当输入 $r(t)=5\cos(2t-30°)$ 时，试求系统的稳态输出和稳态误差。

4-5　在输入信号 $r(t)=5\sqrt{2}\sin 4t$ 作用下，某惯性环节的稳态输出 $c_{ss}(t)=25\sin(4t-45°)$，试求该环节的传递函数及其截止频率 ω_b。

4-6　试画出下列传递函数的对数幅频渐近线。

1）$G(s)=\dfrac{10}{s(0.5s+1)(0.1s+1)}$　　　2）$G(s)=\dfrac{10s^2}{(0.5s+1)(0.1s+1)}$

3）$G(s)=\dfrac{s(s^2+16s+100)}{7.5(0.2s+1)(s+1)}$　　　4）$G(s)=\dfrac{7.5(0.2s+1)(s+1)}{s(s^2+16s+100)}$

4-7　已知系统开环 Nyquist 图如图 4-35 所示，试判断其闭环系统的稳定性。

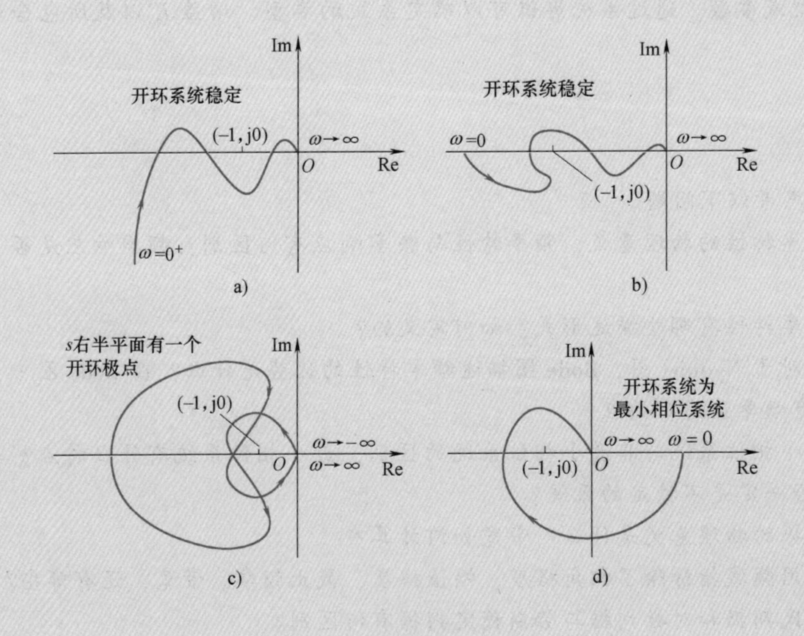

图 4-35　题 4-7 图

4-8　图 4-36 所示为某一系统的开环 Nyquist 图和另一系统的开环 Bode 图，试判断两系统的闭环稳定性。

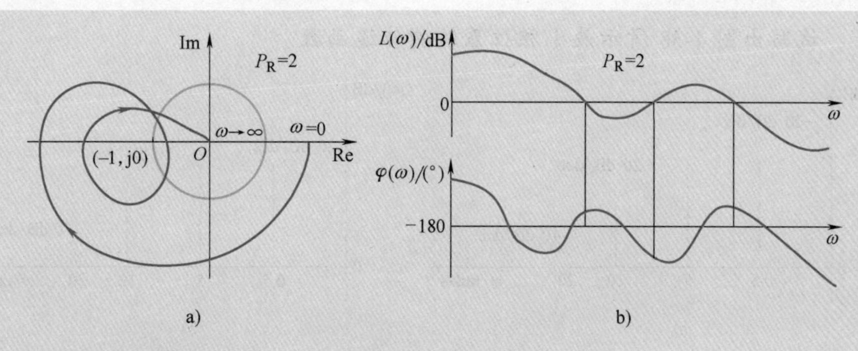

图 4-36 题 4-8 图

4-9 某单位负反馈的二阶Ⅰ型系统，其最大超调量 $\sigma_p\%=16.3\%$，峰值时间 $t_p=114.6$ ms，试求其开环传递函数，并求出闭环谐振峰值 M_r 和谐振频率 ω_r。

4-10 某单位负反馈系统的开环传递函数 $G(s)=\dfrac{K}{s(1+0.2s)(1+0.05s)}$，计算：

1）$K=1$ 时系统的相角裕度和幅值裕度。

2）如何调整增益 K，才能使系统的幅值裕度为 20 dB，相角裕度满足 $\gamma\geq 40°$。

4-11 已知 Bode 图中对数幅频渐近线与相应的 dB 值及频率值(见图 4-37)，试确定开环增益 K 值。

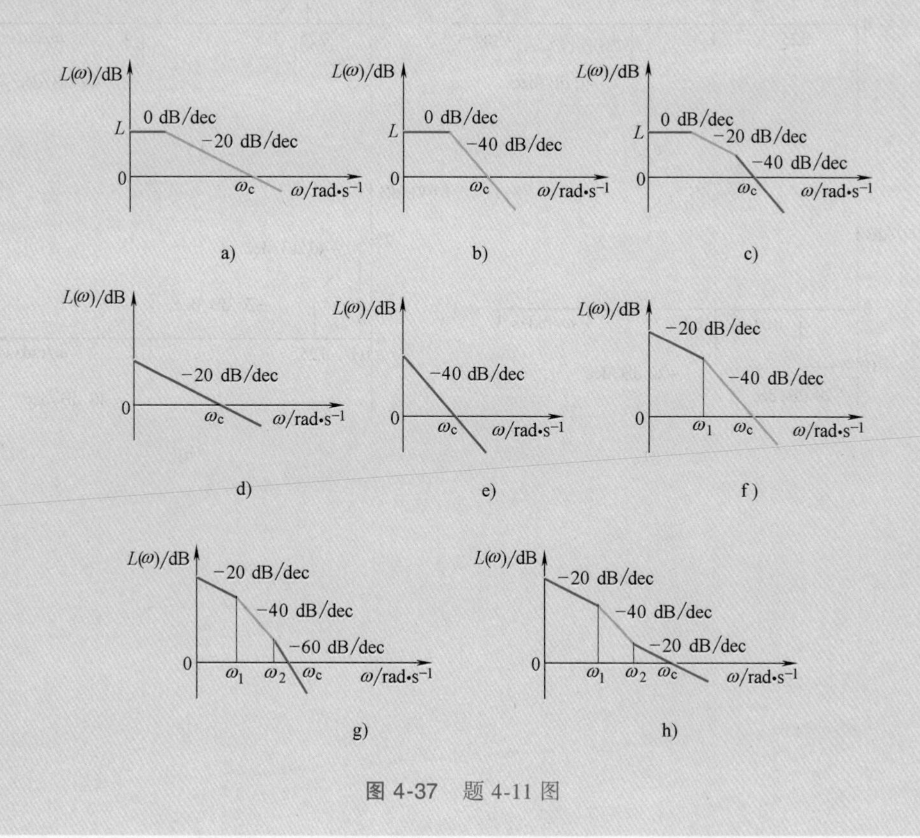

图 4-37 题 4-11 图

4-12 试写出图 4-38 所示最小相位系统的传递函数。

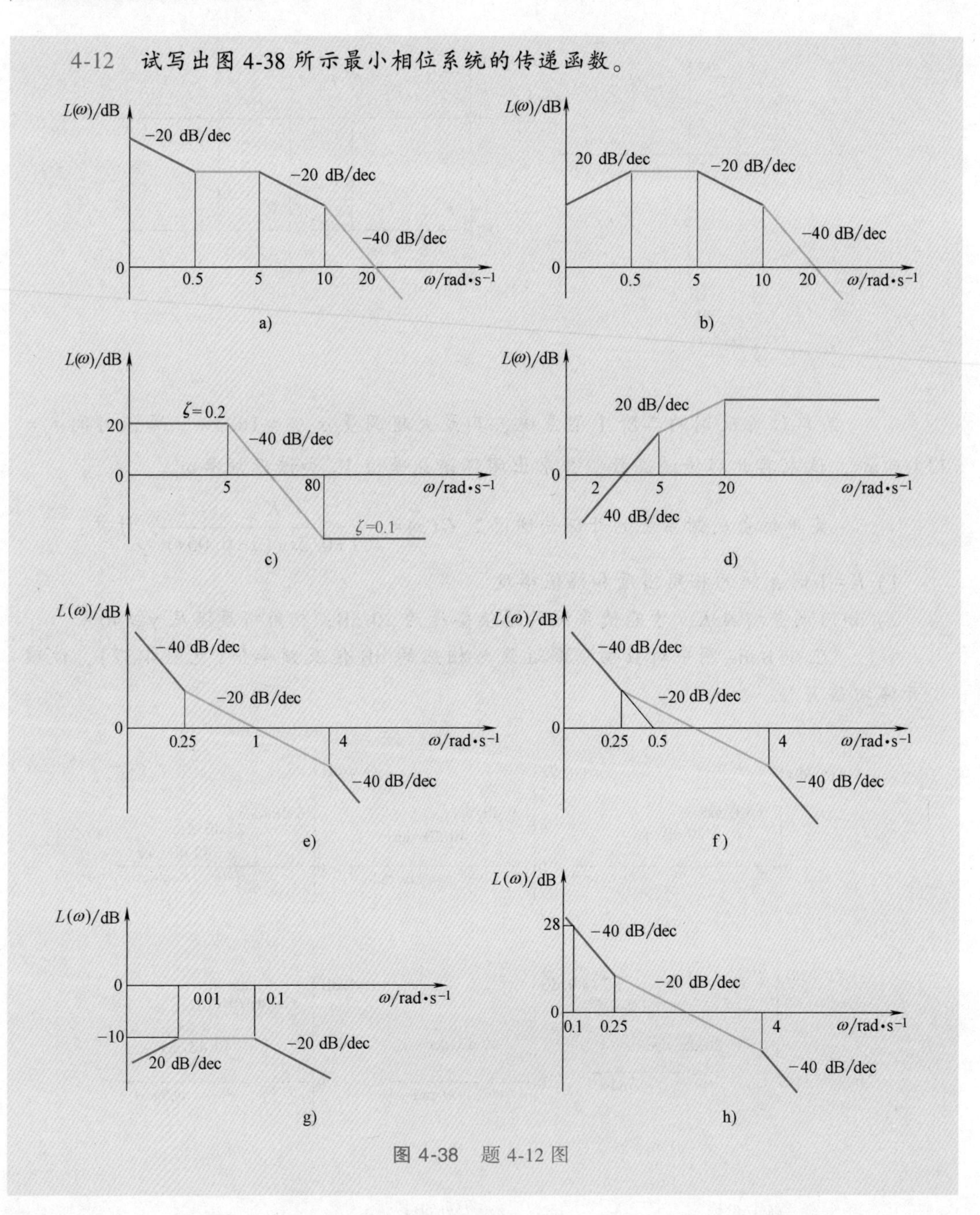

图 4-38 题 4-12 图

第5章

控制系统的综合与校正

前面介绍了在时域和频域内分析系统性能的方法，即在控制系统数学模型已知的情况下分析系统的稳定性、动态品质和稳态精度(即稳、快、准性能)，这为控制系统的综合提供了必要的理论基础。本章将介绍经典控制理论中系统综合与校正的基本内容。

5.1 概述

根据被控对象及其技术要求设计自动控制系统，需要进行大量的分析计算，考虑的问题是多方面的，既要保证有良好的控制性能，又要兼顾到工艺性、经济性等。本章从控制的观点讨论系统的综合与校正问题。主要考虑的是当给定的被控对象不能满足所要求的性能指标时，如何对原已选定的系统增加必要的元件或环节，使系统具有满意的性能指标(即满足稳定性、快速性和准确性的要求)，这就是系统的综合与校正。

5.1.1 校正的概念和实质

系统是由被控对象和控制器组成的。被控对象是要实现自动控制的机器、设备或生产过程。控制器是对被控对象起控制作用的装置总成，包括测量及信号转换装置、信号放大及功率放大装置、实现控制指令的执行机构等基本组成部分。当被控对象已知、性能指标已知，附加相应的限制条件后，即可着手设计控制器的基本组成部分。将控制器基本组成部分与被控对象一起称为系统的“原有部分”，亦称为系统的“固有部分”或“不可变部分”。用控制器的基本组成部分和被控对象能组成基本的反馈控制系统，但此时系统往往不能同时满足各项性能指标的要求，甚至反馈控制系统可能不稳定。

当仅改变增益不能同时满足瞬态性能和稳态性能时，就必须在系统中引入一些附加装置，用来改善系统的瞬态和稳态性能。这些为改善系统性能而加入的装置称为校正装置。校正装置是控制器的一部分，它与控制器的其他组成部分一起构成完整的控制器。

控制系统的校正，就是按给定系统的原有部分和性能指标设计校正装置。

校正的实质就是通过加入校正装置的零、极点，来改变整个系统的零、极点分布，从而改变系统的频率特性或根轨迹，使系统频率特性的低、中、高频段满足希望的性能或使系统的根轨迹穿越希望的闭环主导极点，从而使系统满足希望的动、静态性能指标要求。

5.1.2　控制系统的性能指标

在进行控制系统的校正设计之前，除了应知道系统的组成结构和参数外，还应知道系统的全部性能指标要求。性能指标通常是由使用单位或被控对象的设计制作单位提出的。不同的控制系统对性能指标的要求也有不同的侧重。性能指标的提出，应符合实际系统的需要和可能。一般说来，性能指标没有必要比完成给定任务所需要的指标高太多。例如，若系统的主要要求是具备较高的稳态精度，则不必对系统的动态特性提出过高要求。实际系统所具备的各种性能指标，会受到系统组成元部件的固有特性、能源功率以及机械强度等各种实际物理条件和经济性的制约。

控制系统的性能指标可分为动态性能指标和稳态性能指标：

1）动态性能指标，又称为瞬态性能指标，包括两种指标，一种是时域性能指标，通常用调节时间 t_s 和最大超调量 $\sigma_p\%$ 等时域特征量来描述；另一种是频域性能指标，一般用系统开环传递函数的剪切频率 ω_c、相角裕度 γ 和幅值裕度 K_g(dB)来表示，或用闭环系统的谐振峰值 M_r、谐振频率 ω_r 和截止频率 ω_b 等频域特征量来描述。

2）稳态性能指标，又称为静态性能指标，通常用系统的稳态误差或开环放大倍数 K 来描述。

对应上述两种动态性能指标，在控制系统校正装置设计中，可采用时域法或频域法。目前，工程技术界多习惯采用频域法。欠阻尼二阶系统频域性能指标和时域性能指标间有严格的解析关系式，高阶系统可以用二阶系统的解析关系式近似计算。

1. 二阶系统的开环频率特性和时域性能指标的关系

用开环频率特性来评价系统的瞬态响应，一般采用对数幅频特性的剪切频率 ω_c 和相角裕度 γ 这两个特征量。

二阶系统开环传递函数的标准形式为

$$G(s)=\frac{\omega_n^2}{s(s+2\zeta\omega_n)}$$

则开环频率特性为

$$G(j\omega)=\frac{\omega_n^2}{j\omega(j\omega+2\zeta\omega_n)}$$

剪切频率为

$$\omega_c=\omega_n\sqrt{\sqrt{1+4\zeta^4}-2\zeta^2} \tag{5-1}$$

相角裕度为

$$\gamma = 180° + \angle G(\mathrm{j}\omega_c) = \arctan \frac{2\zeta}{\sqrt{\sqrt{1+4\zeta^4}-2\zeta^2}} \tag{5-2}$$

最大超调量为

$$\sigma_p\% = \exp\left(-\frac{\zeta\pi}{\sqrt{1-\zeta^2}}\right) \times 100\% \tag{5-3}$$

调整时间为

$$t_s = \begin{cases} \dfrac{3}{\zeta\omega_n} & (\Delta = 5\%) \\ \dfrac{4}{\zeta\omega_n} & (\Delta = 2\%) \end{cases} \tag{5-4}$$

将式(5-2)和式(5-3)表示的关于阻尼比 ζ 的函数关系一同绘于图 5-1a 中，由图中可以看出，γ 越大，$\sigma_p\%$越小，若已知 γ，则 $\sigma_p\%$便完全可以确定。

由式(5-1)和式(5-4)(按允许误差范围 5%)可得

$$t_s\omega_c = \frac{3}{\zeta}\sqrt{\sqrt{1+4\zeta^4}-2\zeta^2} = 6\frac{\sqrt{\sqrt{1+4\zeta^4}-2\zeta^2}}{2\zeta} = \frac{6}{\tan\gamma} \tag{5-5}$$

图 5-1b 所示为式(5-5)表示的函数关系曲线。由图中可知，如果 γ 一定，则 t_s 和 ω_c 成反比。由此可见，剪切频率 ω_c 是一个重要参数，它不仅影响系统的相角裕度 γ，还影响系统的瞬态响应时间。

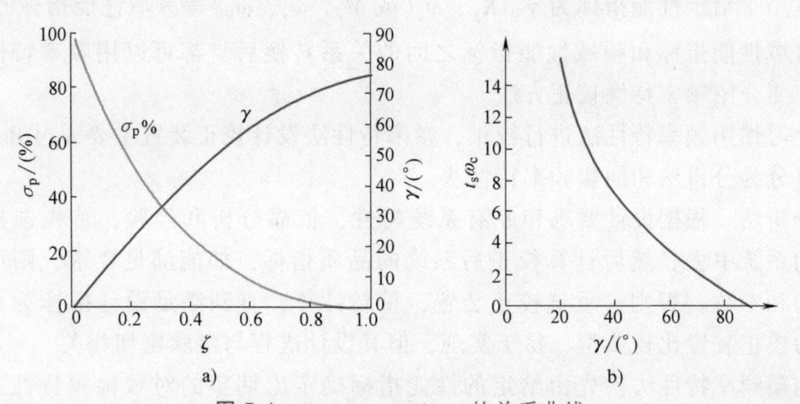

图 5-1 γ、ω_c、$\sigma_p\%$、t_s 的关系曲线

a) γ 与 $\sigma_p\%$ 的关系曲线 b) t_s、ω_c 与 γ 的关系曲线

2. 二阶系统的闭环频域性能指标和时域性能指标的关系

由闭环频率特性来评价系统的性能，通常采用的性能指标是谐振峰值 M_r、谐振频率 ω_r 和截止频率 ω_b。

谐振峰值为

$$M_r = \frac{1}{2\zeta\sqrt{1-2\zeta^2}} \quad (0 \leqslant \zeta < 0.707) \tag{5-6}$$

谐振频率为

$$\omega_r=\omega_n\sqrt{1-2\zeta^2}\quad(0\leqslant\zeta<0.707)\tag{5-7}$$

截止频率为

$$\omega_b=\omega_n\sqrt{1-2\zeta^2+\sqrt{2-4\zeta^2+4\zeta^4}}\tag{5-8}$$

由式(5-3)、式(5-4)和式(5-6)可知，谐振峰值M_r和最大超调量$\sigma_p\%$随阻尼比ζ的变化趋势一致，若已知M_r，则可确定$\sigma_p\%$；M_r和$\omega_n t_s$随ζ的变化规律相似，若给定M_r，则可求得$\omega_n t_s$，进而求得t_s。

另外，峰值时间为

$$t_p=\frac{\pi}{\omega_d}=\frac{\pi}{\omega_n\sqrt{1-\zeta^2}}\text{或}\ t_p\omega_n=\frac{\pi}{\sqrt{1-\zeta^2}}\tag{5-9}$$

由式(5-8)和式(5-9)可知，$t_p\omega_n$和$\dfrac{\omega_b}{\omega_n}$随$\zeta$的变化趋势相反，当$\omega_b$大时，$t_p$小，系统反应迅速。

5.1.3 校正方法

1. 根轨迹法

一般适用于给定性能指标为$\sigma_p\%$、t_p、t_s等时域性能指标的情况。

2. 频率特性法

一般适用于给定性能指标为γ、K_g、ω_c(或M_r、ω_r、ω_b)等频域性能指标的情况。

根据时域性能指标和频域性能指标之间的关系转换后，都可以用频率特性法进行校正。本章主要介绍频率特性校正方法。

工程上习惯用频率特性法进行校正，频率特性法设计校正装置主要通过Bode图进行，设计方法可分为分析法和期望频率特性法。

(1) 分析法　根据设计要求和原有系统特性，依靠分析和经验，首先选择一种校正装置加入到系统中去，然后计算校正后系统的品质指标，如能满足要求，则可确定校正装置的结构和参数。否则，重选校正装置，重新计算，直到满足设计指标为止。这种方法设计出的校正装置比较典型、易于实现，但其设计进程与经验密切相关。

(2) 期望频率特性法　先由给定的性能指标确定出期望的对数幅频特性，再由期望的对数幅频特性减去原系统固有的对数幅频特性，从而得出需增加的校正装置的对数幅频特性，然后校验校正后系统的性能，若满足要求，则可确定校正装置的结构和参数，否则，取一裕度更大的期望对数幅频特性、重复上述过程，直到满足设计要求为止。通常，这种方法的理论设计往往能一次成功，但校正装置的物理实现较为困难。另外需注意：这种方法只适用于最小相位系统，因其幅频特性和相频特性间有确定的对应关系，故按幅频特性的形状就能确定系统的性能。

5.1.4 校正方式

根据校正装置$G_c(s)$在系统中的位置，校正一般分为如下几种：

(1) 串联校正　校正装置 $G_c(s)$ 串联在前向通道中，如图 5-2a 所示，这种连接方式简单、易于实现。为避免功率损失，串联校正装置通常放在前向通道中能量较低的部位，多采用有源校正网络。

(2) 反馈校正　从系统中某一环节引出反馈信号，通过校正装置 $G_c(s)$ 构成局部反馈回路，如图 5-2b 所示，则称这种形式的校正为(局部)反馈校正，又称并联校正。采用此种校正方式时，信号是从高功率点流向低功率点，所以一般采用无源网络。

(3) 复合校正　包括按给定量顺馈补偿的复合校正(见图 5-2c)和按扰动量前馈补偿的复合校正(见图 5-2d)。复合校正控制既能改善系统的稳态性能，又能改善系统的动态性能。

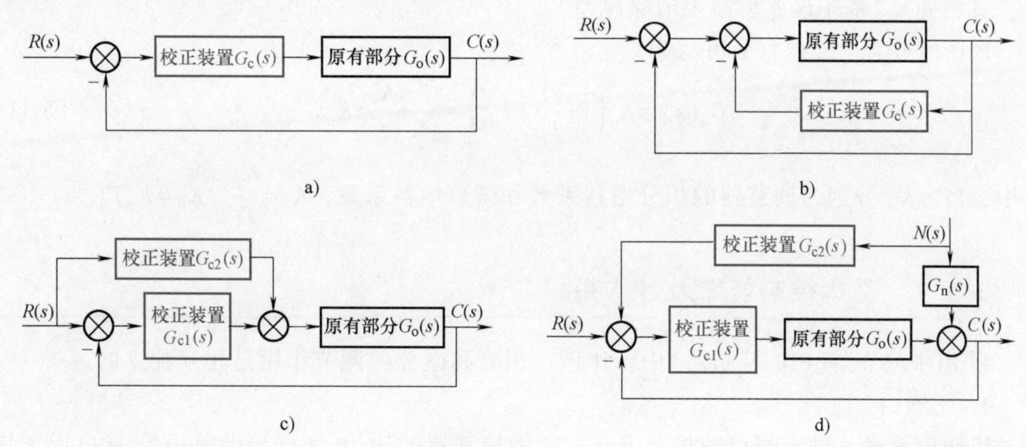

图 5-2　校正方式

a) 串联校正　b) 反馈校正　c) 按给定量顺馈补偿的复合校正　d) 按扰动量前馈补偿的复合校正

究竟选择何种校正方式，主要取决于系统本身的结构特点、采用的元件、信号的性质、经济条件及设计者的经验等。一般来说，串联校正简单，较容易实现，目前多采用有源校正网络构成的串联校正装置。串联校正装置常常设置在系统前向通道能量较低的部位，以减少功率损耗。反馈校正的信号是从高功率点传向低功率点，故通常不采用有源元件。复合校正则对于既要求稳态误差小，同时又要求暂态响应平稳快速的系统尤为适用。

控制系统的校正不像系统分析那样只有单一答案，能够满足性能指标的校正方案并不唯一，在最终确定校正方案时，应根据技术和经济两方面因素及其他一些附加限制条件综合考虑。

5.2 基本控制规律及 PID 参数整定

在确定校正装置的形式时，应该先了解校正装置所需提供的控制规律，以便选择相应的校正元件。包含校正装置在内的控制器，常常采用比例(Proportional)、积分(Integral)、微分(Derivative)等基本控制规律或采用这些基本控制规律的某些组合(如比例积分、比例微分、比例积分微分等组合控制规律)，以实现对控制对象的有效控制。

比例积分微分控制，简称PID控制或PID调节，是工程实际中应用最为广泛的控制规律。在时域中，连续系统PID调节器的控制律通常表示为

$$u(t)=K_p\left[e(t)+\frac{1}{T_i}\int_0^t e(\tau)\mathrm{d}\tau+T_d\frac{\mathrm{d}e(t)}{\mathrm{d}t}\right] \tag{5-10}$$

式中，$e(t)$为输入输出误差信号；K_p为比例增益系数；T_i为积分时间常数；T_d为微分时间常数。

PID控制律可以理解为误差的过去$\left[\int_0^t e(\tau)\mathrm{d}\tau\right]$、现在$[e(t)]$和将来$\left[\frac{\mathrm{d}e(t)}{\mathrm{d}t}\right]$的线性组合，其精髓是“基于误差反馈来消除误差”。

PID调节器的传递函数可写为

$$G_c(s)=K_p\left(1+\frac{1}{T_i s}+T_{ds}\right)=K_p+\frac{K_i}{s}+K_d s \tag{5-11}$$

式中，K_i、K_d分别为调节器的积分增益系数和微分增益系数，$K_i=\frac{K_p}{T_i}$、$K_d=K_pT_d$。

5.2.1 基本控制规律及其作用

在PID调节器(PID控制器)中，比例、积分和微分的调节作用是相互独立的。

1. 比例(P)控制

比例控制是一种最简单的控制方式，比例控制器的输出$u(t)$与误差信号$e(t)$成正比关系。偏差一旦产生，调节器立即产生控制作用，使被控量朝着减小偏差的方向变化。偏差减小的速度取决于比例系数K_p，K_p越大，偏差减小得越快，但很容易引起振荡，尤其是系统中存在迟滞环节比较大的情况；K_p减小，发生振荡的可能性减小，但调节速度也会变慢。单纯的比例控制较难兼顾系统稳态和暂态两方面的性能和要求。

2. 积分(I)控制

积分控制器的输出$u(t)$与误差信号$e(t)$的积分$\int_0^t e(t)\mathrm{d}t$成正比例关系。积分控制的作用是消除系统的稳态误差，同时增强系统抗高频干扰能力。积分时间常数T_i越小，积分作用越强，但积分作用太强会使系统的稳定性下降。纯积分环节会带来相角滞后，减少系统的相角裕度，通常不单独使用。

3. 微分(D)控制

微分控制器的输出$u(t)$与误差信号$e(t)$的微分$\left[\frac{\mathrm{d}e(t)}{\mathrm{d}t}，即误差的变化率\right]$成正比关系。微分控制器能够反映出误差的变化趋势，可在误差信号出现之前就起到修正误差的作用。微分控制可以增大截止频率和相角裕度，减小超调量和调节时间，从而提高系统的快速性和平稳性。但微分作用很容易放大高频噪声，降低系统的信噪比，从而使系统抑制干扰的能力下降，通常不单独使用。

鉴于上述分析，在实际使用中，应用比例、积分和微分控制的基本规律，通过适当

的组合构成校正装置，加入系统中以实现对被控对象的有效控制。设计者的主要任务是恰当地组合这些环节，确定连接方式及它们的参数。通常使用的调节器有比例积分(PI)调节器、比例微分(PD)调节器和比例积分微分(PID)调节器。

4. 比例积分(PI)控制

比例积分环节的传递函数为

$$G_c(s)=K_p\left(1+\frac{K_i}{K_p s}\right)=K_p\left(1+\frac{1}{T_i s}\right) \tag{5-12}$$

在串联校正时，PI 调节器相当于在系统中增加了一个位于原点的开环极点，同时也增加了一个位于左半 s 平面的开环零点。位于原点的极点可以提高系统的类型，以消除或减小系统的稳态误差，改善系统的稳态性能，增加系统抗高频干扰的能力，但同时也增加了相位滞后，降低了系统的带宽，增大了调节时间；而增加的负实零点则用来提高系统的阻尼程度，缓和 PI 调节器极点对系统稳定性产生的不利影响。在控制工程实践中，PI 调节器主要用于改善系统的稳态性能。PI 调节器适用于对象滞后较大、负载变化较大，但变化缓慢、要求控制结果无误差的场合。此种控制规律广泛应用于压力、流量、液位和那些没有较大时间滞后的具体对象。

5. 比例微分(PD)控制

比例微分环节的传递函数为

$$G_c(s)=K_p\left(1+\frac{K_d}{K_p}s\right)=K_p(1+T_d s) \tag{5-13}$$

PD 调节器中的微分控制规律，能反映输入信号的变化趋势，产生有效的早期修正信号，以增加系统的阻尼程度，从而改变系统的稳定性，可使系统增加一个 $-T_d$ 的开环零点，使系统的相角裕度提高，降低系统的超调量，因而有助于系统动态性能的改善。PD 调节器在提升高频段增益、增加剪切频率附近频段的相角裕度的同时，也提高了系统的剪切频率值和系统的快速性；但高频段增益上升可能导致执行元件输出饱和，并降低了系统抗高频干扰的能力。PD 调节器适用于对象滞后大、负载变化不大、被控变量变化不频繁、控制要求允许有稳态误差存在的场合。

6. 比例积分微分(PID)控制

比例积分微分环节的传递函数为

$$G_c(s)=K_p\left(1+\frac{1}{T_i s}+T_d s\right)=K_p\frac{T_d T_i s^2+T_i s+1}{T_i s} \tag{5-14}$$

从传递函数可以看出，PID 校正时增加了一个位于原点的开环极点，使系统的类型提高一级，同时还增加了两个负实零点。与 PI 控制相比，除了同样具有提高系统稳态性能的优点外，其还多提供了一个负实零点，从而在提高系统的动态性能方面，具有更大的优越性。PID 调节器在低频段，主要是 PI 调节器起作用，用以提高系统类型，消除或减小稳态误差，改善系统的稳态性能；在中、高频段，主要是 PD 调节器起作用，用以增大剪切频率和相角裕度，提高系统的响应速度，有效提高系统的动态性能。因此，在工业过程控制中，广泛使用PID调节器，其主要适用于对象滞后大、负载变化较大但不甚频繁、对控制质量要求较高的场合。

5.2.2 PID参数整定方法

PID调节器的参数整定是控制系统设计的核心内容，它是根据被控过程的特性确定PID调节器的比例增益系数、积分时间常数和微分时间常数的过程。PID调节器参数整定的方法有很多，概括起来有两大类：理论计算整定法和工程整定方法。理论计算整定法主要是依据系统的数学模型，经过理论计算确定调节器参数(比如极点配置法)，这种方法所得到的计算数据不可以直接使用，还必须通过工程实际进行调整和修改。工程整定方法主要依赖工程经验，直接在控制系统的试验中进行，方法简单、易于掌握且无需被控对象的数学模型，在工程实际中被广泛采用。最早的PID调节器参数整定方法是由齐格勒和尼科尔斯在1942年提出的，该方法被称为齐格勒-尼科尔斯(Ziegler-Nichols)法，简称Z-N法。其主要的思路是进行一次简单的试验，在试验中提取动态过程的一些特征，并用这些特征来确定调节器的参数。下面介绍几种基于Z-N法的PID调节器参数工程整定方法。

1. 动态响应法

该方法是通过试验求取被控对象的动态响应曲线，从动态响应曲线估计出被控对象的传递函数，然后通过Z-N参数整定规则，确定PID调节器的参数。该方法是基于时域的参数整定方法，适用于存在明显纯滞后的系统，被控对象的单位阶跃响应曲线为图5-3所示的“S”形状(如果不是呈S形曲线，则不能采用这种方法)。S形曲线可用延迟时间τ和时间常数T来表示，通过S形曲线的拐点做切线，确定切线与时间轴和直线$c(t)=K$的交点，可得到τ和T。那么，被控对象的传递函数可以用“一阶惯性+纯滞后”来近似，其传递函数可表示为

$$\frac{C(s)}{U(s)}=\frac{K}{Ts+1}e^{-\tau s} \tag{5-15}$$

然后，再利用表5-1所示的Z-N参数整定规则，根据不同的调节器类型选择适当的调节器参数。最后对参数进行适当调整，直到动态过程满意为止。该方法不适用于被控对象中有积分器和复数极点的情况。

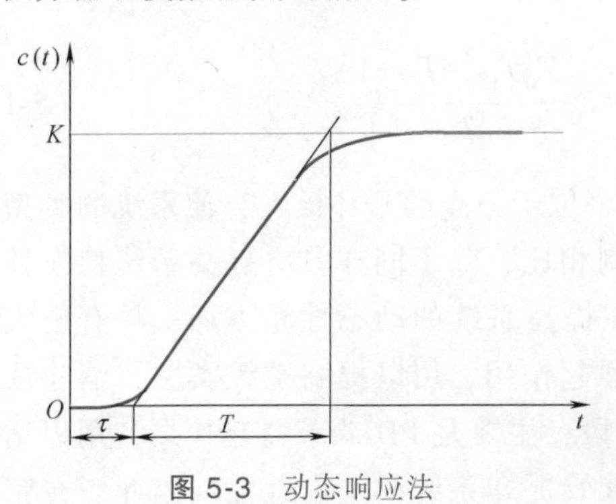

图5-3 动态响应法

表5-1 动态响应法的Z-N参数整定规则

类 型	K_p	T_i	T_d
P	$\frac{T}{\tau}$	∞	0
PI	$0.9\frac{T}{\tau}$	3.3τ	0
PID	$1.2\frac{T}{\tau}$	2τ	0.5τ

2. 临界增益法

该方法又称为临界比例法或临界比例度法(比例度为比例增益的倒数)，该方法是在系统闭环情况下进行的。在闭环状态下，首先设定 $T_i=\infty, T_d=0$，使调节器工作在纯比例情况下，将比例增益系数 K_p 由小逐渐变大，直至系统输出响应呈现等幅振荡，如图 5-4 所示，此时的控制增益记为 K_{pr}，等幅振荡周期为 T_{cr}。然后，再利用表 5-2 所示的 Z-N 参数整定规则，根据不同的调节器类型选择适当的调节器参数。最后对参数进行适当调整，直到动态过程满意为止。临界增益法的主要局限在于生产过程中有时不允许出现等幅振荡，或无法产生正常操作范围内的等幅振荡。

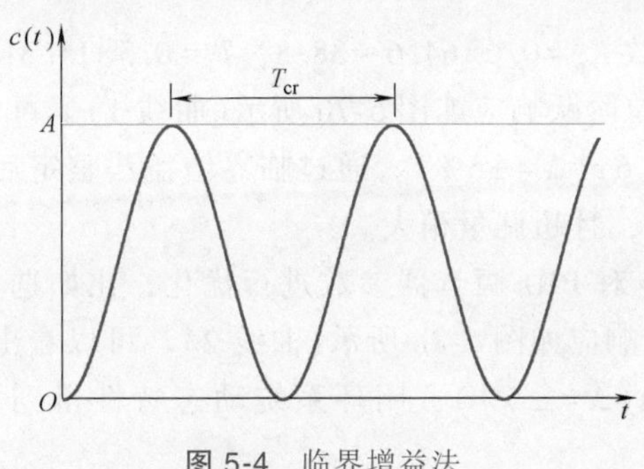

图 5-4 临界增益法

表 5-2 临界增益法的 Z-N 参数整定规则

类　型	K_p	T_i	T_d
P	$0.5K_{pr}$	∞	0
PI	$0.45K_{pr}$	$0.83T_{cr}$	0
PID	$0.6K_{pr}$	$0.5T_{cr}$	$0.125T_{cr}$

3. 衰减曲线法

在闭环系统中，先把调节器设置为纯比例作用，比例增益系数 K_p 由小逐渐变大，施加阶跃扰动后观察输出响应的衰减过程，直至出现 4∶1 衰减过程为止(衰减比可根据需求而定)，如图 5-5 所示，即第一次出现波峰时的超调量为第二次出现波峰时超调量的 4 倍，此时的比例增益称为 4∶1 衰减增益，用 K_s 表示，相邻两波峰间的距离称为 4∶1 衰减周期 T_s，记录 K_s 和 T_s。然后利用表 5-3 所示的 Z-N 参数整定规则，根据不同的调节器类型选择适当的调节器参数。最后对参数进行适当调整，直到动态过程满意为止。

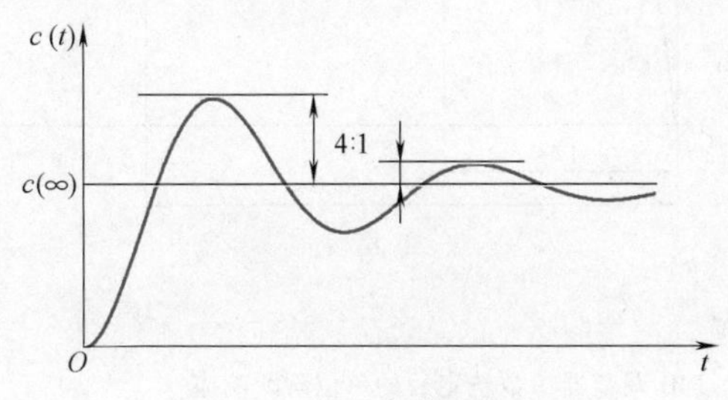

图 5-5 4∶1 衰减曲线法

表 5-3 4∶1 衰减曲线法的 Z-N 参数整定规则

类　型	K_p	T_i	T_d
P	K_s	∞	0
PI	$0.83K_s$	$0.5T_s$	0
PID	$1.25K_s$	$0.3T_s$	$0.1T_s$

上述参数整定方法的共同点都是通过试验，然后按照工程经验公式对调节器参数进行整定。参数整定的步骤为先比例、再积分、后微分。但无论采用哪种方法所得到的调节器参数，都需要在实际运行中进行最后的调整与完善。

下面通过一个实例说明 PID 参数整定。

例 5-1　某倾斜旋翼鱼鹰运输机在起飞和着陆时像直升机一样垂直升降，在这种直升机模式下的高度控制系统如图 5-6 所示，试确定 PID 调节器参数。

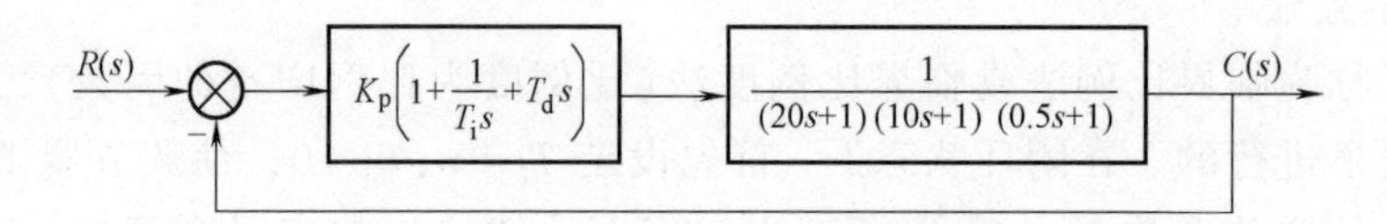

图 5-6 倾斜旋翼鱼鹰运输机垂直升降高度控制系统框图

解 首先，采用临界增益法确定 PID 调节器参数。令 $T_i=\infty$，$T_d=0$，并增大 K_p 的值，直到闭环系统的单位阶跃响应输出出现持续振荡，如图 5-7a 所示。当 $K_{pr}=64.6$ 时，闭环系统的输出为等幅振荡，振荡周期 $T_{cr}=11.3$ s。

按照表 5-2，利用 Z-N 参数整定规则选择参数 $K_p=0.6\times64.6\approx38.8$，$T_i=0.5\times11.3\text{ s}=5.65\text{ s}$，$T_d=0.125\times11.3\text{ s}\approx1.41\text{ s}$，闭环系统单位阶跃响应如图 5-7b 所示(曲线 1)。可以看出，最大超调量 $\sigma_p\%=60\%$，调整时间 $t_s=39.6\text{ s}(\Delta=\pm5\%)$。通过临界增益法整定后，基本达到了控制系统的要求，只是调整时间略长，且超调量稍大。

为了得到性能更好的控制效果，可以进一步对 PID 调节器参数进行优化，比如选取 $K_p=20$，$T_i=12$ s，$T_d=5$ s，闭环系统的单位阶跃响应如图 5-7b 所示(曲线 2)。可以看出，最大超调量为 $\sigma'_p\%=10\%$，调整时间为 $t'_s=17\text{ s}(\Delta=\pm5\%)$，闭环系统动态特性得到了改善。

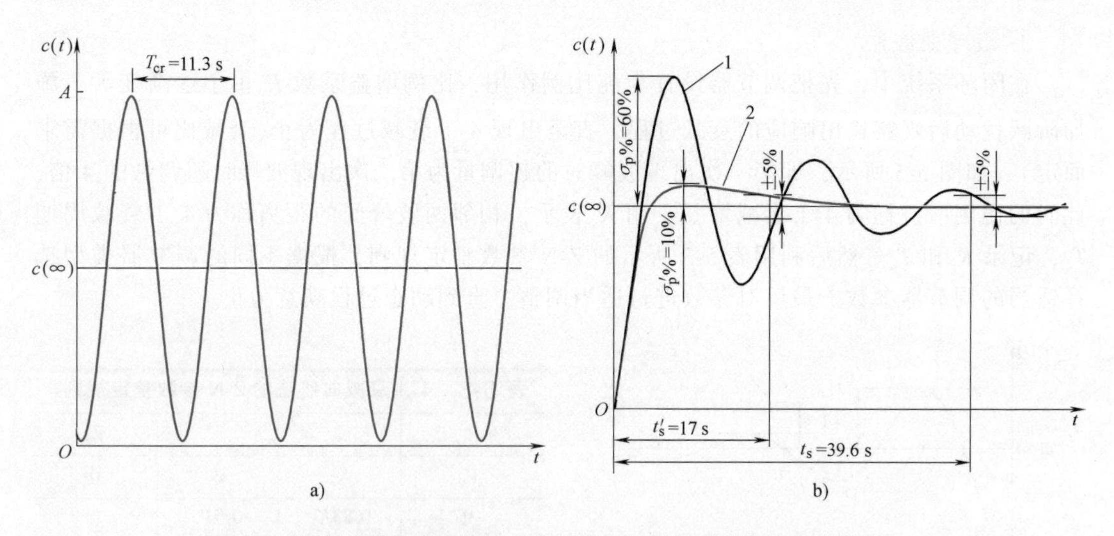

图 5-7 倾斜旋翼鱼鹰运输机垂直升降高度控制系统的单位阶跃响应

a) 临界增益 $K_{pr}=64.6$ 时的单位阶跃响应 b) PID 调节器参数整定后的单位阶跃响应

5.3 串联校正

根据串联校正装置所起作用的不同，一般将校正装置分为相位超前校正装置、相位滞后校正装置和相位滞后-超前校正装置。下面介绍各校正装置及其特性。

5.3.1 相位超前校正装置

1. 传递函数

相位超前校正装置的传递函数通常表示为

$$G_c(s)=\alpha\frac{\tau s+1}{\alpha\tau s+1}=\frac{s+\frac{1}{\tau}}{s+\frac{1}{\alpha\tau}}=\frac{s-z_c}{s-p_c}\qquad(\alpha<1)\tag{5-16}$$

2. Bode 图

频率特性为

$$G_c(\mathrm{j}\omega)=\alpha\frac{\mathrm{j}\omega\tau+1}{\mathrm{j}\alpha\omega\tau+1}$$

相频特性为

$$\varphi(\omega)=\arctan\tau\omega-\arctan\alpha\tau\omega>0\tag{5-17}$$

在图 5-8 中，可见其转折频率分别为$\frac{1}{\tau}$、$\frac{1}{\alpha\tau}$，且具有正的相位特性。利用$\frac{\mathrm{d}\varphi}{\mathrm{d}\omega}=0$，可求出最大超前相位的频率为

$$\omega_m=\frac{1}{\tau\sqrt{\alpha}}\tag{5-18}$$

式(5-18)表明，ω_m是频率特性两个交接频率的几何中心。

将式(5-18)代入式(5-17)可得最大超前相位为

$$\varphi_m=\arcsin\frac{1-\alpha}{1+\alpha}\tag{5-19}$$

式(5-19)又可以写成

$$\alpha=\frac{1-\sin\varphi_m}{1+\sin\varphi_m}\tag{5-20}$$

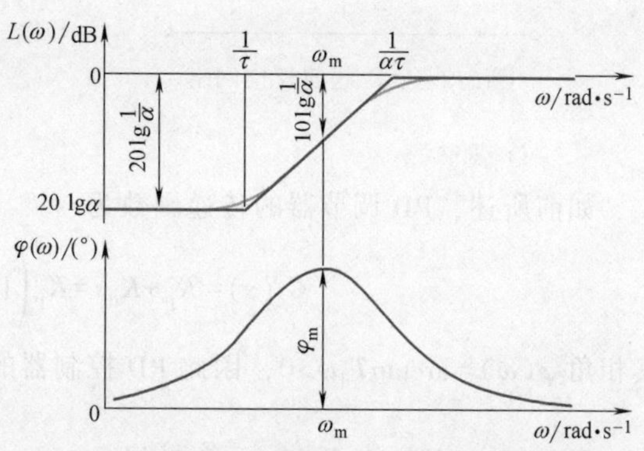

图 5-8 相位超前校正网络的 Bode 图

由此可见，φ_m仅与 α 值有关，α 值越小，输出相位超前越多，但系统的开环增益下降；α 值越小，通过网络后信号幅值衰减越严重。所以，为满足稳态精度要求，就要保持系统有一定的开环增益，超前网络的衰减损失就必须用提高放大器的增益来补偿。

在选择 α 的数值时，另一个需要考虑的因素是系统高频噪声。超前校正网络具有高通滤波特性，α 值过小对抑制系统高频噪声不利。为了保持较高的系统信噪比，一般实际中选用的 α 不小于 0.07，通常选择 $\alpha=0.1$ 较为有利。

3. 超前校正装置的作用

主要是通过校正装置产生的超前相角，补偿原有系统过大的相角滞后，即补偿系统

开环频率特性在剪切频率 ω_c 处的相角滞后，以增加系统的相角裕度，从而提高系统的稳定性，改善系统的动态品质。

4. 超前校正装置的网络实现

(1) 无源超前校正网络的实现　如图 5-9 所示，其传递函数为

$$G_c(s)=\frac{U_o(s)}{U_i(s)}=\frac{R_2}{R_1+R_2}\frac{R_1Cs+1}{\frac{R_2}{R_1+R_2}R_1Cs+1}=\alpha\frac{\tau s+1}{\alpha\tau s+1}$$

式中，$\alpha=\frac{R_2}{R_1+R_2}<1$；$\tau=R_1C$。

(2) 有源超前校正网络的实现　如图 5-10 所示，其传递函数为

$$G_c(s)=\frac{U_o(s)}{U_i(s)}=-K\frac{Ts+1}{T_1s+1}$$

式中，$K=\frac{R_2+R_3}{R_1}$；$T_1=R_4C$；$T=\left(\frac{R_2R_3}{R_2+R_3}+R_4\right)C$。

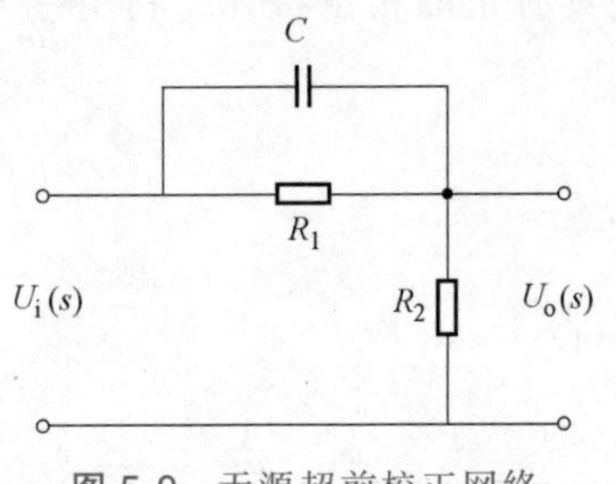

图 5-9　无源超前校正网络

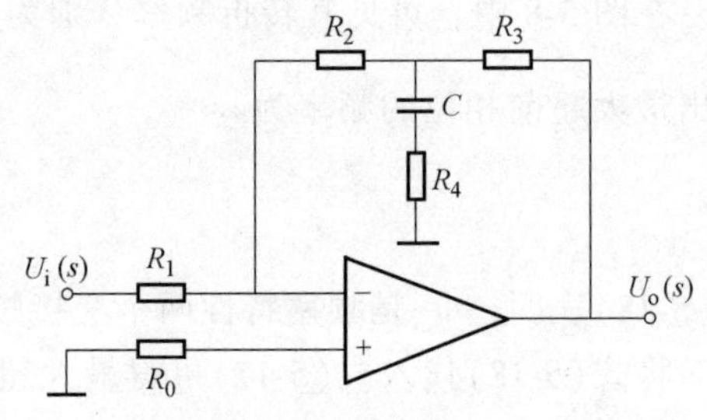

图 5-10　有源超前校正网络

5. PD 调节器

如前所述，PD 调节器的传递函数为

$$G_c(s)=K_p+K_ds=K_p\left(1+\frac{K_d}{K_p}s\right)=K_p(1+T_ds)$$

其相角 $\varphi(\omega)=\arctan T_d\omega>0$，因此 PD 控制器的作用相当于超前校正。

5.3.2 相位滞后校正装置

1. 传递函数

相位滞后校正装置的传递函数通常表示为

$$G_c(s)=\frac{\tau s+1}{\beta\tau s+1}=\frac{1}{\beta}\frac{s+\frac{1}{\tau}}{s+\frac{1}{\beta\tau}}=\frac{1}{\beta}\frac{s-z_c}{s-p_c}\qquad(\beta>1)\tag{5-21}$$

2. Bode 图

频率特性为

$$G_c(j\omega)=\frac{j\omega\tau+1}{j\beta\omega\tau+1} \tag{5-22}$$

相频特性为

$$\varphi(\omega)=\arctan\tau\omega-\arctan\beta\tau\omega<0 \tag{5-23}$$

Bode 图如图 5-11 所示。因为 $\beta>1$，所以校正网络输出信号的相位滞后于输入信号。与相位超前网络类似，相位滞后网络的最大滞后角 φ_m 位于$\frac{1}{\beta\tau}$与$\frac{1}{\tau}$的几何中心 $\omega_m=\frac{1}{\tau\sqrt{\beta}}$处。

图 5-11 还表明，相位滞后校正网络实际是一个低通滤波器，它对低频信号基本没有衰减作用，但能削弱高频噪声，β 越大，抑制噪声的能力越强。通常选择 $\beta=10$ 左右较合适。

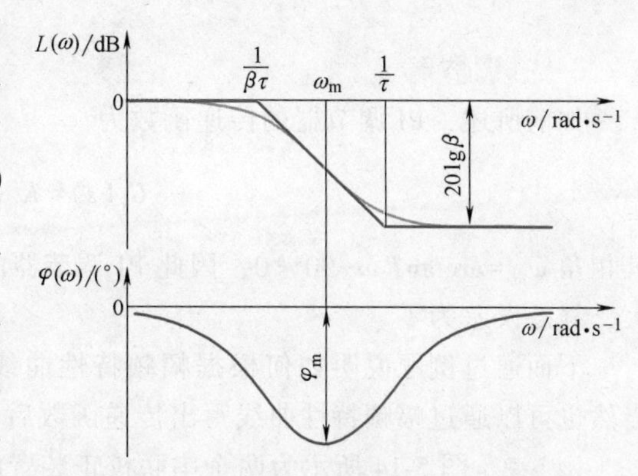

图 5-11 相位滞后校正网络的 Bode 图

3. 滞后校正装置的作用

滞后校正适用于系统的动态品质满意但稳态精度差的场合，或者用于系统的稳态精度差、稳定性也不好且对快速性要求不高的场合。其作用有二：一是提高系统低频响应的增益，减小系统的稳态误差，同时基本保持系统的瞬态性能不变；二是滞后校正装置的低通滤波器特性或高频幅值衰减特性，将使系统高频响应的增益衰减，降低系统的剪切频率 ω_c，提高系统的相角裕度 γ，以改善系统的稳定性和某些瞬态性能。

注意：应避免使最大滞后相角发生在校正后系统的开环对数频率特性的剪切频率 ω_c 附近，以免对瞬态响应产生不良影响，一般可取

$$\frac{1}{\tau}=\frac{\omega_c}{10}\sim\frac{\omega_c}{4} \tag{5-24}$$

4. 滞后校正装置的网络实现

（1）无源滞后校正网络的实现　如图 5-12 所示，其传递函数为

$$G_c(s)=\frac{U_o(s)}{U_i(s)}=\frac{R_2+\frac{1}{Cs}}{R_1+R_2+\frac{1}{Cs}}=\frac{R_2Cs+1}{(R_1+R_2)Cs+1}=\frac{\tau s+1}{\beta\tau s+1}$$

式中，$\beta=\frac{R_1+R_2}{R_2}>1$；$\tau=R_2C$。

（2）有源滞后校正网络的实现　如图 5-13 所示，其传递函数为

$$G_c(s)=\frac{U_o(s)}{U_i(s)}=-K\frac{Ts+1}{\beta Ts+1}$$

式中，$K=\frac{R_2+R_3}{R_1}$；$T=\frac{R_2R_3}{R_2+R_3}C$；$\beta=\frac{R_2+R_3}{R_2}>1$。

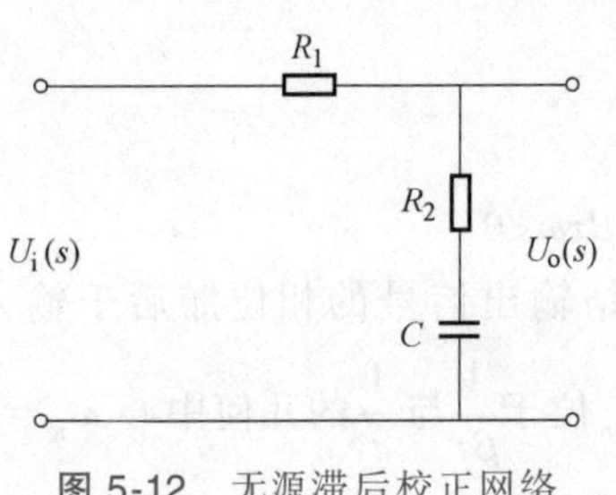

图 5-12　无源滞后校正网络

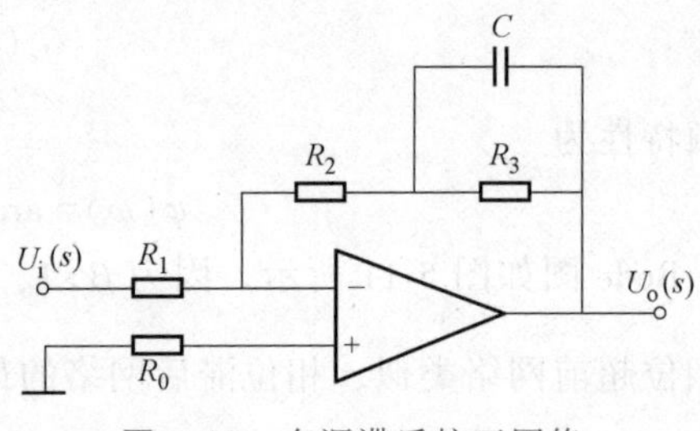

图 5-13　有源滞后校正网络

5. PI 调节器

如前所述，PI 调节器的传递函数为

$$G_c(s)=K_p\left(1+\frac{1}{T_i s}\right)$$

其相角 $\varphi_m=\arctan T_i\omega-90°<0$，因此 PI 调节器的作用相当于滞后校正。但静态增益为无穷大，静态误差为零。

下面通过例题说明如何根据幅频特性曲线判断校正装置是超前校正还是滞后校正。当然也可以通过幅频特性曲线写出传递函数后再进行相应的判断。

例 5-2　图 5-14 所示为两个串联校正装置的对数幅频特性渐近线，请根据幅频特性渐近线写出其传递函数，并说明是哪种校正装置。

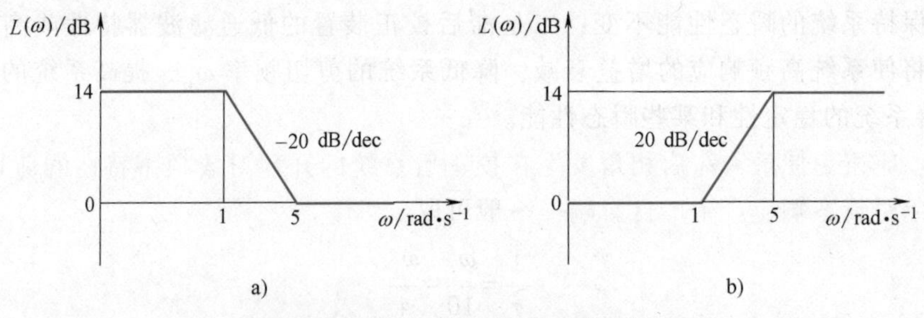

图 5-14　例 5-2 的对数幅频特性曲线

解　1）根据图 5-14a 所示的对数幅频特性曲线，在低频段的渐近线斜率为 0，在转折频率 $\omega_1=1\ \text{rad}\cdot\text{s}^{-1}$处渐近线斜率由 0 变为−20 dB/dec，在转折频率 $\omega_2=5\ \text{rad}\cdot\text{s}^{-1}$处渐近线斜率由−20 dB/dec 又变为 0，高频段幅值相比低频段幅值有明显下降，该校正装置对于频率在 $\omega_1\sim\omega_2$之间的输入信号呈积分效应，可以初步判断该校正装置为滞后校正。

进一步，可以初步确定校正装置由比例环节、一阶惯性环节和一阶微分环节串联组成。低频段幅值为 14 dB，比例增益 $K=10^{\frac{14}{20}}\approx5$。其传递函数可写为

$$G_c(s)=\frac{5(0.2s+1)}{s+1}=K\frac{\tau s+1}{\beta\tau s+1}$$

式中，$K=5$；$\beta=5$；$\tau=0.2$。

由此可以确定该校正装置为滞后校正，在滞后校正装置中增加了放大器（$K=5$）用于放大低频段的信号。

2）同理，根据图 5-14b 所示的对数幅频特性曲线，在低频段的渐近线斜率为 0，在转

折频率 $\omega_1=1\ \mathrm{rad}\cdot\mathrm{s}^{-1}$处渐近线斜率由 0 变为 20 dB/dec，在转折频率 $\omega_2=5\ \mathrm{rad}\cdot\mathrm{s}^{-1}$处渐近线斜率由 20 dB/dec 又变为 0，高频段幅值相比低频段幅值有明显增大，该校正装置对于频率在 $\omega_1\sim\omega_2$之间的输入信号具有明显的微分作用，可以初步判断该校正装置为超前校正。

进一步，可以初步确定校正装置由一阶微分环节和一阶惯性环节串联组成。其传递函数可写为

$$G_c(s)=\frac{s+1}{0.2s+1}=K_1\alpha\frac{\tau s+1}{\alpha\tau s+1}$$

式中，$K_1=5$；$\alpha=0.2$；$\tau=1$。

由此可以确定该校正装置为超前校正，在超前校正中增加了放大器($K_1=5$)用于补偿超前网络的衰减损失。

5.3.3 相位滞后-超前校正装置

1. 传递函数

相位滞后-超前校正的传递函数通常表示为

$$G_c(s)=\frac{(\tau_1 s+1)(\tau_2 s+1)}{(\beta\tau_1 s+1)\left(\frac{1}{\beta}\tau_2 s+1\right)}=\frac{\left(s+\frac{1}{\tau_1}\right)\left(s+\frac{1}{\tau_2}\right)}{\left(s+\frac{1}{\beta\tau_1}\right)\left(s+\frac{\beta}{\tau_2}\right)}\quad(\beta>1,\ \tau_1>\tau_2)\tag{5-25}$$

2. Bode 图

频率特性为

$$G_c(j\omega)=\frac{(j\omega\tau_1+1)(j\omega\tau_2+1)}{(j\beta\omega\tau_1+1)\left(j\frac{\omega\tau_2}{\beta}+1\right)}$$

在图 5-15 所示中，ω 由 0 增至 ω_1 的频带内，此网络有滞后的相角特性；ω 由 ω_1增至∞ 的频带内，此网络有超前的相角特性；在 $\omega=\omega_1$处，相角为零。

3. 滞后-超前校正装置的作用

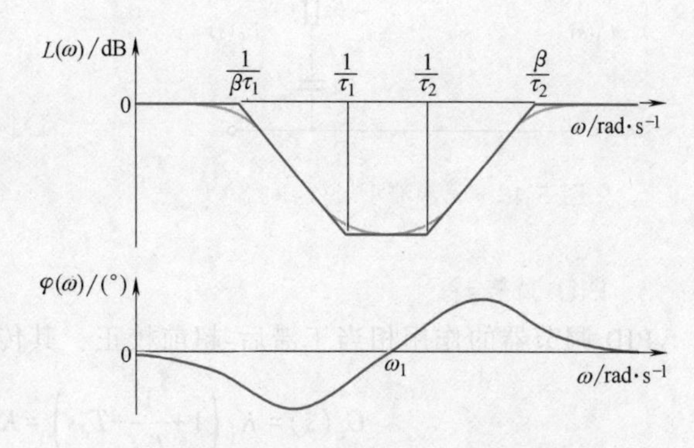

图 5-15 相位滞后-超前校正网络的 Bode 图

单纯采用超前校正或滞后校正均只能改善系统瞬态或稳态一个方面的性能。若未校正系统不稳定，并且对校正后系统的稳态和瞬态都有较高要求时，宜采用滞后-超前校正装置，利用校正网络中的超前部分改善系统的瞬态性能，而利用校正网络的滞后部分则可提高系统的稳态精度。

4. 滞后-超前校正装置的网络实现

（1）无源滞后-超前网络的实现　如图 5-16 所示，其传递函数为

$$G_c(s)=\frac{(\tau_1 s+1)(\tau_2 s+1)}{\tau_1\tau_2 s^2+(\tau_1+\tau_2+\tau_{12})s+1}$$

式中，$\tau_1=R_1C_1$；$\tau_2=R_2C_2$；$\tau_{12}=R_1C_2$。

若适当选择参量，使其具有两个不相等的负实数极点，则有

$$G_c(s)=\frac{(\tau_1 s+1)(\tau_2 s+1)}{(T_1 s+1)(T_2 s+1)}$$

式中，$T_1>\tau_1>\tau_2>T_2$；$\frac{T_1}{\tau_1}=\frac{\tau_2}{T_2}=\beta$。

（2）有源滞后-超前网络的实现　如图 5-17 所示，其传递函数为

$$G_c(s)=-\frac{(\tau_1 s+1)(\tau_2 s+1)}{Ts}$$

式中，$\tau_1=R_1C_1$；$\tau_2=R_2C_2$；$T=R_1C_2$。

上式也可写成另一种形式，即

$$G_c(s)=-K_p\left(1+\frac{1}{T_i s}+T_d s\right)$$

式中，$K_p=\frac{\tau_1+\tau_2}{T}$；$T_i=\tau_1+\tau_2$；$T_d=\frac{\tau_1\tau_2}{\tau_1+\tau_2}$。

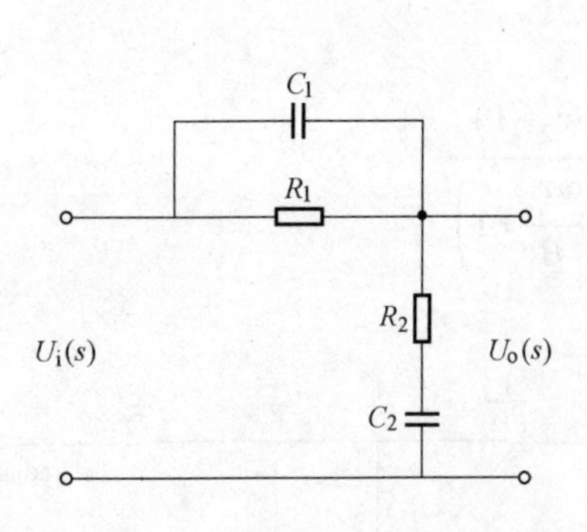

图 5-16　无源滞后-超前网络

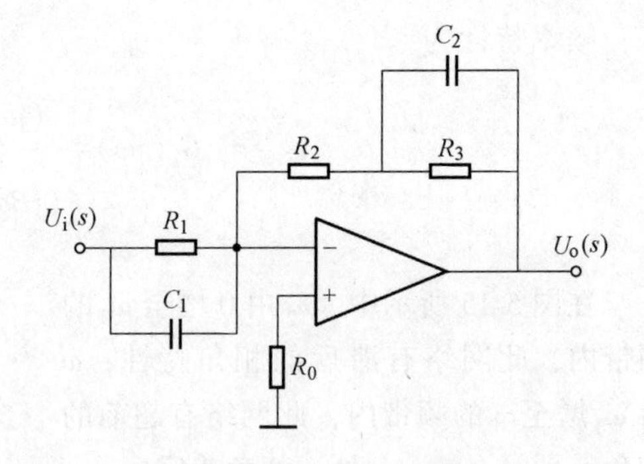

图 5-17　有源滞后-超前网络

5. PID 调节器

PID 调节器的作用相当于滞后-超前校正，其传递函数为

$$G_c(s)=K_p\left(1+\frac{1}{T_i s}+T_d s\right)=K_p\frac{T_dT_is^2+T_is+1}{T_is}$$

不难发现，PID 调节器的传递函数与有源滞后-超前校正的传递函数相似，PID 调节器是工业过程控制系统中常用的有源校正装置。

下节将从系统原有部分的特性和要求系统达到的性能指标两个方面进行综合分析，

来确定选择何种串联校正装置以及确定校正装置的参数。

5.3.4 串联校正装置的设计

利用频率特性法对系统进行综合和校正，实际上就是根据控制系统的性能指标来调节系统开环增益或选择校正装置，对系统的开环 Bode 图进行整形。

1. 串联相位超前校正装置的确定

超前校正的基本原理是利用超前校正网络的相角超前特性去增大系统的相角裕度，改善系统的瞬态响应，因此在设计校正装置时应使最大的超前相角尽可能出现在校正后系统的剪切频率 ω_c 处。设计步骤大致如下：

1）根据给定的系统稳态性能指标，确定系统的开环增益 K。

2）绘制确定 K 值下的系统 Bode 图，并计算相角裕度 γ_0。

3）根据给定的希望相角裕度 γ，计算所需增加的相角超前量 $\varphi_0=\gamma-\gamma_0+\varepsilon$[$\varepsilon=5°\sim20°$，这是考虑到加入相位超前校正装置会使 ω_c 右移，从而造成 $G_o(j\omega)$ 的相角滞后增加，为补偿这一因素的影响而留出的裕量]。

4）令超前校正装置最大超前角 $\varphi_m=\varphi_0$，并由 $\alpha=\dfrac{1-\sin\varphi_m}{1+\sin\varphi_m}$ 计算 α。

5）计算校正装置在 ω_m 处的增益 $10\lg\dfrac{1}{\alpha}$，并确定未校正系统 Bode 图曲线上增益为 $-10\lg\dfrac{1}{\alpha}$ 处的频率，此频率即为校正后系统的剪切频率 $\omega_c=\omega_m$。

6）确定串联超前校正装置的转折频率，即由 $\omega_m=\dfrac{1}{\tau\sqrt{\alpha}}$ 可得：$\omega_1=\dfrac{1}{\tau}=\omega_m\sqrt{\alpha}$，$\omega_2=\dfrac{1}{\alpha\tau}=\dfrac{\omega_m}{\sqrt{\alpha}}$。通常，为补偿超前校正网络衰减的开环增益，放大倍数需要再提高 $\dfrac{1}{\alpha}$，进而校正装置的传递函数为 $G_c(s)=\dfrac{\tau s+1}{\alpha\tau s+1}=\dfrac{\dfrac{s}{\omega_1}+1}{\dfrac{s}{\omega_2}+1}$。

7）画出校正后系统 Bode 图，验算相角裕度，如不满足要求，可增大 ε 从步骤 3）重新计算，直到满足要求为止。

8）校验其他性能指标，直到满足全部性能指标为止，最后用网络实现校正装置。

例 5-3 某隧道钻机控制系统框图如图 5-18 所示，其中 $R(s)$ 为钻机向前的预期角

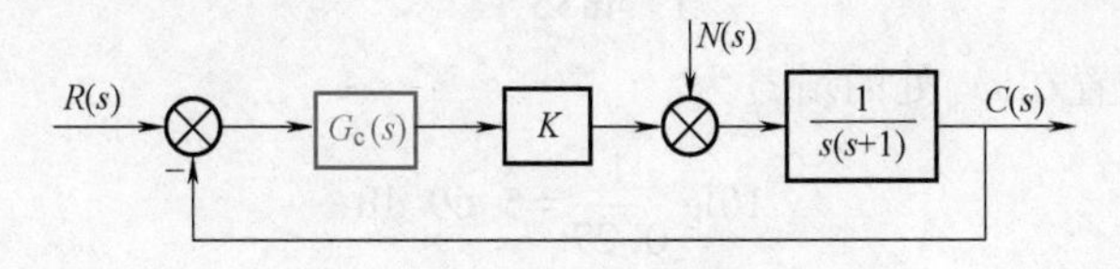

图 5-18 隧道钻机控制系统框图

度，$C(s)$为钻机向前的实际角度，负载对钻机的影响用扰动信号$N(s)$表示，系统中比例放大器的传递函数$G_1(s)=K$，钻机控制系统的传递函数$G_2(s)=\dfrac{1}{s(s+1)}$。要求设计串联校正装置$G_c(s)$，使系统具有$K_v \geqslant 20$及$\gamma \geqslant 40°$，$\omega_c \geqslant 5.5\ \text{rad}\cdot\text{s}^{-1}$。

解 1）未校正系统的开环传递函数为

$$G_o(s)=G_1(s)G_2(s)=\frac{K}{s(s+1)}$$

未校正系统的静态速度误差系数$K_v=\lim\limits_{s\to 0}sG_o(s)=K$，根据设计要求，取$K=20$。当$K=20$时，未校正系统的Bode图如图5-19中的曲线$G_o$所示，由图可以计算出剪切频率$\omega_{c1}$。由于Bode曲线自$\omega=1\ \text{rad}\cdot\text{s}^{-1}$开始以$-40$ dB/dec的频率与0 dB线相交于ω_{c1}，故存在如下关系

$$20\lg 20=40\lg\frac{\omega_{c1}}{1}$$

可得

$$\omega_{c1}=\sqrt{20}\ \text{rad}\cdot\text{s}^{-1}\approx 4.47\ \text{rad}\cdot\text{s}^{-1}<5.5\ \text{rad}\cdot\text{s}^{-1}$$

于是未校正系统的相角裕度为

$$\gamma_0=180°-90°-\arctan\omega_{c1}=12.61°<40°$$

不满足设计要求。

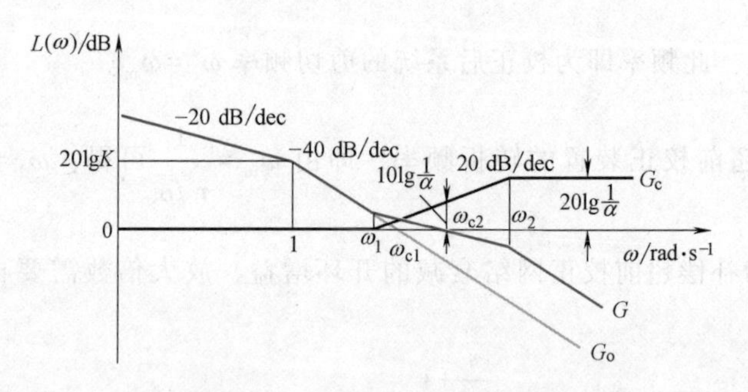

图5-19 例5-3系统的Bode图

为使系统相角裕度和剪切频率满足要求，引入串联超前校正网络。

2）所需相角超前量为

$$\varphi_0=40°-12.61°+7.61°=35°$$

3）令$\varphi_m=35°$，则

$$\alpha=\frac{1-\sin 35°}{1+\sin 35°}\approx 0.27$$

4）超前校正装置在ω_m处的增益为

$$10\lg\frac{1}{0.27}=5.69\ \text{dB}$$

根据前面计算ω_{c1}的原理，可以计算出未校正系统增益为-5.69 dB处的频率，即为校

正后系统的剪切频率 ω_{c2}。故由 $10\lg \dfrac{1}{0.27}=40\lg \dfrac{\omega_{c2}}{\omega_{c1}}$ 可得

$$\omega_{c2}=\frac{\omega_{c1}}{\sqrt[4]{0.27}}\approx\frac{4.47}{0.72}\ \mathrm{rad\cdot s^{-1}}\approx 6.21\ \mathrm{rad\cdot s^{-1}}$$

5）校正装置的最大超前相角频率 $\omega_m=\omega_{c2}=6.21\ \mathrm{rad\cdot s^{-1}}$，则校正装置的两个转折频率分别为

$$\omega_1=\frac{1}{\tau}=\omega_m\sqrt{\alpha}=6.21\times\sqrt{0.27}\ \mathrm{rad\cdot s^{-1}}\approx 3.23\ \mathrm{rad\cdot s^{-1}}$$

$$\omega_2=\frac{1}{\alpha\tau}=\frac{\omega_m}{\sqrt{\alpha}}=\frac{6.21}{\sqrt{0.27}}\ \mathrm{rad\cdot s^{-1}}\approx 11.94\ \mathrm{rad\cdot s^{-1}}$$

所以，校正装置的传递函数为

$$G_c(s)=\frac{\tau s+1}{\alpha\tau s+1}=\frac{\dfrac{s}{3.23}+1}{\dfrac{s}{11.94}+1}$$

6）经超前校正后，系统开环传递函数为

$$G(s)=G_c(s)G_o(s)=\frac{20\left(\dfrac{s}{3.23}+1\right)}{s(s+1)\left(\dfrac{s}{11.94}+1\right)}$$

其剪切频率为

$$\omega_c=\omega_{c2}=6.21\ \mathrm{rad\cdot s^{-1}}>6\ \mathrm{rad\cdot s^{-1}}$$

相角裕度为

$$\gamma=180^\circ-90^\circ+\arctan\frac{6.21}{3.23}-\arctan 6.21-\arctan\frac{6.21}{11.94}\approx 44.19^\circ>40^\circ$$

均符合要求。

在例5-3中，容易验证钻机控制系统对于单位阶跃输入信号的稳态误差 $e_{ssp}=0$，对于单位斜坡信号的稳态误差 $e_{ssv}=\dfrac{1}{K_v}=\dfrac{1}{K}$。当扰动信号 $N(s)$ 为单位阶跃信号时，根据式(3-47)，可得出由扰动信号引起的稳态误差 $e_{ssn}=-\dfrac{1}{K}$。再次说明系统的稳态性能指标可由系统的开环放大倍数表征。因此，需在系统设计时，根据系统的稳态性能指标确定系统的开环放大倍数。

另外，在设计过程中，如果校正后系统的剪切频率或相角裕度不满足设计要求，可适当增加补偿角度 ε，以增大超前校正装置最大超前角 φ_m，从而增大 ω_{c2} 和校正后的相角裕度 γ。但并非剪切频率或相角裕度越大越好，比如剪切频率过大容易导致系统对高频干扰信号的抑制能力降低。

综上所述，串联相位超前校正使系统的相角裕度增大，从而降低系统响应的超调量；

同时，增加了系统的 ω_c，即增加了系统的带宽 ω_b，使系统的响应速度加快。

2. 串联相位滞后校正装置的确定

一般设计串联相位滞后校正装置的步骤大致如下：

1）根据给定的系统稳态性能要求，确定系统的开环增益 K。

2）绘制未校正系统在已确定 K 下的系统 Bode 图，并求出其相角裕度 γ_0。

3）求出未校正系统 Bode 图上相角裕度 $\gamma_2=\gamma+\varepsilon$ 处的频率 ω_{c2}（即校正后系统的剪切频率 ω_c），其中 γ 是要求的相角裕度，而 ε 则是为了补偿滞后校正装置在 ω_{c2} 处的相角滞后，$\varepsilon=10°\sim15°$。

4）令未校正系统 Bode 图在 ω_{c2} 处的增益等于 $20\lg\beta$，由此确定滞后网络的 β 值。

5）按下列关系式确定滞后校正网络的转折频率：$\omega_2=\dfrac{1}{\tau}=\dfrac{\omega_{c2}}{10}\sim\dfrac{\omega_{c2}}{4}$，$\omega_1=\dfrac{1}{\beta\tau}$，进而确定校正装置的传递函数 $G_c(s)=\dfrac{\tau s+1}{\beta\tau s+1}=\dfrac{\dfrac{s}{\omega_2}+1}{\dfrac{s}{\omega_1}+1}$。

6）画出校正后系统 Bode 图，验算相角裕度。

7）校验其他性能指标，如不满足要求，重新选定 ω_2 或 τ。但 τ 不宜选得过大，只要满足要求即可，以免校正网络难以实现。

例 5-4　已知某机器人手爪位置控制系统的开环传递函数 $G_o(s)=\dfrac{K}{s(s+1)(0.25s+1)}$，试设计串联校正装置，使系统满足下列性能指标：$K\geqslant5$，$\gamma\geqslant40°$，$\omega_c\geqslant0.5\ \text{rad}\cdot\text{s}^{-1}$。

解　1）根据稳态误差的要求，取 $K=5$。未校正系统的 Bode 图如图 5-20 曲线 G_o 所示，可求得未校正系统的剪切频率 ω_{c1}。由于在 $\omega=1\ \text{rad}\cdot\text{s}^{-1}$ 处，系统的开环增益为 20lg5 dB，而穿过剪切频率 ω_{c1} 的系统 Bode 曲线的斜率为 −40 dB/dec，所以有

$$40\lg\frac{\omega_{c1}}{1}=20\lg5$$

得

$$\omega_{c1}=\sqrt{5}\ \text{rad}\cdot\text{s}^{-1}\approx2.24\ \text{rad}\cdot\text{s}^{-1}>0.5\ \text{rad}\cdot\text{s}^{-1}$$

相应的相角裕度为

$$\gamma_0=180°-90°-\arctan\omega_{c1}-\arctan0.25\omega_{c1}=-5.1°$$

说明未校正系统是不稳定的。由于 $\omega_{c1}>0.5\ \text{rad}\cdot\text{s}^{-1}$，所以考虑采用串联滞后校正装置。

2）未校正系统相频特性中对应于相角裕度 $\gamma_2=\gamma+\varepsilon=40°+15°=55°$ 时的频率为 ω_{c2}

$$\gamma_2=180°-90°-\arctan\omega_{c2}-\arctan0.25\omega_{c2}=55°$$

即由 $\arctan\omega_{c2}+\arctan0.25\omega_{c2}=35°$，可解得 $\omega_{c2}\approx0.52\ \text{rad}\cdot\text{s}^{-1}>0.5\ \text{rad}\cdot\text{s}^{-1}$，符合对系统剪切频率的要求，故可选为校正后系统的剪切频率，即选定 $\omega_c=0.52\ \text{rad}\cdot\text{s}^{-1}$。

3）当 $\omega=\omega_c=0.52\ \text{rad}\cdot\text{s}^{-1}$ 时，令未校正系统的开环增益为 $20\lg\beta$ dB，从而求出串联滞后校正装置的系数 β。由于未校正系统的增益在 $\omega=1\ \text{rad}\cdot\text{s}^{-1}$ 时为 20lg5 dB，故有

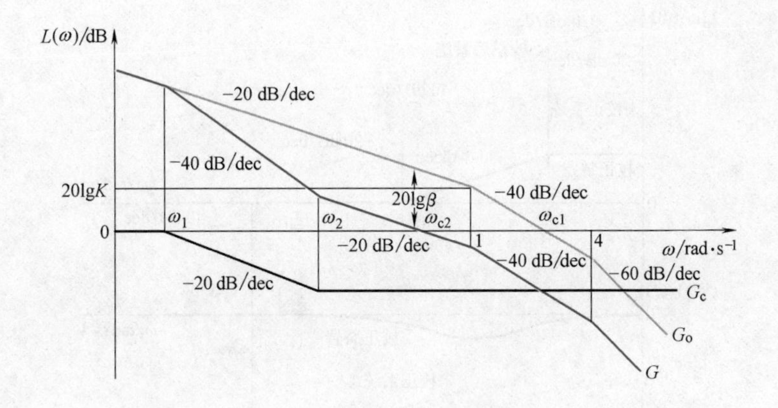

图 5-20 例 5-4 系统的 Bode 图

$$20\lg\beta=20\lg 5+20\lg\frac{1}{0.52}=20\lg\frac{5}{0.52}$$

于是选

$$\beta=\frac{5}{0.52}\approx 9.62$$

4）确定滞后装置的转折频率：选 $\omega_2=\frac{1}{\tau}=\frac{\omega_c}{4}=\frac{0.52}{4}=0.13$，即 $\tau=\frac{1}{0.13}\approx 7.7$，则$\beta\tau=9.62\times 7.7\approx 74.07$，$\omega_1=\frac{1}{\beta\tau}\approx 0.0135$，于是，滞后校正装置的传递函数为

$$G_c(s)=\frac{\tau s+1}{\beta\tau s+1}=\frac{7.7s+1}{74.07s+1}$$

5）校验校正后系统的相角裕度。校正后系统的开环传递函数为

$$G(s)=G_c(s)G_o(s)=\frac{5(7.7s+1)}{s(74.07s+1)(s+1)(0.25s+1)}$$

校正后系统的相角裕度为

$$\gamma=180°-90°-\arctan 74.07\omega_c-\arctan\omega_c-\arctan 0.25\omega_c+\arctan 7.7\omega_c\approx 42.59°>40°$$

满足要求。

如果一个系统的稳态性能满足要求，而其动态性能不满足要求，并希望降低低频带宽时，可采用滞后校正来降低其剪切频率，以满足其动态性能指标。比如例 5-4，采用串联相位滞后校正，在保证系统稳态精度的前提下，通过减小剪切频率 ω_c，以提高相角裕度 γ，从而减小系统的超调量，并且还抑制了高频噪声，但系统的带宽减小，快速性变差。

如果对一个系统的动态性能是满意的，为了改善其稳态性能，而又不致影响其动态性能，可以采用滞后校正。此时就要求在频率特性低频段提高其增益，而剪切频率基本保持不变，并且在剪切频率附近仍保持其相角裕度大小几乎不变，如图 5-21 所示，采用相位滞后校正后低频增益增大，而校正前后剪切频率不变。

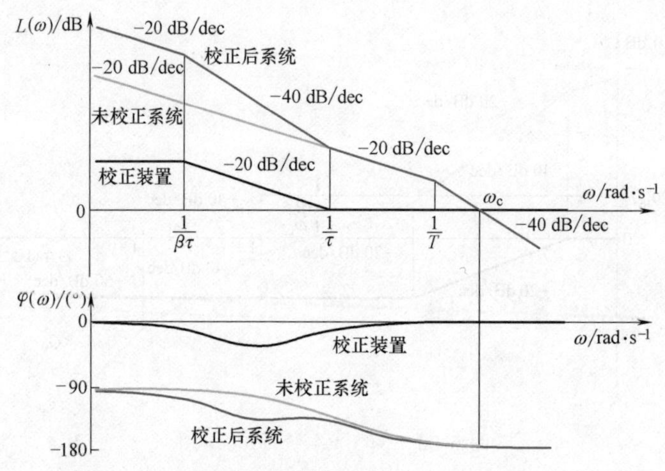

图 5-21 相位滞后校正提高低频增益情况的 Bode 图

图 5-21 中，未校正系统的开环传递函数 $G_o(s)=\dfrac{K}{s(Ts+1)}$，串联相位滞后校正装置的传递函数 $G_c(s)=\beta\dfrac{\tau s+1}{\beta\tau s+1}$，其中，校正装置的转折频率 $\omega_2=\dfrac{1}{\tau}<\dfrac{1}{T}<\omega_c$（$\omega_c$为未校正系统的剪切频率）。

3. 串联相位滞后-超前校正装置的确定

设计滞后-超前校正装置，更多的是按期望特性法设计，下面以实例说明其设计步骤。

例 5-5 设未校正系统原有部分的开环传递函数 $G_o(s)=\dfrac{K}{s(0.5s+1)(0.167s+1)}$，试设计串联校正装置，使系统满足下列性能指标：$K\geqslant180$，$\gamma>40°$，$3\ \text{rad}\cdot\text{s}^{-1}<\omega_c<5\ \text{rad}\cdot\text{s}^{-1}$。

解 1）绘制未校正系统在 $K=180$ 时的 Bode 图，如图 5-22 中 G_o所示。可以计算未校正系统的剪切频率 ω_{c1}。由于未校正系统在 $\omega=1\ \text{rad}\cdot\text{s}^{-1}$时的开环增益为 20lg180 dB，故增益与各交接频率间存在下述关系

$$20\lg2+40\lg\frac{6}{2}+60\lg\frac{\omega_{c1}}{6}=20\lg180\text{，则 }\omega_{c1}=12.9\ \text{rad}\cdot\text{s}^{-1}$$

未校正系统的相角裕度为

$$\gamma_0=180°-90°-\arctan0.167\omega_{c1}-\arctan0.5\omega_{c1}=-56.35°$$

表明未校正系统不稳定。

由此可以得出不能单纯采用超前校正，因为未校正系统的剪切频率已是12.9 $\text{rad}\cdot\text{s}^{-1}$，若再加超前校正网络，为保持 $K\geqslant180$，剪切频率将会更大，不满足 $3\ \text{rad}\cdot\text{s}^{-1}<\omega_c<5\ \text{rad}\cdot\text{s}^{-1}$。另外，补偿超前相角需达到 100°以上，这样的超前校正装置不容易实现。

如果考虑只用滞后校正装置，未校正系统中对应于 $\gamma_2=40°+15°=55°$的频率，由

$$180°-90°-\arctan0.5\omega_c-\arctan0.167\omega_c=55°$$

可得 $\omega_c=0.97\ \text{rad}\cdot\text{s}^{-1}<3\ \text{rad}\cdot\text{s}^{-1}$，也不满足 $3\ \text{rad}\cdot\text{s}^{-1}<\omega_c<5\ \text{rad}\cdot\text{s}^{-1}$。

因此，单纯使用串联相位超前或滞后校正装置将难于满足全部性能指标的要求，故只能用相位滞后-超前校正装置。

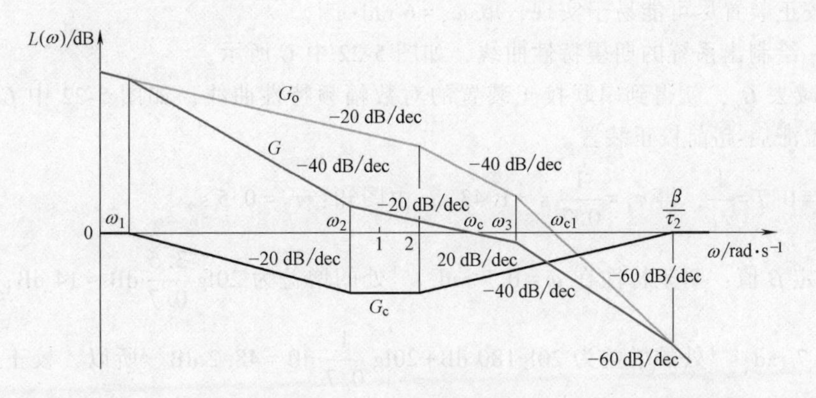

图 5-22 例 5-5 系统的 Bode 图

2）用期望频率特性法设计系统校正装置，需先确定系统的期望开环对数幅频特性。

① 中频段。期望特性中频段(剪切频率 ω_c 附近的频率范围)开环频率特性 $L(\omega)$ 的形状决定了系统的稳定性及动态品质，ω_c 的大小决定了系统的快速性。为使控制系统具有足够的稳定裕度($\gamma=40°\sim60°$)，$L(\omega)$ 穿越 0 dB 线的斜率一般应为−20 dB/dec，同时系统的稳定裕度还与中频段的宽度 $h=\dfrac{\omega_3}{\omega_2}$（$\omega_2$、$\omega_3$ 分别为中频段两端的转折频率）有关，h 与谐振峰值 M_r 的关系为 $h=\dfrac{M_r+1}{M_r-1}$，即 $M_r\approx\dfrac{1}{\sin\gamma}$(证明从略)，$h$ 越大，γ 越大，系统的相对稳定性越好。一般，校正后系统的 ω_c 通常可选为原系统的相角剪切频率 ω_g，即由 $-90°-\arctan0.5\omega_c-\arctan0.167\omega_c=-180°$，选定系统期望频率特性的剪切频率 $\omega_c=3.5\ \text{rad}\cdot\text{s}^{-1}$。然后过 ω_c 做一条斜率为−20 dB/dec 的直线，作为期望特性的中频段。

② 低频段。期望特性低频段的增益应满足稳态误差的要求。为使控制系统以足够小的误差跟踪输入，期望在低频段提供足够高的增益，如若根据稳态误差的要求已经确定了系统的无差度(相当于系统的类型)和开环增益 K，则希望特性的低频段渐近线或它的延长线必须在 $\omega=1\ \text{rad}\cdot\text{s}^{-1}$ 处大于或等于 $20\lg K$。

为了满足 $K=180$，低频段的期望特性应与未校正系统特性相同。为此，需在期望特性的中频段与低频段之间用一条斜率为−40 dB/dec 的直线连接，连线与中频段交点处频率 ω_2 不宜离 ω_c 太近，否则难以保证系统相角裕度的要求。

现按 $\omega_2=\dfrac{\omega_c}{10}\sim\dfrac{\omega_c}{4}$ 的原则选取 $\omega_2=\dfrac{\omega_c}{5}=0.7\ \text{rad}\cdot\text{s}^{-1}$。

③ 高频段。期望特性的高频段，开环 $L(\omega)$ 曲线的形状决定了系统的抗干扰能力，为减小高频噪声的影响，期望在高频段内 $L(\omega)$ 曲线应尽可能迅速衰减。但为了使校正装置不过于复杂，期望特性的高频段应尽量与未校正系统特性一致。由于未校正系统高频段特性的斜率是−60 dB/dec，故期望特性中频段与高频段之间也应有一条斜率为−40 dB/dec

的直线作为连接线，此连接线与中频段期望特性相交，其交接频率 ω_3 距 ω_c 也不宜过近，否则也会影响系统的相角裕度。考虑到未校正系统有一个交接频率为 6 rad·s^{-1} 的惯性环节，为使校正装置尽可能易于实现，取 $\omega_3=6$ rad·s^{-1}。

于是，绘制出系统的期望特性曲线，如图 5-22 中 G 所示。

3）G 减去 G_o，就得到串联校正装置的对数幅频特性曲线，如图 5-22 中 G_c 所示，此为串联相位滞后-超前校正装置。

由 $\omega_2=0.7=\dfrac{1}{\tau_1}$，得 $\tau_1=\dfrac{1}{0.7}$ s≈1.43 s；由图知：$\tau_2=0.5$ s。

4）确定 β 值：期望特性在 $\omega=0.7$ rad·s^{-1} 处的增益为 $20\lg\dfrac{3.5}{0.7}$ dB≈14 dB；未校正系统在 $\omega=0.7$ rad·s^{-1} 处的增益为 $20\lg180$ dB$+20\lg\dfrac{1}{0.7}$ dB$=48.2$ dB。所以，校正装置在 $\omega=0.7$ rad·s^{-1} 处的增益为 -34.2 dB，即 $20\lg\dfrac{1/\tau_1}{1/(\beta\tau_1)}=34.2=20\lg\beta$，得 $\beta=51.3$。

因此，串联相位滞后-超前校正装置的传递函数为

$$G_c(s)=\frac{(\tau_1 s+1)(\tau_2 s+1)}{(\beta\tau_1 s+1)\left(\dfrac{1}{\beta}\tau_2 s+1\right)}=\frac{(1.43s+1)(0.5s+1)}{(73.3s+1)(0.0097s+1)}$$

5）校正后系统的开环传递函数为

$$G(s)=G_c(s)G_o(s)=\frac{180(1.43s+1)}{s(73.3s+1)(0.167s+1)(0.0097s+1)}$$

校验系统相角裕度

$$\gamma=180°-90°-\arctan73.3\omega_c+\arctan1.43\omega_c-\arctan0.167\omega_c-\arctan0.0097\omega_c=46.7°$$

采用串联相位滞后-超前校正装置，能使校正后系统满足全部性能指标的要求。

以上介绍的利用频率特性法确定串联校正装置参数的方法，属于控制理论中的理论计算方法。在工程实际中，PID 调节器参数的整定常用经验法、临界增益法、衰减曲线法、动态响应法等工程整定法，避开了对象特性的数学描述，直接在控制系统中对 PID 调节器实际参数进行整定，方法简单、计算方便，当然这是一种近似的方法，所得到的调节器参数不一定是最佳参数，但相当实用。

5.4 反馈校正

在工程中，除采用串联校正外，（局部）反馈校正也是常用的校正方案之一。反馈校正不仅能收到和串联校正同样的效果，还能抑制被反馈所包围的环节参数波动对系统性能的影响。因此，当系统参数经常变化而又能取出适当的反馈信号时，一般来说，采用反馈校正是合适的。

5.4.1 反馈的作用

(1) 比例负反馈可以减弱所包围环节的惯性，从而扩展该环节的带宽，提高其响应速度　如图5-23所示的系统，有

$$\frac{C(s)}{R(s)}=\frac{K}{Ts+1+KK_f}=\frac{K_1}{T_1 s+1} \tag{5-26}$$

式中，$K_1=\dfrac{K}{1+KK_f}$；$T_1=\dfrac{T}{1+KK_f}$。

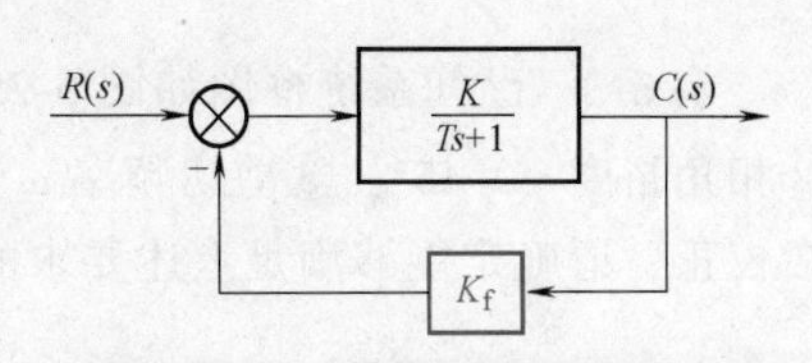

图5-23　具有比例负反馈的系统

显然，反馈后的时间常数 $T_1<T$，惯性减小，响应速度加快，同时反馈后的放大系数 K_1 也减小（$K_1<K$），但这可通过提高其他环节（如放大环节）的增益来补偿。

若前向通道为振荡环节或其他环节，则其结果完全相同。

(2) 负反馈可以减弱参数变化对控制系统的影响　对一个输入为 $R(s)$、输出为 $C(s)$、传递函数为 $G(s)$ 的开环系统，其输出 $C(s)=R(s)G(s)$，由 $G(s)$ 变化 $\Delta G(s)$ 引起的输出变化 $\Delta C(s)=R(s)\Delta G(s)$。

对开环传递函数为 $G(s)$ 的闭环系统，当存在 $\Delta G(s)$ 变化时，系统的输出为

$$C(s)+\Delta C(s)=R(s)\frac{G(s)+\Delta G(s)}{1+G(s)+\Delta G(s)}$$

通常 $1+G(s)\gg\Delta G(s)$，所以有

$$\Delta C(s)\approx R(s)\frac{\Delta G(s)}{1+G(s)} \tag{5-27}$$

因一般情况下 $1+G(s)\gg1$，故负反馈能大大削弱参数变化的影响。

(3) 负反馈可以消除系统中某些环节不希望的特性　如图5-24所示的系统，若 $G_2(s)$ 的特性是不希望的，则加上局部反馈 $H_2(s)$ 后，这个内环稳定，有

$$\frac{Y(j\omega)}{X(j\omega)}=\frac{G_2(j\omega)}{1+G_2(j\omega)H_2(j\omega)}$$

若

$$|G_2(j\omega)H_2(j\omega)|\gg1 \tag{5-28}$$

则

$$\frac{Y(j\omega)}{X(j\omega)}\approx\frac{1}{H_2(j\omega)}$$

即在满足式(5-28)的频段里，局部反馈系统的特性可近似地由反馈通道传递函数的倒数来描述。于是，可以适当选取反馈通道的参数，用 $\dfrac{1}{H_2(s)}$ 取代 $G_2(s)$。由于反馈校正的上述特点，使得它在控制系统的校正方面得到广泛应用。

5.4.2 反馈校正装置的设计

举例说明反馈校正的设计步骤。

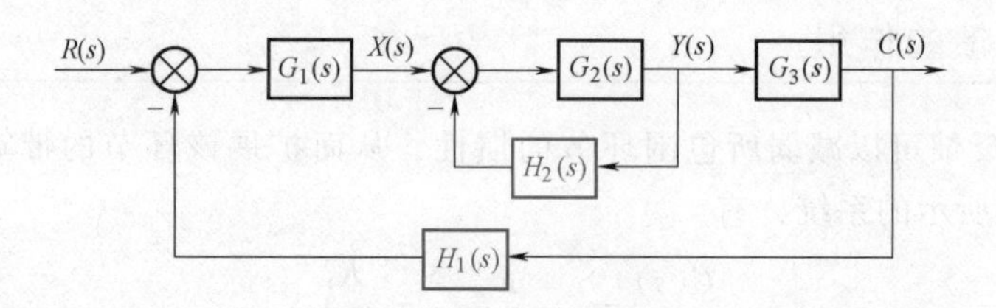

图 5-24 多环控制系统

例 5-6 已知系统框图如图 5-25 所示，对系统的要求：①速度误差系数 $K_v=200\ s^{-1}$；②相角裕度 $\gamma \geqslant 45°$；③剪切频率 $\omega_c=20\ rad \cdot s^{-1}$。因结构上的要求，采用图示的局部负反馈校正，请确定能够满足上述要求的反馈校正装置的传递函数 $H(s)$。

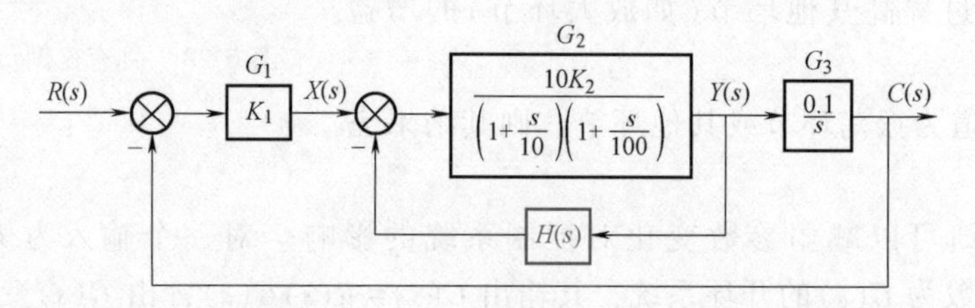

图 5-25 例 5-6 的系统框图

解 1）根据稳态误差系数绘制出未校正系统的 Bode 图，如图 5-26 所示。

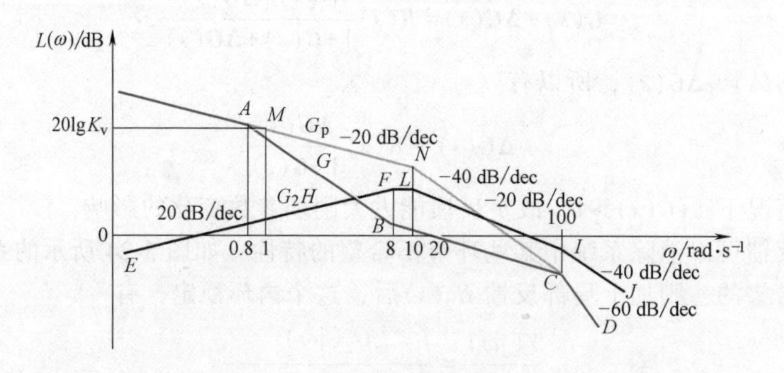

图 5-26 例 5-6 系统的 Bode 图

在半对数坐标图 5-26 上过点 $M(K_v=200,\ \omega=1)$ 做 $H(s)=0$ 的开环对数幅频特性 $G_p(s)$ 曲线，如图中线段 $MNCD$ 所示。$G_p(s)=\dfrac{K_1K_2}{s(1+0.1s)(1+0.01s)}=G_1(s)G_2(s)G_3(s)$，在剪切频率附近的线段斜率为 -40 dB/dec，不满足稳定的要求，故需要校正。

2）根据设计要求做校正后系统的开环幅频特性曲线。由 $G_p(s)$ 的幅频特性曲线可知，在 $\omega=100\ rad \cdot s^{-1}$ 处，曲线斜率为 -60 dB/dec，取 $\omega_c=20\ rad \cdot s^{-1}$，则校正后系统在剪切频率附近的斜率变化为 -40 dB/dec、-20 dB/dec、-60 dB/dec。若取 $\omega_2=100\ rad \cdot s^{-1}$，又由 $\gamma \geqslant 45°$，取中频线宽 $h=\dfrac{\omega_2}{\omega_1}=12.5$，则 $\omega_1=8\ rad \cdot s^{-1}$。过 $\omega_c=20\ rad \cdot s^{-1}$ 做斜率为

$-20\ \mathrm{dB/dec}$的斜线，与 $\omega_1=8\ \mathrm{rad \cdot s^{-1}}$、$\omega_2=100\ \mathrm{rad \cdot s^{-1}}$处的垂线分别交于 B 点和 C 点，过 B 点做斜率为$-40\ \mathrm{dB/dec}$ 的斜线交 $\omega=0.8\ \mathrm{rad \cdot s^{-1}}$处的垂线于 A 点，曲线 $ABCD$ 即表示校正后系统的开环幅频特性 $G(s)$，由图可知

$$G(s)=\frac{200\left(1+\frac{s}{8}\right)}{s\left(1+\frac{s}{0.8}\right)(1+0.01s)^2}$$

3）根据已求得的 $G_p(s)$和 $G(s)$再求校正装置的传递函数 $H(s)$。由图 5-26 可知，局部反馈回路的闭环传递函数为

$$\frac{Y(s)}{X(s)}=\frac{G_2(s)}{1+G_2(s)H(s)}$$

校正后系统的开环传递函数为

$$G(s)=\frac{G_1(s)G_2(s)G_3(s)}{1+G_2(s)H(s)} \tag{5-29}$$

当$|G_2(s)H(s)|>1$ 时，式(5-29)可近似简化为

$$G(s)\approx\frac{G_1(s)G_2(s)G_3(s)}{G_2(s)H(s)}=\frac{G_p(s)}{G_2(s)H(s)} \tag{5-30}$$

当$|G_2(s)H(s)|\approx1$ 时，$G(s)$可近似描述为

$$G(s)\approx G_1(s)G_2(s)G_3(s) \tag{5-31}$$

显然上述分段简化处理有些粗略，主要是在$|G_2(s)H(s)|=1$ 及其附近的频率上不够精确，但是，一般来说这些频率与剪切频率 ω_c 在数值上相差甚远，因此在这些频率上特性的不准确对所设计系统的动态特性不会有明显的影响。从简化设计的角度考虑，本例的简化是可取的，这也是工程中较广泛使用的一种方法。

当$|G_2(s)H(s)|>1$ 时，根据式(5-30)得局部反馈回路的开环传递函数为

$$G_2(s)H(s)=\frac{G_p(s)}{G(s)} \tag{5-32}$$

在系统 Bode 图上为

$$L_{G_2H}(\omega)=L_p(\omega)-L(\omega) \tag{5-33}$$

在图 5-26 中即为曲线 $MNCD$ 与 $ABCD$ 所代表的幅频特性之差 $EFLI$。

当$|G_2(s)H(s)|<1$ 时，根据式(5-31)知，反馈作用可以忽略，即局部反馈回路开环幅值越小，式(5-31)越精确。故在低频段内，为了与$|G_2(s)H(s)|>1$ 的部分具有相同的形式(以简化校正结构)，将 $L_{G_2H}(\omega)$采用微分环节(图中为 FE 延长线)，在高频段内将 $L_{G_2H}(\omega)$采用斜率$-40\ \mathrm{dB/dec}$ 的斜线(图中 IJ)。这样，$L_{G_2H}(\omega)$在图中便可表示为 $EFLIJ$。由图 5-26 可知 $K=1.25$，因此有 $G_2(s)H(s)=\frac{1.25s}{(1+s/8)(1+0.1s)(1+0.01s)}$；又由图 5-25 可知，$G_2(s)H(s)=\frac{10K_2}{(1+0.1s)(1+0.01s)}H(s)$。所以得 $H(s)=\frac{1.25s}{10K_2(1+0.125s)}$，取 $K_2=1$，

则有$H(s)=\dfrac{0.125s}{1+0.125s}$，$H(s)$即为所求校正装置的传递函数。

4）校验。根据校正后系统的开环传递函数$G(s)$，可得$\omega_c=20\ \text{rad}\cdot\text{s}^{-1}$，于是有

$$\gamma=180°+\arctan\frac{20}{8}-90°-\arctan\frac{20}{0.8}-2\arctan\frac{20}{100}\approx48°>45°$$

5.5 复合校正

复合校正(复合控制)包括按给定量顺馈补偿和按扰动量前馈补偿的复合校正，顺馈补偿和前馈补偿本身为开环控制，对控制结果可能出现的偏差没有自行修正的能力，故其往往要和反馈控制配合使用，构成复合控制系统。顺馈补偿和前馈补偿的特点是不依靠偏差，而直接根据输入信号或所测量的干扰信号进行开环补偿控制，在输入信号或干扰信号引起误差之前就对它进行补偿，以及时消除误差。下面介绍按给定量顺馈补偿控制器的设计和按扰动量前馈补偿控制器的设计。

5.5.1 按给定量顺馈补偿控制器的设计

在反馈控制的基础上引进输入信号的微分(一般为一阶、二阶微分)和输入信号一起对控制对象进行控制，可大大提高系统对输入信号的跟踪精度，具体表现为使速度误差和加速度误差大为减少。

1. 完全补偿

例如图5-27所示的控制系统，它有两个控制通道，一个是由$G_{CL}(s)G_2(s)$组成的顺馈补偿，一个是由$G_1(s)G_2(s)$组成的反馈控制。其系统输出$C(s)=\{R(s)G_{CL}(s)+[R(s)-C(s)]G_1(s)\}G_2(s)$，展开得系统闭环等效传递函数为

$$\Phi_d(s)=\frac{C(s)}{R(s)}=\frac{G_1(s)G_2(s)+G_{CL}(s)G_2(s)}{1+G_1(s)G_2(s)} \tag{5-34}$$

系统误差传递函数为

$$\Phi_{de}(s)=1-\Phi_d(s)=\frac{1-G_{CL}(s)G_2(s)}{1+G_1(s)G_2(s)} \tag{5-35}$$

如果选择顺馈装置为

$$G_{CL}(s)=\frac{1}{G_2(s)} \tag{5-36}$$

则有$\Phi_{de}(s)=0$，即系统误差$E(s)=\Phi_{de}(s)R(s)=0$，完全消除了给定输入信号引起的误差，实现了全补偿。将式(5-36)代入式(5-34)得

$$\Phi_d(s)=\frac{G_1(s)G_2(s)+\dfrac{1}{G_2(s)}G_2(s)}{1+G_1(s)G_2(s)}=1$$

上式说明系统输出能够完全复现输入，系统成为无惯性的比例环节。式(5-36)这个使误差为零的条件，称为绝对不变性条件。

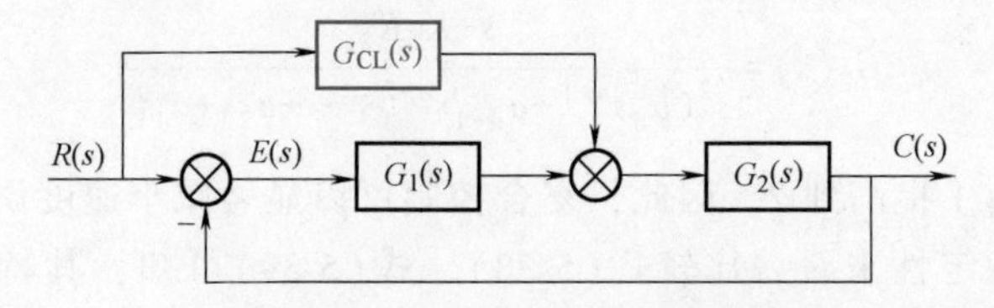

图 5-27 利用顺馈减小跟踪误差

在工程上实现绝对不变性条件是困难的，因为这意味着要以极大的加速度运行，需要极大的功率，故只能近似实现它，也就是部分补偿。如前所述，系统的无差度越高，系统的跟踪精度也越高。一般来说，如果通过顺馈校正把系统的无差度提高到 2 或 3(提高系统类型到Ⅱ型或Ⅲ型)，则可有效地减小速度和加速度误差。

2. 部分补偿

在图 5-27 所示的系统中，若 $G_1(s)=K_1$、$G_{CL}(s)=0$，则

$$G_2(s)=\frac{K_2}{s(a_ns^n+a_{n-1}s^{n-1}+\cdots+a_1s+1)} \tag{5-37}$$

即当纯反馈控制时，其闭环传递函数为

$$\Phi(s)=\frac{G_1(s)G_2(s)}{1+G_1(s)G_2(s)}=\frac{K_1K_2}{s(a_ns^n+a_{n-1}s^{n-1}+\cdots+a_1s+1)+K_1K_2} \tag{5-38}$$

现引入顺馈控制，若取输入信号的一阶、二阶导数为顺馈控制信号，即

$$G_{CL}(s)=\lambda_2s^2+\lambda_1s$$

则复合控制系统的等效闭环传递函数由式(5-34)得

$$\Phi_d(s)=\frac{G_1(s)G_2(s)+G_{CL}(s)G_2(s)}{1+G_1(s)G_2(s)}=\frac{K_1K_2+K_2(\lambda_2s^2+\lambda_1s)}{s(a_ns^n+a_{n-1}s^{n-1}+\cdots+a_1s+1)+K_1K_2} \tag{5-39}$$

等效开环传递函数为

$$G_d(s)=\frac{\Phi_d(s)}{1-\Phi_d(s)}=\frac{K_1K_2+K_2(\lambda_2s^2+\lambda_1s)}{s[a_ns^n+a_{n-1}s^{n-1}+\cdots+a_2s^2+(a_1-K_2\lambda_2)s+(1-K_2\lambda_1)]}$$

取 $\lambda_2=\frac{a_1}{K_2}$、$\lambda_1=\frac{1}{K_2}$，则上式变为

$$G_d(s)=\frac{a_1s^2+s+K_1K_2}{s^3(a_ns^{n-2}+a_{n-1}s^{n-3}+\cdots+a_3s+a_2)} \tag{5-40}$$

比较式(5-37)、式(5-40)可知，系统的无差度由 1 提高到 3(系统类型由Ⅰ型提高到Ⅲ型)。

如果取 $G_{\mathrm{CL}}(s)=\lambda_1 s$，且 $\lambda_1=\dfrac{1}{K_2}$，同理可得系统的等效开环传递函数为

$$G_{\mathrm{d}}(s)=\frac{s+K_1K_2}{s^2(a_ns^{n-1}+a_{n-1}s^{n-2}+\cdots+a_2s+a_1)} \tag{5-41}$$

系统的无差度由 1 提高到 2。因此，复合控制可以显著减小速度误差和加速度误差。

从控制系统的稳定性来看，比较式(5-38)、式(5-39)可知，其特征方程和纯反馈系统时一致，故系统的稳定性不受顺馈控制的影响，从而解决了一般反馈控制中，在提高控制精度和确保稳定性之间的矛盾。

通常要实现控制信号的纯微分是困难的，因此，顺馈环节也可采用下述近似处理的形式，即

$$G_{\mathrm{CL}}(s)=\frac{\lambda_2s^2+\lambda_1s}{Ts+1}$$

当 $T\ll\dfrac{\lambda_1}{\lambda_2}$时，即可做到近似补偿。此时系统的等效闭环传递函数由式(5-34)得

$$\Phi_{\mathrm{d}}(s)=\frac{K_1K_2(Ts+1)+K_2(\lambda_2s^2+\lambda_1s)}{(Ts+1)[s(a_ns^n+a_{n-1}s^{n-1}+\cdots+a_1s+1)+K_1K_2]} \tag{5-42}$$

分析式(5-42)可知，除非在 $G_2(s)$的分子中含有因子($Ts+1$)，以和分母中的抵消，否则($Ts+1$)将作为寄生因子存在于复合控制的特征方程式中。比较式(5-39)、式(5-42)可知，因寄生因子的存在，使复合控制系统的稳定性和原来反馈控制系统的稳定性有所不同，但寄生因子的时间常数可以做得很小，因此对系统的稳定性影响不大。

在串联校正中，靠校正解决提高精度和稳定性的矛盾是有限度的，而采用复合控制则可二者兼得，即可做到在系统开环增益 K_{v}不大的情况下，同时满足对系统精度和稳定性的要求。下面通过实例来说明设计步骤。

例 5-7　如图 5-28 所示系统，要求：①剪切频率 $\omega_{\mathrm{c}}\geqslant 44\ \mathrm{rad\cdot s^{-1}}$；②相角裕度 $\gamma>50°$；③跟踪给定输入信号的稳态误差为零。试问该系统能否满足上述要求？如不满足要求，请对该系统进行校正。

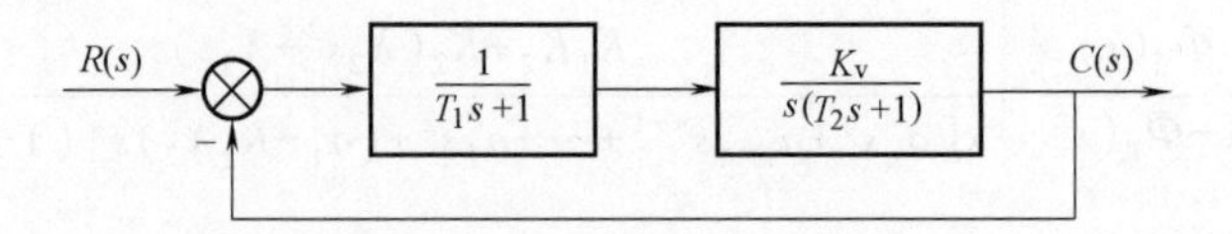

图 5-28　例 5-7 的系统框图

(图中：$T_1=0.00315\ \mathrm{s}$，$T_2=0.262\ \mathrm{s}$)

解　1) 在低增益情况下，按动态设计指标用串联校正综合系统。在本例中，取 $K_{\mathrm{v}}=100\ \mathrm{s^{-1}}$，根据图 5-29 给出的参数，画出未校正系统的开环对数幅频特性曲线，如图 5-29 所示(图中的 G_{o})。

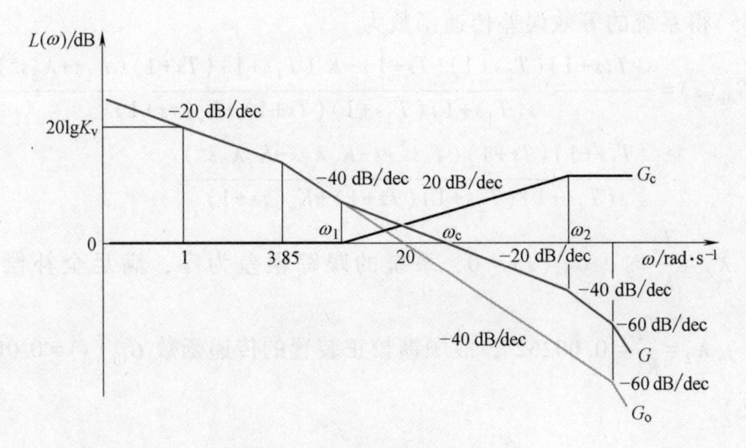

图 5-29　例 5-7 系统的 Bode 图

由图可见，未校正系统的剪切频率为 20 rad·s^{-1}，对应的相角裕度为

$$\gamma=180°-90°-\arctan\frac{20}{3.85}-\arctan\frac{20}{320}=7.4°$$

因此系统的快速性和相对稳定性均不满足要求。

根据要求的设计指标 $\omega_c=44$ rad·s^{-1}，采用串联校正，取 $\omega_2=140$ rad·s^{-1}，过点$\omega_c=$ 44 rad·s^{-1}做斜率为-20 dB/dec 的直线，分别交 $\omega_2=140$ rad·s^{-1}处的垂线和未校正系统的幅频特性曲线于 $\omega_1=9$ rad·s^{-1}处，于是得串联校正后系统的开环幅频特性 $L(\omega)$。由$L(\omega)$知校正后系统的开环传递函数为

$$G(s)=\frac{100(0.11s+1)}{s(0.262s+1)(0.0072s+1)(0.00315s+1)}$$

从而求得校正装置的传递函数为

$$G_c(s)=\frac{0.11s+1}{0.0072s+1}$$

校验相角裕度

$$\gamma=180°-90°-\arctan\frac{44}{3.85}+\arctan\frac{44}{9}-\arctan\frac{44}{140}-\arctan\frac{44}{320}=56°>50°$$

故满足动态性能指标要求。

2）根据精度要求加入顺馈校正。加入顺馈校正后系统的框图如图 5-30 所示。

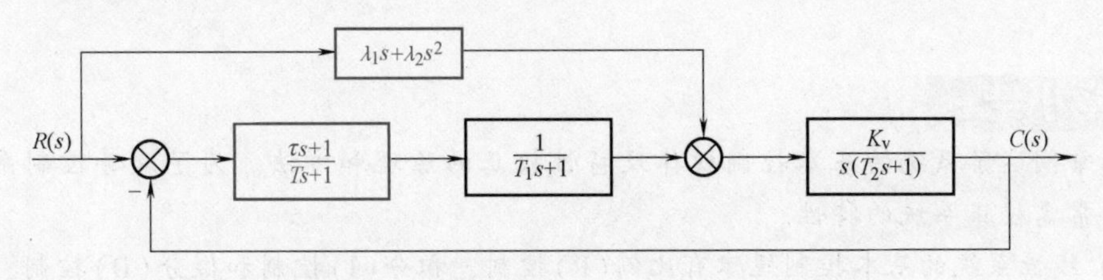

图 5-30　加入顺馈校正后的系统框图

按式(5-35)得系统的等效误差传递函数为

$$G_{de}(s)=\frac{s(T_1s+1)(T_2s+1)(Ts+1)-K_v(T_1s+1)(Ts+1)(\lambda_1s+\lambda_2s^2)}{s(T_1s+1)(T_2s+1)(Ts+1)+K_v(\tau s+1)}=$$

$$\frac{(T_1s+1)(Ts+1)(T_2s^2+s-K_v\lambda_1s-K_v\lambda_2s^2)}{s(T_1s+1)(T_2s+1)(Ts+1)+K_v(\tau s+1)}$$

故当 $\lambda_1=\frac{1}{K_v}$、$\lambda_2=\frac{T_2}{K_v}$时，$G_{de}(s)=0$，系统的跟踪误差为零，满足全补偿条件。例中，$\lambda_1=\frac{1}{K_v}=0.01$，$\lambda_2=\frac{T_2}{K_v}=0.00262$，故顺馈校正装置的传递函数 $G_{CL}(s)=0.01s+0.00262s^2=0.01s(1+0.262s)$。

5.5.2 按扰动量前馈补偿控制器的设计

如果扰动信号是可测量的，则可采用前馈校正的方法，在可测扰动信号产生不利影响之前，通过前馈通道将它抵消，如图 5-31 所示。图中 $G_n(s)$为干扰的传递函数，$G_c(s)$为串联校正环节，系统的输出为

$$C(s)=[R(s)-C(s)]G_c(s)G(s)+N(s)[G_{CL}(s)G_c(s)G(s)+G_n(s)]$$

当输入 $R(s)=0$，仅考虑扰动时，有

$$C(s)=N(s)\frac{G_{CL}(s)G_c(s)G(s)+G_n(s)}{1+G_c(s)G(s)}$$

故当 $G_{CL}(s)=-\frac{G_n(s)}{G_c(s)G(s)}$时，有 $C(s)=0$，即实现了对扰动信号的全补偿。通常实现全补偿是困难的，但近似补偿是可做到的。

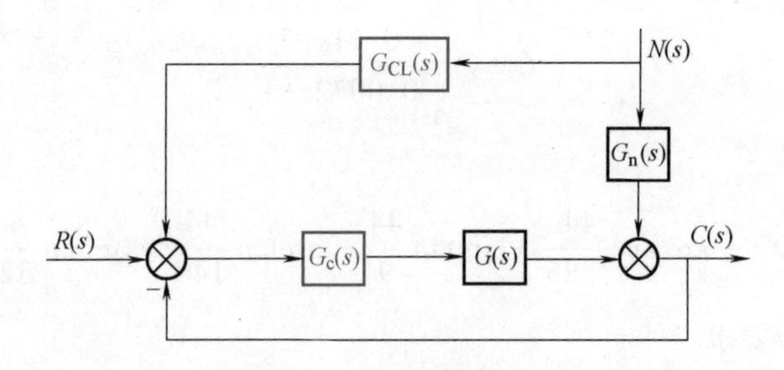

图 5-31 用前馈补偿干扰

本章小结

本章阐述了系统的基本控制规律及特性校正的原理和方法。为了改善控制系统的性能，常需校正系统的特性。

1) 线性系统的基本控制规律有比例(P)控制、积分(I)控制和微分(D)控制。应用这些基本控制规律的组合构成校正装置，加入系统中，可以达到校正系统特性的目的。

2）无论用何种方法去设计校正装置，都表现为改善描述系统运动规律的数学模型的过程，根轨迹法设计校正装置的实质是实现系统的极点配置，频率特性法设计校正装置则是使校正后系统实际开环频率特性与希望开环频率特性相匹配。

3）正确地将提供基本控制（比例、积分、微分控制）功能的校正装置加入系统，是实现极点配置或开环频率特性匹配的有效手段。

4）实际工程中，被控对象的数学模型难以得到，通常采用PI调节器、PD调节器和PID调节器作为校正装置加入系统，调节器参数常借助于试探的方法确定，最后对参数进行适当调整，以达到满意的控制效果。

5）根据校正装置在系统中的位置划分，有串联校正和反馈校正（并联校正）；根据校正装置的构成元件划分，有无源校正和有源校正；根据校正装置的特性划分，有超前校正和滞后校正。

6）串联校正装置（特别是有源校正装置）设计比较简单，也容易实现，应用广泛。但在某些情况下，必须改造未校正系统某一部分特性方能满足性能指标要求，这时应采用反馈校正。

7）由于运算放大器性能高（输入阻抗及增益极高、输出阻抗极低），且价格便宜，用它做成校正装置性能优越，故串联校正几乎全部采用有源校正装置。反馈校正的信号是以高功率点（相应的输出阻抗低）传向低功率点（相应的输入阻抗高），往往采用无源校正装置。

8）超前校正装置具有相位超前和高通滤波器特性，能提供微分控制功能去改善系统的瞬态性能，但同时使系统对噪声敏感；滞后校正装置具有相位滞后和低通滤波器特性，能提供积分控制功能去改善系统的稳态性能和抑制噪声的影响，但系统的带宽受到限制，减缓了响应的速度。只要带宽允许，采用滞后校正能有效地改善系统的性能。采用滞后-超前校正则能同时改善系统的稳态和瞬态性能。

9）复合校正属开环补偿控制，但如使用得当，对提高稳态精度有明显作用，对瞬态性能则作用有限。

习题

5-1 思考以下问题。

1）控制系统综合与校正的实质是什么？在系统校正中，常用的性能指标有哪些？

2）有源校正装置与无源校正装置有何不同特点？在实现校正时它们的作用是否相同？

3）PID调节器传递函数的一般形式是什么？简述PID调节器各部分的作用（P控制、I控制、D控制）。

4）如果Ⅰ型系统经校正后希望成为Ⅱ型系统，应采用哪种校正才能满足要求，并保证系统稳定？

5）串联相位超前校正为什么可以改善系统的瞬态性能？

6）在什么情况下加串联相位滞后校正可以提高系统的稳定程度？

7）若从抑制扰动对系统影响的角度考虑，最好采用哪种校正形式？

8）为什么反馈补偿可以用一个希望的环节代替系统固有部分中不希望的环节？

5-2　求图5-32所示相位超前网络和相位滞后网络的传递函数和Bode图。

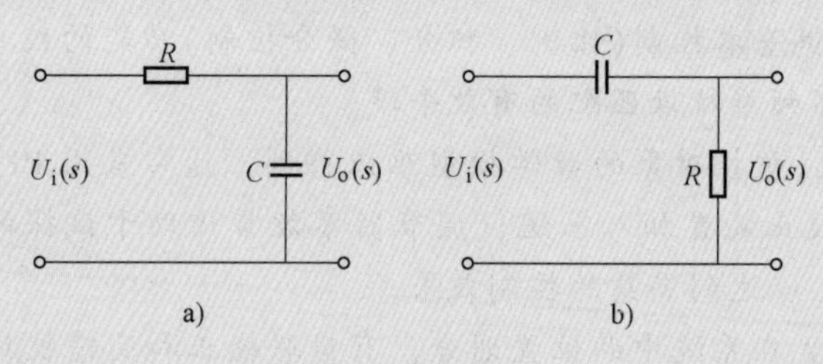

图5-32　题5-2图

5-3　图5-33a和图5-33b分别为两个最小相位系统的开环对数幅频特性曲线，其中，浅色曲线和深色曲线分别表示未校正与采用串联校正后的对数幅频特性曲线。请说明这两个系统分别采用了何种串联校正方法？校正后系统性能有何改进？

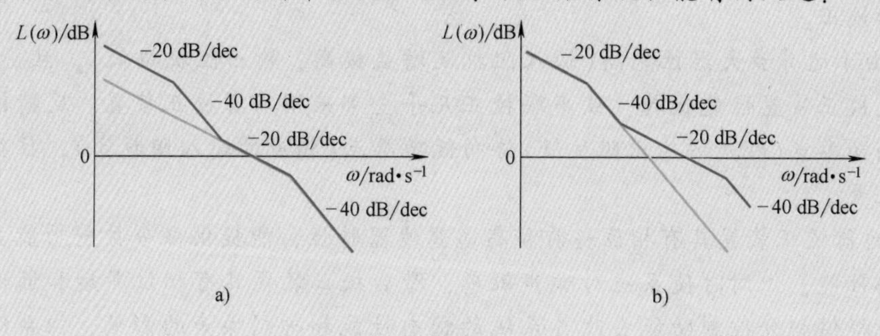

图5-33　题5-3图

5-4　已知单位负反馈系统的开环传递函数 $G_o(s)=\dfrac{0.5}{s^2(0.5s+1)}$，期望的对数幅频特性曲线如图5-34所示。写出串联校正环节的传递函数 $G_c(s)$，并指出该校正环节为何种校正装置？起何校正作用？

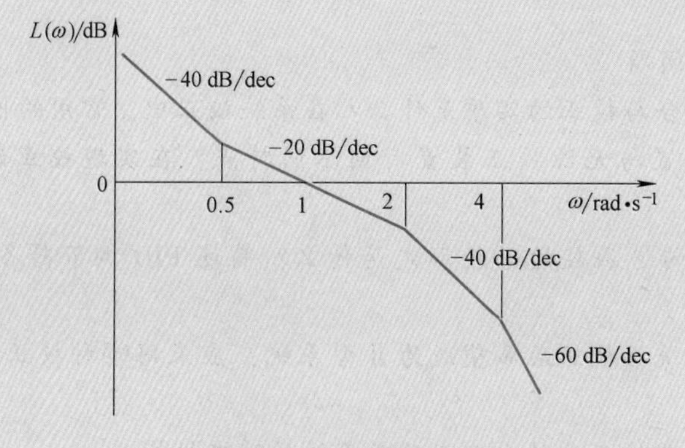

图5-34　题5-4图

5-5　设单位负反馈系统的开环传递函数 $G(s)=\dfrac{100\mathrm{e}^{-0.01s}}{s(0.1s+1)}$，现有如图 5-35 所示的四种串联校正装置，均为最小相位的，试问：

1）若要使系统的稳态误差不变，而减小超调量，加快系统的动态响应速度，应选取哪种校正装置？为什么？系统的相角裕度最大可能增加多少？

2）若要减小系统的稳态误差，并保持系统的超调量和动态响应速度不变，应选取哪种校正装置？为什么？系统的稳态误差能减小多少？

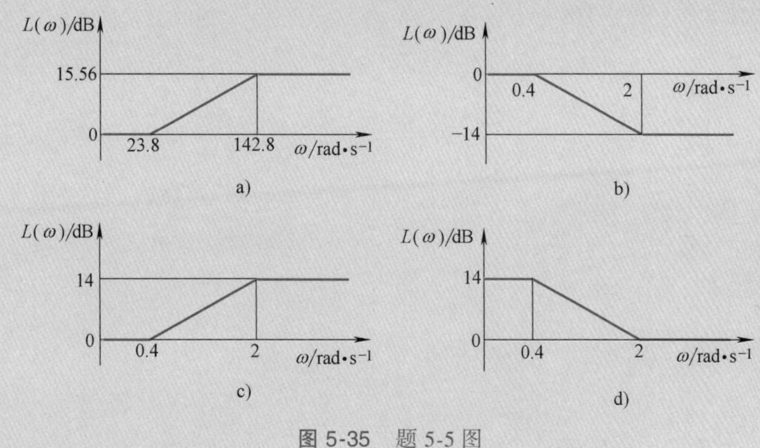

图 5-35　题 5-5 图

5-6　已知某一控制系统如图 5-36 所示，其中 $G_c(s)$ 为 PID 调节器，它的传递函数为 $G_c(s)=K_p+\dfrac{K_i}{s}+K_d s$，要求校正后系统的闭环极点为 $-10\pm \mathrm{j}10$ 和 -100，确定 PID 调节器的参数 K_p、K_i 和 K_d。

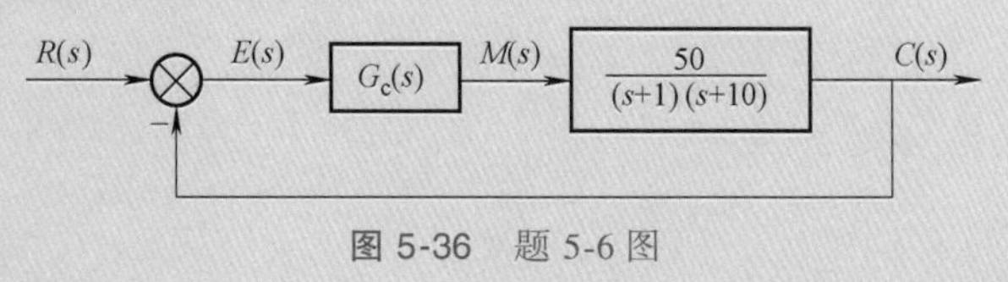

图 5-36　题 5-6 图

5-7　设复合控制系统如图 5-37 所示，图中，$G_n(s)$ 为前馈装置传递函数，$G_e(s)=K_f s$ 为测速发电机及分压器的传递函数，$G_1(s)=K_1$，$G_2(s)=1/s^2$。试确定 K_1、$G_n(s)$、$G_e(s)$，使系统输出量完全不受扰动 $N(s)$ 的影响，且单位阶跃响应最大超调量 $\sigma_p\%=25\%$，峰值时间 $t_p=2\ \mathrm{s}$。

5-8　某系统的开环对数幅频特性曲线如图 5-38 所示，其中，虚线表示校正前的，实线表示校正后的。试求：

1）确定所用串联校正装置的性质，并写出校正装置的传递函数 $G_c(s)$。

2）确定校正后系统稳定时开环增益的取值范围。

3）当开环增益 $K=20$ 时，求校正后系统的相角裕度和幅值裕度。

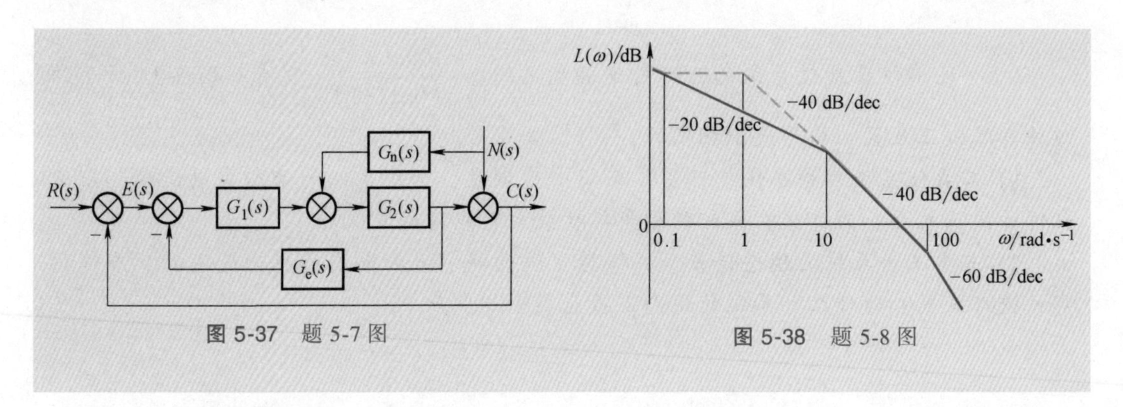

图 5-37 题 5-7 图

图 5-38 题 5-8 图

附录

附录 A MATLAB/Simulink 软件在控制工程中的应用实例

正如机械、电气、建筑等行业中的 AutoCAD 一样，MATLAB 是控制系统分析与设计的 CAD 软件。MATLAB 是美国 MathWorks 公司在 1984 年推出的软件产品。MATLAB 原义为矩阵实验室(MATrix LABoratory)，其初衷是提供一个方便的矩阵运算平台，后来发展成了通用科技计算和程序语言。

MATLAB 具有良好的可扩展性、开放性。这些特点吸引了众多的科技界人士，先后在 MATLAB 的平台上开发了各种工具箱，工具箱涉及的领域包括自动控制、通信、人工智能、信号处理、图像处理、财政金融、统计分析等，MATLAB 及其工具箱很快在世界范围内普及起来。本书较多地用到控制系统工具箱(Control System Toolbox)。值得一提的是 Simulink 仿真软件，它是 MATLAB 的扩展，提供了使用系统框图进行组态的仿真平台，实现了可视化的动态仿真。

借助 MATLAB 可非常方便地进行控制系统的时域分析、频域分析和系统校正等。这里，仅介绍与本书内容紧密相关的 MATLAB 基本知识的使用。更复杂的问题，感兴趣的读者可进一步学习有关参考书籍。

1. MATLAB 的基本操作与使用

进入 MATLAB 命令窗口，会有命令提示符“>>”，在此提示符后键入命令后回车即可进行运算。

(1) 常用数学运算

例 A-1　计算 $1+2j-3\times4/3+5^6+\sqrt{9}-\lg10+\ln e^7-\sin(\pi/6)$。

```
>>  1+2j-3 * 4/3+5^6+sqrt(9)-log10(10)+log(exp(7))-sin(1/6 * pi)
```

如图 A-1 所示，运行后结果为 ans = 1.5631e+004+2.0000e+000i (即 $1.5631\times10^4+2j$)。MATLAB 若没有定义变量，则把计算结果赋值给变量 ans。

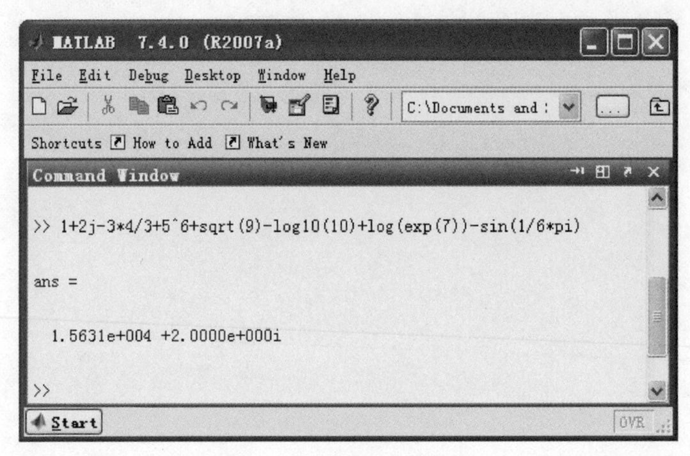

图 A-1 例 A-1 计算结果

例 A-2 已知 $x=5$，$y=2$，计算 $z=y^2x$。

\>> clc；clear；%(百分号“%”后的文字为注释)clc 命令用于清屏，clear 命令可以清除工作空间的变量

x=5； y=2； z=y^2 * x % 结果为 y=2，z=20。分号“；”前结果不显示

例 A-3 解代数方程 $x^2+3x+2=0$。

\>> D=[1, 3, 2]；roots(D) % 结果分别为-2 和-1

例 A-4 解微分方程 $\ddot{c}(t)+5\dot{c}(t)+6c(t)=6$，其中，$\dot{c}(0)=c(0)=2$。

\>> syms c；% 声明“c”为符号变量

c1=dsolve('D2c+5 * Dc+6 * c=6')，c2=dsolve('D2c+5 * Dc+6 * c=6', 'Dc(0)=2', 'c(0)=2')，% 给定初始条件后的解

pretty(c2) % 以更好看的形式显示结果，显示为-4 exp(-3t)+5 exp(-2t)+1，即 $c(t)=1+5e^{-2t}-4e^{-3t}$

例 A-5 计算 $1-e^{-1}$、e^{-3}、e^{-4}；计算 ln20、ln50；显示无理数 e 和 π 的值。

\>> e1=1-exp(-1)，e3=exp(-3)，e4=exp(-4) % 结果分别为 0.6321、0.0498 和 0.0183

\>> log(20)，log(50) % 结果分别为 2.9957 和 3.9120

\>> format long；exp(1)，pi % 结果分别为 2.71828182845905 和 3.14159265358979

例 A-6 已知阻尼比 $\zeta=\frac{\sqrt{2}}{2}$，求最大超调量 $\sigma_p\%$。

\>> zeta = sqrt(2)/2，sigma_p1 = exp(-zeta/sqrt(1-zeta^2) * pi) % 结果为 sigma_p1=0.0432

sigma_p=strcat(num2str(sigma_p1 * 100), '%') % 结果为 sigma_p=4.3214%

例 A-7 已知最大超调量 $\sigma_p\%=16.3\%$，求阻尼比 ζ。

\>> sigma_p=0.163，zeta=sqrt((log(sigma_p))^2/(pi^2+(log(sigma_p))^2)) % 求得 zeta=0.5

可见，MATLAB 语言最基本的赋值语句结构为：变量名列表=表达式。

(2) 绘图功能　使用 help graph2d 或 help graph3d 可得到所有绘制二维或三维图形命令。

例 A-8　绘制衰减振荡曲线及其包络线。

```
>>  t=0: pi/20: pi*4; y1=exp(-t/3); y2=exp(-t/3)*sin(3*t);
plot(t, y1, '--b', t, y2, '-r', t, -y1, '--b'); grid
```

所得图形如图 A-2 所示。

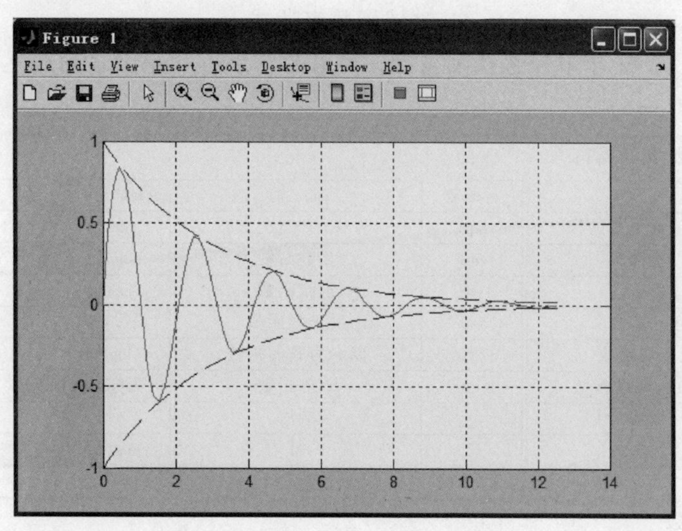

图 A-2　衰减振荡曲线及其包络线

(3) m 文件　MATLAB 允许用户把多个命令存在一个扩展名为 m 的文件中，这个文件称为 m 文件。这样便于命令、参数的修改和保存，一般用于较复杂的计算。

(4) MATLAB 变量　变量名以字母开头，字母区分大小写，之后可以是字母、数字或下划线。MATLAB 启动后自定义的部分特殊变量(即永久变量)见表 A-1。

表 A-1　部分特殊变量表

特殊变量	功　能	特殊变量	功　能	特殊变量	功　能
ans	用于结果的默认变量名	i, j	虚数单位 j	pi	圆周率 π
inf	无穷大∞，如 1/0	NaN	不定量，如 0/0	realmin	最小的可用正实数

(5) 控制语句　MATLAB 的控制语句主要有 for 循环语句、while 循环语句、if 和 break 语句三种。

例 A-9　求小于 1000 的最大阶乘 $n!$。

```
>>  a=1, n=10, i=1, while(i<n), i=i+1; a=a*i; if a>1000 break; end, x=a;
end, x   % 结果为 x=720
```

可见，while 语句用于控制一个或一组语句在某逻辑条件下重复预先确定或不确定的次数。if 可以和 break 配合，使得流程跳出包含 break 的最内层的 for 或 while 循环。

(6) 帮助功能　MATLAB 最常用的求助命令是 help 命令。键入 help 可获得帮助总览，在显示的结果中发现有基本数学运算命令 elfun，矩阵运算命令 elmat、matfun 等，则键入 help elfun、help elmat、help matfun 可获得相应数学运算的帮助。例如想了解数学运算中的 exp 指令，则键入 help exp。当要查找具有某种功能但又不知道准确名字的命令时，可以利用 lookfor 命令，例如查找有关积分的命令，可以键入 lookfor integral。表 A-2 和表 A-3 列出了常用函数和运算符、图形函数(绘图命令)，供读者参考。

2. 拉普拉斯变换及反变换

例 A-10　求 $f(t)=1-(1+at)e^{-at}$ 的拉普拉斯变换。

>> syms a t % 声明变量 a、t 为符号变量

f=1-(1+a * t) * exp(-a * t); % 时域函数表达式

F=laplace(f) % 求取拉普拉斯变换，得出的结果不一定为最简表达式。结果为 F=1/s-1/(s+a)-a/(s+a)^2

表 A-2　常用函数和运算符

函数名	功　能	函数名	功　能	函数名	功　能
abs	绝对值或复数的模	sqrt	方根(开二次方)	real	实部
imag	虚部	conj	复数共轭	sign	正负符号函数
residue	留数	sin	正弦函数	cos	余弦函数
tan	正切函数	asin	反正弦函数	acos	反余弦函数
atan	反正切函数	exp	以 e 为底的指数	log	自然对数
log10	以 10 为底的指数	expm	矩阵指数	logm	矩阵对数
+	加法	-	减法	*	乘法
/	除法	^	幂	angle	复数的相角

表 A-3　图形函数

函数名	功　能	函数名	功　能	函数名	功　能
plot	线性 x-y 直角坐标	polar	极坐标图	bar	条形图
loglog	双对数坐标图	semilogx	半对数坐标图(x 轴对数)	semilogy	半对数坐标图(y 轴对数)
hold	在屏幕上保持图形	grid	网格	mesh	三维消隐图
title	图标题	xlabel	x 轴标注	ylabel	y 轴标注
text	文本	gtext	用鼠标在图上标志文字	meta	图形中间文件

F=simple(F) % 对函数进行化简，结果为 F= a^2/s/(s+a)^2

pretty(simple(F)) % 对化简后的函数用更美观、更直观的形式表示，结果为 $\frac{a^2}{s(s+a)^2}$

例 A-11　求 $F(s)=\frac{s^2+5s+2}{(s+2)(s^2+2s+2)}$ 的部分分式分解及拉普拉斯反变换。

>> syms s % 声明符号变量

F=(s^2+5 * s+2)/((s+2) * (s^2+2 * s+2)); % 象函数表达式

num=[1, 5, 2]; % 分子多项式的系数

den=[conv([1, 2], [1, 2, 2])]; % 分母多项式系数

[r, p, k]=residue(num, den) % 分别求得留数、对应的极点、k 值

f=ilaplace(F) % 求拉普拉斯反变换，结果为-2 * exp(-2 * t)+3 * exp(-t) * cos(t)，即 $-2e^{-2t}+3e^{-t}\cos t$

3. MATLAB 控制系统工具箱的基本功能

用 help control 命令可列出所有的控制系统工具箱函数的分类列表。

(1) 传递函数模型

例 A-12 $G(s)=\dfrac{(2s^2+3s)e^{-5s}}{s^4+2s^2+3s+1}$

```
>>  num=[2, 3, 0]; % 分子多项式降幂系数
den=[4, 0, 2, 3, 1]; % 分母多项式降幂系数
G=tf(num, den)  % 传递函数(未考虑延时环节)
G=tf(num, den, 'ioDelay', 5)  % 传递函数(有延时环节), 或用 G.ioDelay=5 命令
```

例 A-13 $G(s)=\dfrac{2(s+2)}{s^2(s+1)(3s+8)[(s+3)^2+2]}$

```
>>  num=conv(2, [1, 2]); % 传递函数分子, conv 为多项式相乘
d=[conv([1, 3], [1, 3]), 2]; den=conv(conv([1, 0, 0], [1, 1]), conv([3, 8], d));
%传递函数分母
G=tf(num, den), % 传递函数
z=zero(G)  % 求出零点, 结果为-2
p=pole(G)  % 求出极点, 结果为 0、0、-3.7321、-2.6667、-2、-1、-0.2679
pzmap(num, den)  % 绘制零极点图, 或用 pzmap(G)命令
a=residue(num, den)  % 求部分分式的留数(程序运算结果按极点由小到大顺序排列)
```

例 A-14 $G(s)=\dfrac{10(s+1)(s+3)}{s(s+2)(s+4)}$

```
>>  z=[-1, -3]; p=[0, -2, -4]; k=10; G=zpk(z, p, k)
```

(2) 时间响应

例 A-15 求 $G(s)=\dfrac{6s^3+12s^2+6s+10}{s^4+2s^3+3s^2+s+1}$的单位脉冲响应、单位阶跃响应、单位速度响应、单位加速度响应及输入信号为 sin2t 时的响应。

```
>>  num=[6, 12, 6, 10]; den=[1, 2, 3, 1, 1]; G=tf(num, den); t=0:0.5:30;
 % 单位为秒
figure(1); % 第一个图形
impulse(num, den, t); % 单位脉冲响应
figure(2); step(num, den, t); % 单位阶跃响应
figure(3); u1=(t); % 定义 u1 为单位速度信号
lsim(num, den, u1, t); gtext('t');
figure(4); u2=(t.*t/2); lsim(num, den, u2, t); gtext('t*t/2');
figure(5); u3=(sin(2*t)); lsim(num, den, u3, t); gtext('正弦信号 sin2t');
```

其中, 单位阶跃响应的图形如图 A-3 所示。

用 roots(den)命令求出闭环特征根, 即可判断系统的稳定性。

(3) 绘制根轨迹

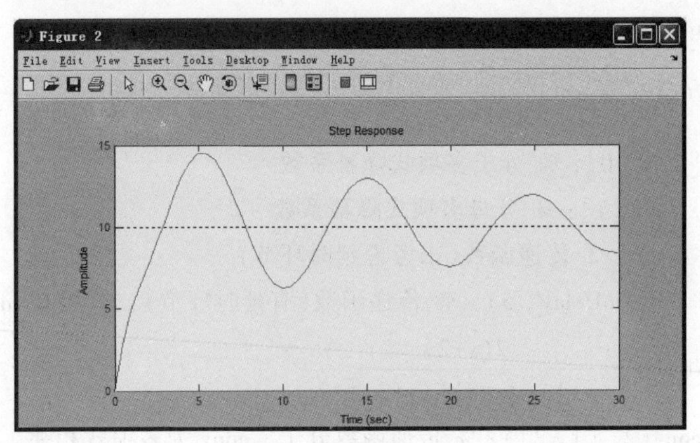

图 A-3　单位阶跃响应

例 A-16　利用 MATLAB 绘制开环传递函数 $G(s)H(s)=\dfrac{K_1}{s(s+1)(s+2)}$的单位负反馈系统的根轨迹。

```
>>  GH=tf(1, conv([1, 0], conv([1, 1], [1, 2]))); % conv 为多项式相乘
    rlocus(GH); % 绘制根轨迹
```

执行后得到如图 A-4 所示的根轨迹。

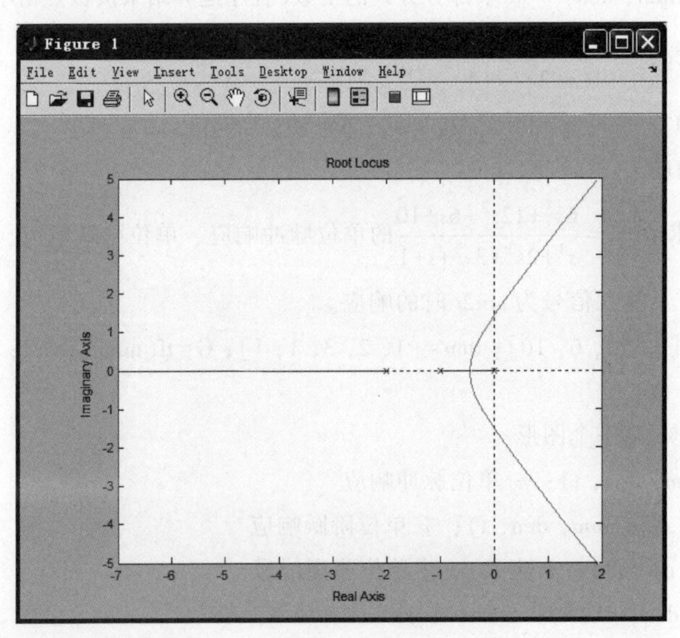

图 A-4　根轨迹

若将本例中的开环传递函数表达式写为 $G(s)H(s)=\dfrac{K_1}{s^3+3s^2+2s}$，即其分子、分母均为多项式。可采用下述命令绘制根轨迹：

```
>>  num=[1]; % 分子多项式降幂系数
```

den=[1　3　2　0]；% 分母多项式降幂系数

GH=tf(num, den)；figure(1)；rlocus(GH)；% 或利用 rlocus(num, den)来绘制根轨迹

%%%　以下为其他功能　%%%

figure(2)；pzmap(num, den)；% 绘制零极点图

z=zero(GH)　% 求出零点

p=pole(GH)　% 求出极点

a=residue(num, den) % 求部分分式的留数，得-1、-0.5、0.5(极点由小到大顺序)

sgrid；% 加入网格

[k1, p]=rlocfind(num, den)　% 确定某一点的 K_1 值

要想确定根轨迹上某些点对应的增益 K_1 的取值，可以调用 rlocfind 函数。用鼠标选取根轨迹上的点，所选闭环根对应的参数 K_1 值就会在命令行中显示。

如使根轨迹图中显示阻尼比和自然振荡角频率，用 sgrid 命令。这时，如果需要确定当系统的阻尼比为 0.7 时系统闭环极点的位置，只需用鼠标点取根轨迹与阻尼比为 0.7 的等阻尼比线相交处，即可求出该点的坐标值和对应的 K_1 值。

(4) 频域分析　MATLAB 提供了多种求取并绘制系统频率响应曲线的函数，如 bode ( )、nyquist( )等。

例 A-17　绘制 $G(s)=\dfrac{24(0.25s+0.5)}{(5s+2)(0.05s+2)}$的 Bode 图。

```
>>  G0=tf(24, 1); G1=tf([0.25, 0.5], 1); G2=tf(1, [5, 2]);
G3=tf(1, [0.05, 2]);
G=tf(conv(24, [0.25, 0.5]), conv([5, 2], [0.05, 2]));
w=logspace(-1, 3); % 表示绘制角频率从 0.1~1000 rad/s 的 Bode 图
figure(1); hold on; bode(G0, 'b--', w); bode(G1, 'g--', w);
bode(G2, 'r--', w); bode(G3, 'y--', w); bode(G, 'k-', w);
grid on;
xlabel('w( rad/s)', 'FontSize', 12);
ylabel('φ(w) L(w)', 'FontSize', 12);
```

执行后得到如图 A-5 所示的 Bode 图。

例 A-18　系统开环传递函数 $G(s)H(s)=\dfrac{10}{s(s+1)(s+5)}$，计算稳定裕度。

```
>>  GH = tf(10, conv([1, 0], conv([1, 1], [1, 5])));
% 或 GH=tf(10, poly([0, -1, -5])); % poly 是由根创建多项式的命令
sys = feedback(GH, 1);
z=[zero(sys)]'  % 求系统零点，符号“'”为向量的转置
p=[pole(sys)]'  % 求系统极点
ii=find(real(p)>0); n1=length(ii); ij=find(real(z)>0); n2=length(ij);
if(n1>0), disp('系统不稳定！'); ...  else, disp('系统稳定！'); end
```

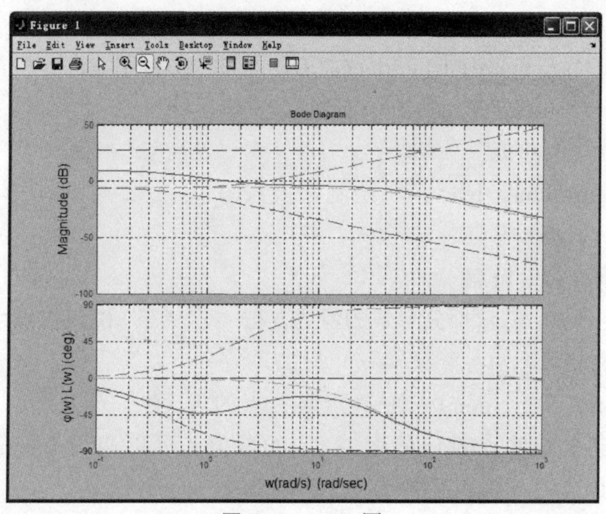

图 A-5 Bode 图

if(n2>0), disp('系统不是最小相位系统！'); ... else, disp('系统是最小相位系统！'); end

margin(GH); % 求稳定裕度

[Gm, Pm, Wcg, Wcp] = margin(GH); PGm = num2str(20 * log10(Gm)); PPm = num2str(Pm);

Gms = char('系统的幅值裕度为', PGm); Pms = char('系统的相角裕度为', PPm); disp(Gms); disp(Pms);

例 A-19 设有单位负反馈系统的对象传递函数 $G_o(s)=\dfrac{5}{s(s+1)(s+4)}=\dfrac{5}{s^3+5s^2+4s}$，现在系统中附加一个零点和一个极点，其传递函数为 $G_c(s)=\dfrac{5.94(s+1.2)}{s+4.95}$。试分析系统附加零极点前后的频率特性。

\>\> num = 5; den = [1, 5, 4, 0]; [mag, phase, w] = bode(num, den); % 原系统的 Bode 图

margin(mag, phase, w) % 计算原系统的幅值裕度和相角裕度

z = [-1.2]; p = [0, -1, -4, -4.95], k = 5 * 5.94; [num1, den1] = zp2tf(z, p, k)

sys = tf(num1, den1); [Gm, Pm, Wcg, Wcp] = margin(sys)

4. Simulink 仿真软件

20 世纪 90 年代初，MathWorks 公司为 MATLAB 提供了新的控制系统模型图输入与仿真工具，最后定名为 Simulink。顾名思义，该软件的名字表明了该系统的两个功能：Simu(仿真)和 Link(连接)。Simulink 仿真软件是 MATLAB 的扩展，用来进行动态系统建模、仿真和分析，它支持连续、离散及两者混合的线性和非线性系统，也支持具有多种采样速率的多速率系统。Simulink 提供了使用系统框图进行组态的仿真平台，实现了可视化的动态仿真，因此直观、方便。Simulink 不仅可实现与 MATLAB、C 和 FORTRAN 之间的数据传递，还可和硬件之间进行数据传递，功能强大。

（1）系统建模　Simulink 包含有 Sinks（输出方式）、Source（输入源）、Linear（线性环节）、Nonlinear（非线性环节）、Connections（连接与接口）和 Extra（其他环节）等子模型库，而且每个子模型库中包含有相应的功能模块。用户也可以定制和创建自己的模块。

要建立一个控制系统框图，单击 New 图标，则自动打开一个空白的模型编辑窗口。首先在 Simulink 系统模型库中选择需要的模块，选择相应的模块名称，则会在系统模块库浏览窗口的下面显示相应的模块描述及模块图。用鼠标拖动相应的模块到模型编辑窗口，并根据系统框图或系统方程将各模块连接起来，即可构成系统的框图模型。还可以把这个模型保存（扩展名为 .mdl）。

例 A-20　用 Simulink 建立一个如图 A-6 所示的控制系统模型。

将 Sources（输入源）模型库中的 Step（阶跃）输入模块，Math Operations（数学运算）模型库中的 Sum（加法器）模块，Continuous（连续系统）模型库中的 Integrator（积分器）模块和 Transfer Fcn（传递函数）模块，Sinks（输出方式）模型库中的 Scope（示波器）模块和 To Workspace（传送到 MATLAB 工作空间）模块等拖入编辑窗口中。考虑到仿真时要用变步长的仿真方法，所以还可将输入模型库中的时钟（Clock）输入模块也拖入到编辑窗口中。

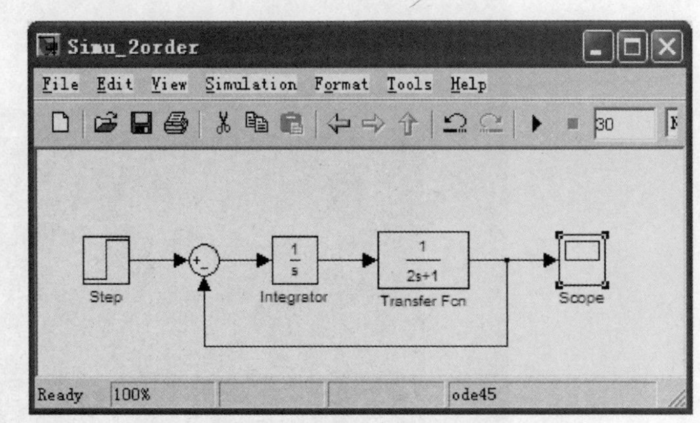

图 A-6　用 Simulink 建立的控制系统模型

双击阶跃输入模块的图标，可修改参数设置，如 Initial Value（初始值）和 Final Value（终止值）等。考虑系统为负反馈，双击加法器模块，修改加法器输入信号的符号，使之为一正一负。双击传递函数模块，修改其 Numerator（分子）和 Denominator（分母）的多项式系数。双击 Scope 模块，可设定示波器横纵坐标范围。

双击 To Workspace 模块，可修改 Variable name（变量名，默认为 simout），Maximum number of rows（输出点的最大个数）。To Workspace 模块可将仿真结果返回到 MATLAB 的工作空间。这样，返回的结果就可利用 MATLAB 命令来进一步处理，例如利用 plot( ) 来绘制曲线等。

（2）Simulink 仿真方法　选择 Simulation 菜单项中的 Parameters 进行参数设置。共有 5 个选项卡，分别是 Solver、Workspace I/O、Diagnostics、RTW 和 RTW External。

1）Solver（求解器）选项卡的设置主要有仿真时间范围、步长模式、仿真精度、输出选项等。

2）Workspace I/O（工作空间输入/输出设置），主要是设置 Simulink 与 MATLAB 工作空间交换数值的有关选项。

3）Diagnostics（仿真诊断），主要设置仿真过程中对编译与调试异常的错误处理方式，相当于 C 语言中的编译设置(Debugging)。

4) RTW 即 Real-time To Workspace，主要用于与 C 语言编辑器的交换。

设置完参数后，即可启动仿真过程。双击示波器便可以观察到实时仿真结果，如图 A-7 所示。对图 A-6 所示的模型而言，因为时间变量和输出信号同时还返回到 MATLAB 工作空间，工作变量为 t 和 simout。这样，还可以用绘图命令将仿真结果绘制出来，如图 A-8所示。两种方法得到的结果是一样的。生成图 A-8 所示的绘图命令代码如下：

```
>>  clear; clc; G1=tf(1,[1,0]); G2=tf(1,[2,1]); GH=G1*G2;
t=0:0.5:30; sys=feedback(GH,1); step(sys,t);
```

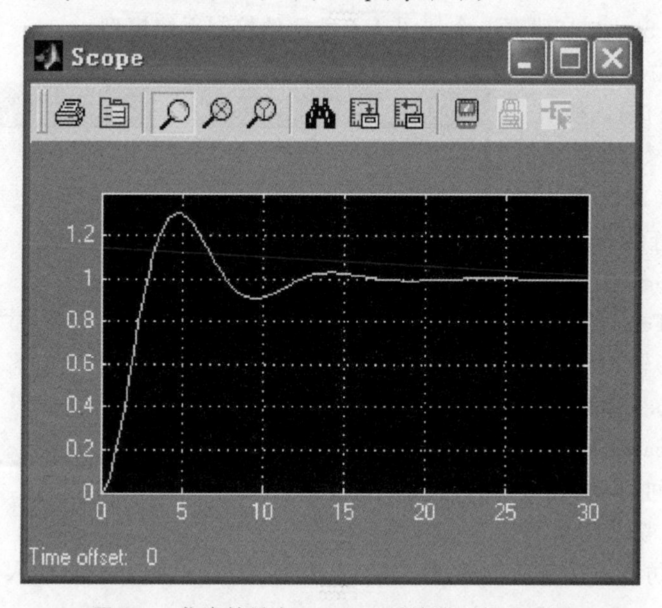

图 A-7 仿真结果在 Simulink 示波器上的显示图

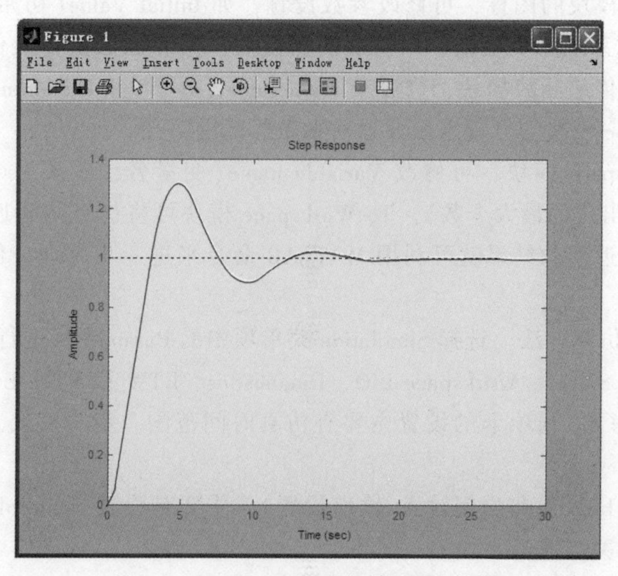

图 A-8 MATLAB 绘图命令得到的结果

(3) 模型图的优化　通过菜单 Format 中的 Flip block 项可翻转(转动 180°)模块，Rotate block 项可使模块旋转 90°。按住 Ctrl 键进行连接即可实现信号分叉，按住 Shift 键可实现连线弯转。另外，还可以对模块、连线以及模型图进行标注，使模型图清晰可读。标注还可以隐藏或翻转。对模块可以显示阴影，改变颜色以及字体字号。

对于复杂系统，当模块较多时，可通过模块的合成功能，将一些共同功能的模块合成为一个，从而简化模型图。对频繁使用的复杂模块，可以通过模块的创建功能，建立一个自己常用的模块库。对于已经合成和创建的模块，往往需要将其各项性能标准化以供其他用户使用，这就需要模块的封装功能。

附录 B 阀控缸位置闭环控制系统实践项目工程教学案例

阀控缸位置闭环控制系统(简称阀控缸系统)作为一类典型的液压控制系统，广泛应用于轧机、压机、车辆、机器人等设备中，是液压专业控制工程基础项目式教学的主要内容。

1. 教学目标及项目要求

(1) 教学目标

1) 使学生充分掌握本课程的重点和难点知识，并初步建立本课程与后续专业课的关联。

2) 提高并扩展学生对工程实践的兴趣，使学生能够学用结合、全方位发展，培养主动获取知识、应用知识、提出问题、分析问题和解决问题等方面的能力。

3) 通过三级项目将核心课程教育与对专业的整体认识有机统一起来，提高学生自我更新知识和团队交流能力。

4) 使学生提高自组织、自分工和自实施等团队间组织和交流合作的能力。

(2)项目要求

1) 采用分析法或实验法建立阀控缸系统数学模型。

2) 按照阀控缸系统原理图搭建液压系统和电气系统。

3) 采用 LabVIEW 软件编写测试程序。

4) 通过调节 PID 调节器的 K_p、K_i 和 K_d 参数，观察阀控缸系统的响应。

5) 根据传递函数、时间响应或 Bode 图，分别提取相应性能指标，对系统的特性进行评价，并给出相应的结论。

2. 项目实施案例

针对系统的稳定性、快速性和准确性进行研究，并根据课程的重点和难点，确定以系统数学模型的建立、系统的分析与综合三个内容作为本课程三级项目的选题。这里，以“阀控缸系统特性分析”为例进行介绍。

(1) 阀控缸系统工作原理的分析　阀控缸系统的工作原理如图 B-1 所示。

图 B-1 中，液压缸输出的位移由位移传感器采集并反馈到控制模块，测控平台输出给定信号到控制模块，给定信号与采集信号的差值通过控制模块输入到比例换向阀控制液

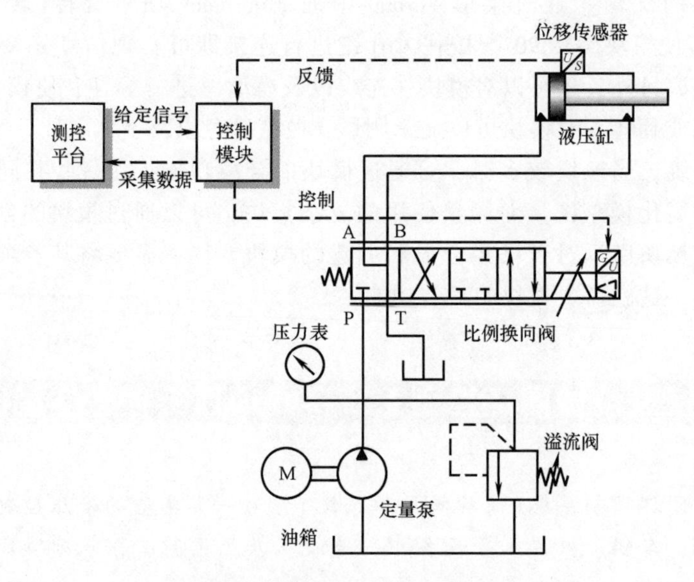

图 B-1　阀控缸系统的工作原理

压缸输出的位移。

(2) 阀控缸系统的数学模型　比例换向阀的流量方程为

$$Q_L(s)=K_q X_V(s)-K_c P_L(s) \tag{B-1}$$

式中，$Q_L(s)$为比例换向阀流量；K_q 为比例换向阀阀口流量增益；$X_V(s)$为比例换向阀阀芯位移；K_c 为比例换向阀的流量-压力系数；$P_L(s)$为负载压降。

液压缸流量连续性方程为

$$Q_L(s)=A_p sX_p(s)+C_{tp}P_L(s)+\frac{V_t}{4\beta_e}sP_L(s) \tag{B-2}$$

式中，A_p 为液压缸活塞有效面积；$X_p(s)$为活塞位移；C_{tp}为液压缸总泄漏系数；V_t 为液压缸总压缩容积(包括阀、连接管道和进、回油腔)；β_e 为有效体积弹性模量(包括油液、连接管道和缸体的机械柔度)。

液压缸和负载的力平衡方程为

$$A_p P_L(s)=m_t s^2 X_p(s)+B_p sX_p(s)+KX_p(s)+F_L(s) \tag{B-3}$$

式中，m_t 为活塞及负载折算到活塞上的总质量；B_p 为活塞及负载的黏性阻尼系数；K 为负载弹簧刚度；$F_L(s)$为作用在活塞上的任意外负载力。

由式(B-1)、式(B-2)和式(B-3)可得阀控缸系统开环框图，如图 B-2 所示。

由式(B-1)、式(B-2)和式(B-3)或通过图 B-2 所示的阀控缸系统开环框图可得阀芯位移 $X_V(s)$和外负载力 $F_L(s)$同时作用时液压缸活塞的总输出位移为

$$X_p(s)=\frac{\dfrac{K_q}{A_p}X_V(s)-\dfrac{K_{ce}}{A_p^2}\left(1+\dfrac{V_t}{4\beta_e K_{ce}}s\right)F_L(s)}{\dfrac{m_t V_t}{4\beta_e A_p^2}s^3+\left(\dfrac{m_t K_{ce}}{A_p^2}+\dfrac{B_p V_t}{4\beta_e A_p^2}\right)s^2+\left(1+\dfrac{B_p K_{ce}}{A_p^2}+\dfrac{KV_t}{4\beta_e A_p^2}\right)s+\dfrac{KK_{ce}}{A_p^2}} \tag{B-4}$$

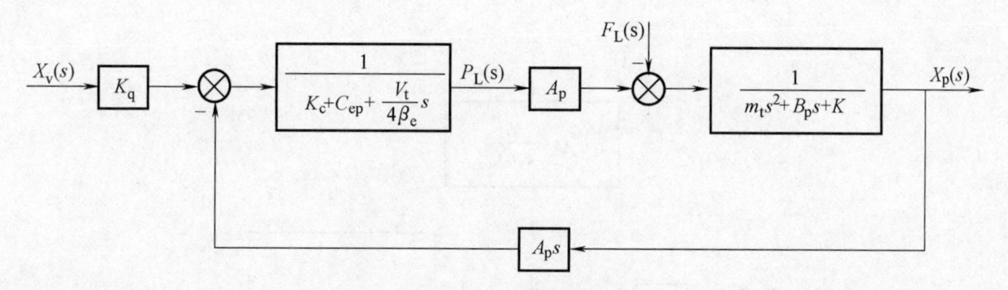

图 B-2 阀控缸系统开环框图

式中，K_{ce}为总流量-压力系数，$K_{ce}=K_c+C_{tp}$。

在 $K=0$，$\frac{B_p K_{ce}}{A_p^2} \ll 1$ 时，式(B-4)可简化整理为

$$X_p(s)=\frac{\frac{K_q}{A_p}X_V(s)-\frac{K_{ce}}{A_p^2}\left(1+\frac{V_t}{4\beta_e K_{ce}}s\right)F_L(s)}{s\left(\frac{s^2}{\omega_h^2}+\frac{2\zeta_h}{\omega_h}s+1\right)} \tag{B-5}$$

式中，ω_h为液压固有频率，$\omega_h=\sqrt{\frac{4\beta_e A_p^2}{V_t m_t}}$；$\zeta_h$为液压阻尼比，$\zeta_h=\frac{K_{ce}}{A_p}\sqrt{\frac{\beta_e m_t}{V_t}}+\frac{B_p}{4A_p}\sqrt{\frac{V_t}{\beta_e m_t}}$。

所以，$X_p(s)$对输入 $X_V(s)$的传递函数(阀控缸系统的开环传递函数)为

$$\frac{X_p(s)}{X_V(s)}=\frac{\frac{K_q}{A_p}}{s\left(\frac{s^2}{\omega_h^2}+\frac{2\zeta_h}{\omega_h}s+1\right)} \tag{B-6}$$

阀控缸系统输入信号为 $U_i(s)$，反馈环节 $G_f(s)$为液压缸的位移 $X_p(s)$转换成电压 $U_f(s)$的环节，将反馈环节简化为比例环节，即 $G_f(s)=\frac{X_p(s)}{U_f(s)}=K_f$，因为比例换向阀的频宽远大于液压固有频率，所以比例换向阀可近似看成比例环节，输出流量与给定信号成正比，即比例换向阀对应的环节 $G_{bl}(s)=K_{bl}$，因此结合图 B-2 可得如图 B-3 所示的阀控缸系统闭环框图。

由图 B-3 可知，阀控缸系统的闭环传递函数为

$$G(s)=\frac{X_p(s)}{U_i(s)}=\frac{\frac{K_{bl}}{A_p}}{s\left(\frac{s^2}{\omega_h^2}+\frac{2\zeta_h}{\omega_h}s+1\right)+\frac{K_{bl}K_f}{A_p}} \tag{B-7}$$

式中，K_f 为反馈放大系数；K_{bl}为比例换向阀的流量增益。

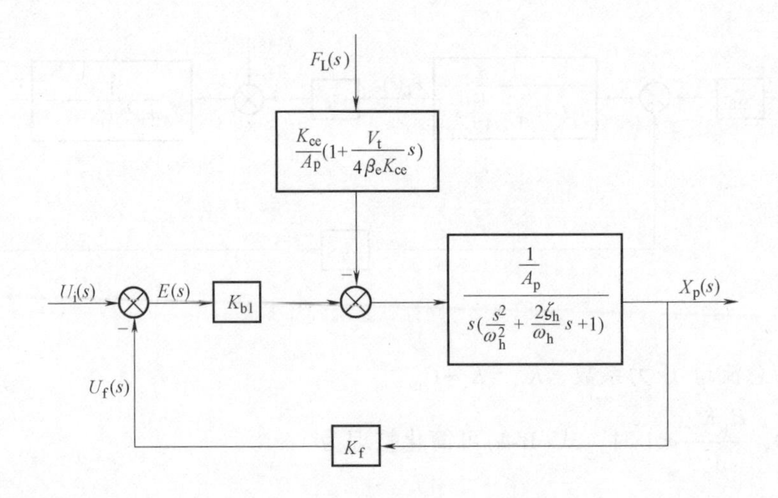

图 B-3　阀控缸系统闭环框图

(3) 实验法求取阀控缸系统的闭环传递函数　本项目在力士乐液压教学实验平台和测控实验平台上完成，实验平台实物如图 B-4 所示。其中，液压教学平台主要用于搭建液压系统和电控系统，测控平台主要用于输出给定信号和采集液压缸的位移。

a)　　b)

图 B-4　阀控缸系统实验平台

a) 力士乐液压教学实验平台　b) 测控实验平台

测控平台硬件采用 NI 板卡，软件采用 LabVIEW，该软件是一种程序开发环境，由美国国家仪器(NI)公司研制开发，是一个标准的数据采集和仪器控制软件。程序面板及对应的前视面板如图 B-5 所示。

依托实验平台和阀控缸系统数学模型的分析，调节 PID 调节器中的比例系数 K_p，观察阀控缸系统的响应。基于上述实验平台，在第 0 s 时给定阶跃信号，阶跃信号为 0.5～0.7 cm。PID 调节器参数中令 $K_i=0$、$K_d=0$，比例系数 K_p 分别取 0.1、0.3、0.5、1.0，

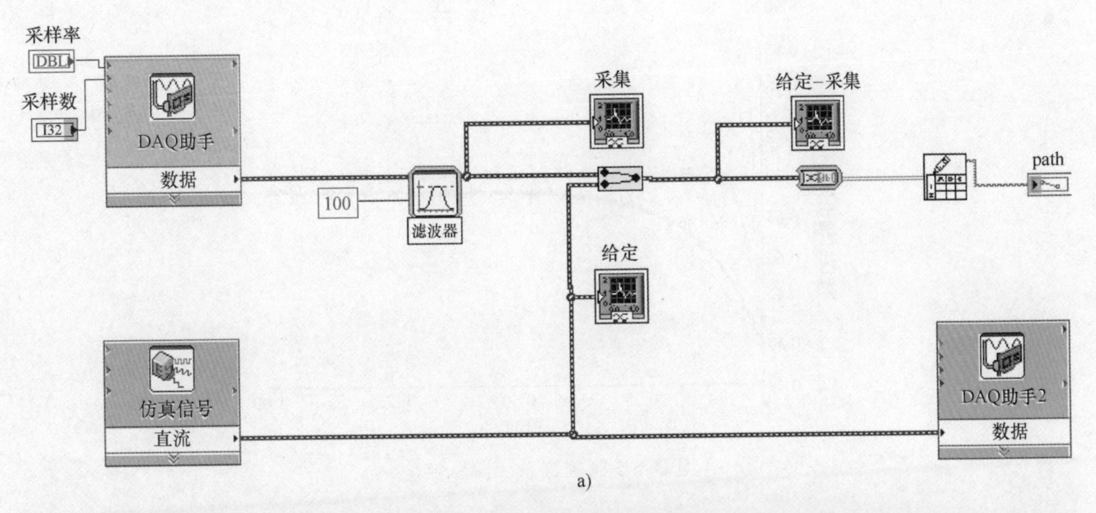

a)

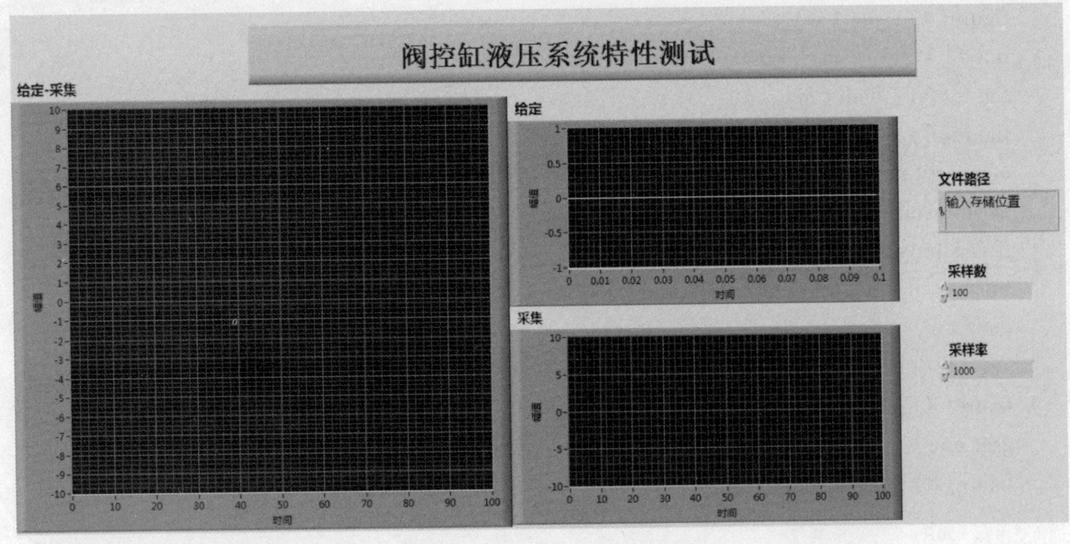

b)

图 B-5 LabVIEW 面板

a)程序面板 b)前视面板

阀控缸系统的阶跃响应如图 B-6 所示。

采用 MATLAB 软件(见附录 A)，通过上述实验数据、系统模型和如下的程序指令，可得到图 B-7 所示的辨识结果。

```
>>  y=bianshi.Y(1, 7).Data; y1=y-0.5; x=bianshi.Y(1, 1).Data; x1=x-0.5;
dry = iddata(y1(1000: 7001)', x1(1000: 7001)', 0.001);
figure(1); plot(dry);
zf=idfilt(dry, [0, 500], 8, 5);
figure(3); plot(zf);
[zr]=idresamp(zf, 1, 8, 0.1);
```

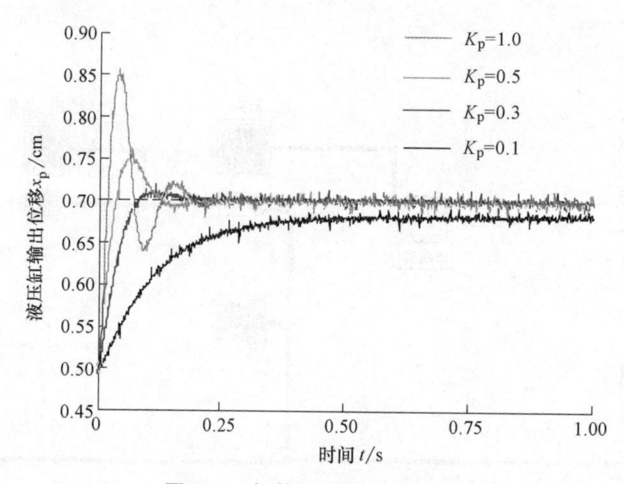

图 B-6 阀控缸系统阶跃响应

```
figure(4); plot(zr);
nns=[4 2 3]; m=arx(zr, nns);
figure(5); bode(m);
figure(6); plot(m);
compare(m, zr);
iscstbinstalled=license('test', 'control_toolbox') && (exist('bode', 'file')= =2);
if iscstbinstalled
tfm=tf(m, 'm') %'m' for 'measured'.
end
sys=d2c(tfm, 'tustin')
figure(7); bode(sys);
grid on;
figure(8); pzmap(sys);
```

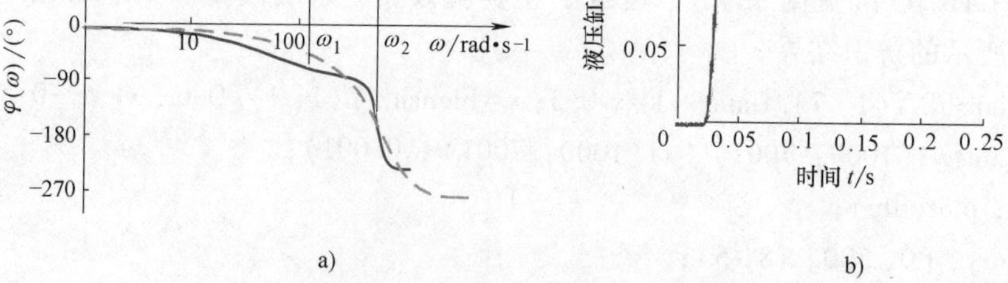

图 B-7 辨识结果图

a) Bode 图 b) 辨识精度

由图 B-7 可知，辨识精度为 97.66%，辨识得到阀控缸系统闭环传递函数的惯性环节转折频率 $\omega_1=106\ \mathrm{rad\cdot s^{-1}}$，该频率对应开环增益，称为速度放大系数，表征了阀对缸速度控制的灵敏度，该系数直接影响阀控缸系统的快速性、稳定性和准确性。Bode 图幅频特性曲线斜率-20 dB 与-60 dB 转折点对应二阶振荡环节的转折频率，该频率表征了阀控缸系统二阶振荡环节的固有频率 $\omega_2=421\ \mathrm{rad\cdot s^{-1}}$，该频率处幅频特性曲线的谐振峰值表征了阀控缸系统的阻尼比，阀控缸系统二阶振荡环节阻尼比 $\zeta=0.486$。

基于上述分析，对阶跃响应特性进行辨识，得到阀控缸系统的闭环传递函数为

$$G(s)=\frac{1.884\times10^7}{s^3+5.153\times10^2s^2+2.206\times10^5s+1.879\times10^7} \tag{B-8}$$

(4) 阀控缸系统稳定性、快速性和准确性分析

1) 稳定性分析。由式(B-8)可知，系统的特征方程为

$$s^3+5.153\times10^2s^2+2.206\times10^5s+1.879\times10^7=0$$

列出劳斯表：

s^3	1	2.206×10^5
s^2	5.153×10^2	1.879×10^7
s^1	1.841×10^5	0
s^0	1.879×10^7	0

劳斯表第一列均大于零，所以系统稳定。

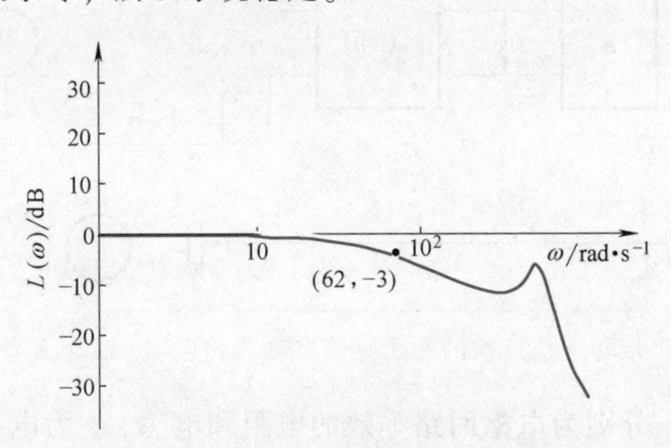

图 B-8　阀控缸系统闭环 Bode 图

2) 快速性分析。取图 B-7a 中幅频特性曲线纵坐标为-3 dB 的点。由图可知，系统的截止频率 $\omega_b=62\ \mathrm{rad\cdot s^{-1}}$，系统的带宽 $0\leqslant\omega_{BW}\leqslant62\ \mathrm{rad\cdot s^{-1}}$。

3) 准确性分析。由式(B-6)可知，该系统为 I 型系统，所以该系统在阶跃输入的情况下，系统没有稳态误差。

(5) 项目验收　项目最终以 PPT 答辩形式进行结题验收，主要针对项目完成情况、PPT 答辩情况、项目报告说明书以及阀控缸系统的理解程度等方面进行考核，答辩人员由指导教师和硕士研究生组成。

附录C 转速反馈直流调速控制系统的分析与综合

电动机是将电能转换成机械能的一种设备，常用于为机械运动提供动力，已广泛应用于工业、农业、国防、航空航天等各个领域，如轧钢、冶炼、电力机车、提升机、机床、机器人、纺织、造纸、办公自动化设备等系统。在某些应用场合，需要拖动机械设备的电动机按照期望的转速运行，从控制的角度，这类系统可称为速度控制系统或调速控制系统。在本附录中，以经典的直流调速控制系统为例，从系统建模、系统分析与系统综合等方面进行简要介绍。

1. 数学模型

带转速负反馈的他励直流电动机转速闭环控制系统(恒定磁通)原理图如图C-1所示。被控量为转速 n，给定量是与给定转速相对应的给定电压 u_i，在电动机轴上安装了测速发电机TG用以得到与被测转速成正比的反馈电压 u_{tg}，u_i 与 u_{tg} 相比较后，得到转速偏差所对应的电压 Δu，经过比例放大器A，产生电力电子转换器UPE所需的控制电压 u_c，用以控制电动机的转速。UPE可以是由IGBT(绝缘栅双极型晶体管)或门极关断(GTO)晶闸管等电力电子开关器件组成的PWM(脉冲宽度调制)转换器，其输入接三相(或单相)交流电源，输出为可控直流电压 u_{a0}，即为直流电动机的电枢电压。

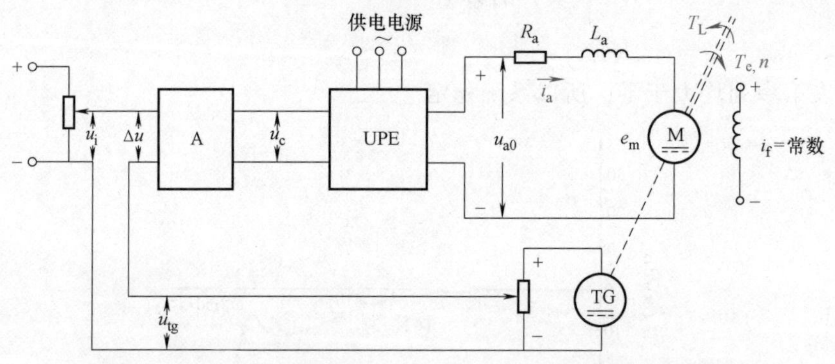

图C-1 带转速负反馈的他励直流电动机转速闭环控制系统原理图

图C-1中，R_a 和 L_a 分别为电枢回路等效的电阻和电感，i_a 为电枢电流，e_m 为感应电动势(或称为反电动势)，T_e 和 T_L 分别为电动机的电磁转矩和负载转矩，i_f 为电动机的励磁电流。

在该系统中，直流电动机的励磁磁场和测速发电机的励磁磁场都为恒定磁场。电力电子转换器UPE中，晶闸管触发与整流装置间的关系可近似地由一个惯性环节描述，其表达式为

$$G_s(s)=\frac{U_{a0}(s)}{U_c(s)}\approx\frac{K_s}{\tau_s s+1} \tag{C-1}$$

式中，K_s 为电力电子转换器的电压放大系数；τ_s 为电力电子转换器的惯性时间常数(对于桥式整流电路，τ_s 为晶闸管装置的滞后时间常数；若采用全控型PWM调速系统，τ_s 为

PWM 开关频率的倒数)。

比例放大器 A 和测速反馈环节都可以认为是比例环节，可分别表示为

$$G_{\mathrm{P}}(s)=\frac{U_{\mathrm{c}}(s)}{\Delta U(s)}=K_{\mathrm{A}} \tag{C-2}$$

$$G_{\mathrm{f}}=\frac{U_{\mathrm{tg}}(s)}{n(s)}=\alpha \tag{C-3}$$

式中，K_{A}为比例放大器的电压放大系数；α 为转速反馈系数。

直流电动机电枢回路的动态电压方程为

$$u_{\mathrm{a0}}=R_{\mathrm{a}}i_{\mathrm{a}}+L_{\mathrm{a}}\frac{\mathrm{d}i_{\mathrm{a}}}{\mathrm{d}t}+e_{\mathrm{m}} \tag{C-4}$$

式中，R_{a}和 L_{a}分别为电枢回路等效的电阻和电感；i_{a}为电枢电流；e_{m}为感应电动势(或称为反电动势)。

忽略黏性摩擦及弹性转矩，电动机轴上的动力学方程为

$$T_{\mathrm{e}}-T_{\mathrm{L}}=\frac{GD^2}{375}\frac{\mathrm{d}n}{\mathrm{d}t} \tag{C-5}$$

式中，T_{L}为包括电动机空载转矩在内的负载转矩；GD^2为电力拖动装置折算到电动机轴上的飞轮矩。

额定励磁下的感应电动势 e_{m}和电磁转矩 T_{e}分别为

$$e_{\mathrm{m}}=C_{\mathrm{e}}n \tag{C-6}$$

$$T_{\mathrm{e}}=C_{\mathrm{m}}n \tag{C-7}$$

式中，C_{e}和 C_{m}分别为电动机在额定磁通下的电动势系数和转矩系数，$C_{\mathrm{m}}=\frac{30}{\pi}C_{\mathrm{e}}$。

定义电枢回路的电磁时间常数 $\tau_{\mathrm{a}}=\frac{L_{\mathrm{a}}}{R_{\mathrm{a}}}$，电力拖动系统机电时间常数 $\tau_{\mathrm{m}}=\frac{GD^2R_{\mathrm{a}}}{375C_{\mathrm{e}}C_{\mathrm{m}}}$，由式(C-4)~式(C-7)可得

$$u_{\mathrm{a0}}-e_{\mathrm{m}}=R_{\mathrm{a}}\left(i_{\mathrm{a}}+\tau_{\mathrm{a}}\frac{\mathrm{d}i_{\mathrm{a}}}{\mathrm{d}t}\right) \tag{C-8}$$

$$i_{\mathrm{a}}-i_{\mathrm{L}}=\frac{\tau_{\mathrm{m}}}{R_{\mathrm{a}}}\frac{\mathrm{d}e_{\mathrm{m}}}{\mathrm{d}t} \tag{C-9}$$

式中，i_{L}为负载电流，$i_{\mathrm{L}}=\frac{T_{\mathrm{L}}}{C_{\mathrm{m}}}$。

在零初始条件下，将式(C-8)和式(C-9)两侧取拉普拉斯变换，可以得到电压与电流间的传递函数为

$$\frac{I_{\mathrm{a}}(s)}{U_{\mathrm{a0}}(s)-E_{\mathrm{m}}(s)}=\frac{1}{R_{\mathrm{a}}}\frac{1}{\tau_{\mathrm{a}}s+1} \tag{C-10}$$

和电流与电动势间的传递函数，即

$$\frac{E_{\mathrm{m}}(s)}{I_{\mathrm{a}}(s)-I_{\mathrm{L}}(s)}=\frac{R_{\mathrm{a}}}{\tau_{\mathrm{m}}s} \tag{C-11}$$

由此，可以得出额定励磁下直流电动机框图，如图 C-2 所示。可以看出，直流电动机有两个输入量，一个是施加在电枢上的理想空载电压 $U_{a0}(s)$，另一个是负载电流 $I_L(s)$，前者是控制输入量，后者是扰动输入量。

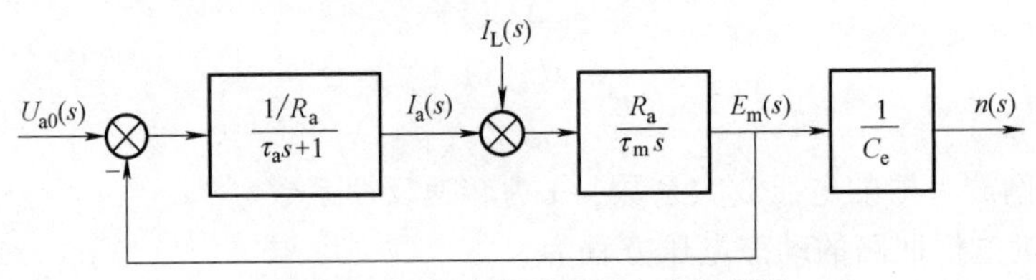

图 C-2 额定励磁下直流电动机框图

设负载电流 $i_L=0$，即电动机在理想空载情况下，直流电动机的传递函数为

$$G_{m0}(s)=\frac{n(s)}{U_{a0}(s)}=\frac{1/C_e}{\tau_a\tau_m s^2+\tau_m s+1} \tag{C-12}$$

可以看出，额定励磁下的直流电动机是一个二阶线性环节，τ_a 和 τ_m 两个时间常数分别表示电动机的电磁惯性和机电惯性。若 $\tau_m>4\tau_a$，系统为过阻尼情况，则 $G_{m0}(s)$ 可分解为两个惯性环节，突加给定时，转速呈单调变化；若 $\tau_m<4\tau_a$，为欠阻尼情况，则直流电动机是一个振荡环节，机电能量相互转换，使电动机的运动过程带有振荡的性质。

将上述各环节按照系统中的相互关系连接起来，就可以得到闭环直流调速系统框图，如图 C-3 所示。

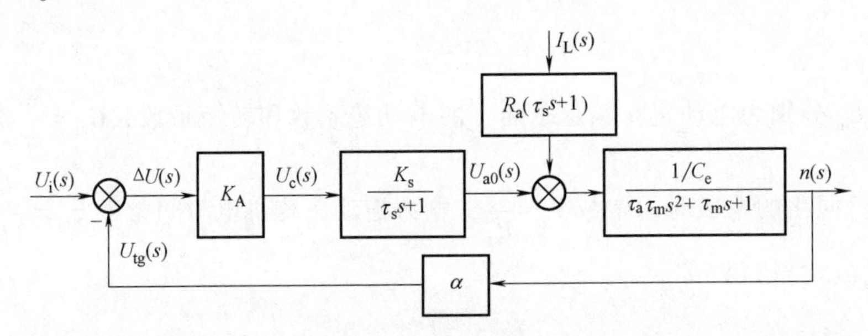

图 C-3 转速反馈控制直流调速系统框图

由图可见，转速反馈控制直流调速系统可以近似看作是一个三阶线性系统，其开环传递函数为

$$G_o(s)=\frac{U_{tg}(s)}{\Delta U(s)}=\frac{K}{(\tau_s s+1)(\tau_a\tau_m s^2+\tau_m s+1)} \tag{C-13}$$

式中，K 为开环放大系数，$K=\frac{K_A K_s \alpha}{C_e}$。

设负载电流 $i_L=0$，从给定输入作用上看，转速反馈控制直流调速系统的闭环传递函数为

$$G_{cl}(s)=\frac{n(s)}{U_i(s)}=\frac{\dfrac{K_AK_s}{C_e}}{(\tau_s s+1)(\tau_a\tau_m s^2+\tau_m s+1)+K}$$

$$=\frac{\dfrac{K_AK_s}{C_e(1+K)}}{\dfrac{\tau_s\tau_a\tau_m}{1+K}s^3+\dfrac{\tau_m(\tau_s+\tau_a)}{1+K}s^2+\dfrac{\tau_s+\tau_m}{1+K}s+1} \tag{C-14}$$

2. 系统分析

(1) 稳定性分析　由式(C-14)得闭环系统的特征方程为

$$\frac{\tau_s\tau_a\tau_m}{1+K}s^3+\frac{\tau_m(\tau_s+\tau_a)}{1+K}s^2+\frac{\tau_s+\tau_m}{1+K}s+1=0 \tag{C-15}$$

显然，式(C-15)的各项系数都大于零，根据劳斯稳定判据，可以得出系统的稳定条件为

$$K<\frac{\tau_m(\tau_s+\tau_a)+\tau_s^2}{\tau_s\tau_a} \tag{C-16}$$

(2) 稳态误差分析　由系统的开环传递函数式(C-13)可知，该系统为0型系统，其静态位置误差系数为

$$K_p=\lim_{s\to 0}G_o(s)=K \tag{C-17}$$

单位阶跃输入下的位置误差为

$$e_{ssp}=\frac{1}{1+K_p}=\frac{1}{1+K} \tag{C-18}$$

由此可见，有转速反馈的直流调速系统对于阶跃输入具有稳态误差，增大开环放大系数可以减小稳态误差，但由系统的稳定条件可知，过大的开环放大系数可能导致系统不稳定。对于自动控制系统来说，稳定性是系统能否正常工作的首要条件，是必须要保证的。

在调速系统的稳态性能指标中，调速范围 D 和静差率 s 是在进行定量分析时常用的两个调速指标。电动机的调速范围 D 是电动机所提供的最高转速 n_{max} 与最低转速 n_{min} 之比，即 $D=\dfrac{n_{max}}{n_{min}}$。静差率 s 为负载由理想空载增加到额定值时对应的转速降落 Δn_n 与理想空载转速 n_0 之比，通常用百分数表示，即 $s=\dfrac{\Delta n_n}{n_0}\times 100\%$。显然，静差率是衡量调速系统在负载变化下转速的稳定度的。

在调速系统中，必须要考虑电动机的机械特性，它是指电动机的转速与转矩(电流)之间的稳定关系。直流电动机开环调速系统的机械特性为

$$n=\frac{u_a-i_aR_a}{C_e}=\frac{K_su_c}{C_e}-\frac{i_aR_a}{C_e}=n_{0op}-\Delta n_{op} \tag{C-19}$$

式中，n_{0op} 与 Δn_{op} 分别为开环系统的理想空载转速和稳态速降。

闭环调速系统的静特性表示闭环系统电动机转速与负载转矩(电流)之间的稳定关系，

可表示为

$$n=\frac{K_{A}K_{s}u_{i}-i_{a}R_{a}}{C_{e}(1+K)}=\frac{K_{A}K_{s}u_{i}}{C_{e}(1+K)}-\frac{i_{a}R_{a}}{C_{e}(1+K)}=n_{0cl}-\Delta n_{cl} \tag{C-20}$$

式中，n_{0cl}与Δn_{cl}分别为开环系统的理想空载转速和稳态速降。

在相同负载扰动的情况下(负载转矩相同，即电流相同)，开环稳态速降和闭环稳态速降之间的关系为

$$\Delta n_{cl}=\frac{\Delta n_{op}}{1+K} \tag{C-21}$$

相应地，开环系统的静差率s_{op}与闭环系统的静差率s_{cl}分别为$s_{op}=\frac{\Delta n_{op}}{n_{0op}}\times100\%$和$s_{cl}=\frac{\Delta n_{cl}}{n_{0cl}}\times100\%$。显然，在理想空载转速相同的情况下，当$n_{0op}=n_{0cl}$时，有$s_{cl}=\frac{s_{op}}{1+K}$。因此，闭环系统的静差率要比开环系统小得多，并且，增大系统的开环增益可以减小闭环系统的静差率。

一般来说，对于同一直流电动机在额定负载的情况下，不同转速下的转速降都为Δn_{n}，这是因为直流电动机变压调速系统在不同转速下的机械特性是相互平行的[开环系统见式(C-19)，闭环系统见式(C-20)]。那么，由静差率的定义可知，在同等情况下，转速越低，静差率越大，如果低速时的静差率能满足设计要求，则高速时的静差率就更能满足要求了。因此，调速系统的静差率指标应以最低转速时的静差率为准，即通常要求系统达到的静差率就是最低转速时的静差率。

若以电动机的额定转速n_{n}作为最高转速，调速系统的静差率为s，额定负载下的转速降为Δn_{n}，可以得出，调速系统的调速范围为

$$D=\frac{n_{n}s}{\Delta n_{n}(1-s)} \tag{C-22}$$

式(C-22)表示调速系统的调速范围、静差率和额定速降之间所应满足的关系。对于同一调速系统，Δn_{n}值一定，静差率越小，那么系统所能够允许的调速范围也越小。因此，一个调速系统的调速范围，是指在最低速时能够满足所需静差率的转速可调范围。

3. 系统校正

在进行闭环调速系统设计时，常常会遇到稳定性、快速性和准确性指标相矛盾的情况，因此，在进行系统设计时，需综合考虑三个方面的要求。但在实际系统中，很难做到在提高系统稳定性和快速性的同时又能保证较高的稳态精度。一般调速系统的要求以动态稳定性和稳态精度为主，对于快速性的要求可以适当差一些，因此在调速系统中主要采用 PI 调节器。但这并非是绝对的，比如在随动系统中，对系统的快速性要求较高，须采用 PD 或 PID 调节器。

在设计校正装置时，主要的研究工具是 Bode 图，其绘制方便，可以较确切地提供稳定性和稳定裕度的信息，而且还能大致衡量闭环系统稳态和动态特性。在实际系统中，动态稳定性不仅必须保证，而且还要有一定的裕度。在 Bode 图中，用来衡量最小相位系统稳定裕度的指标是相角裕度和幅值裕度。并且，在一般情况下，稳定裕度还能间接反

映系统动态过程的平稳性，稳定裕度大，意味着动态过程振荡弱、超调小。

在定性地分析闭环系统性能时，通常将 Bode 图分成低、中、高三个频段，频段的分割界限是大致的。基于三个频段的特征可以判断系统的性能，所期望的系统具有以下特征：

1）若中频段以-20 dB/dec 的剪切率穿越 0 dB 线，而且该频段能覆盖尽可能宽的频带宽度，则系统的稳定性越好。

2）剪切频率越高，则系统的快速性越好。

3）若低频段的增益高、斜率陡，则系统的稳态精度高。

4）高频段衰减越快，则系统抗高频噪声干扰的能力越强。

4. 实例分析

某龙门刨床工作台采用直流电动机拖动，电动机的参数为 60 kW、220 V、305 A、1000 r/min，电枢回路总电阻 $R_a=0.15\ \Omega$，电感 $L_a=2.5$ mH，电动机电动势系数 $C_e=0.18$ V·min/r，系统运动部分的飞轮矩 $GD^2=60$ N·m²。假设电力电子转换器中 PWM 开关频率设置为 1 kHz。如果要求调速范围 $D=20$，静差率 $s\leqslant 5\%$，试问：

1）采用开环调速能否满足要求？

2）若采用闭环调速，已知 $K_s=30$，$\alpha=0.015$ V·min/r，仅采用比例控制，放大器的放大系数多大能满足上述要求？

3）仅采用比例控制满足调速要求时，闭环系统是否稳定？

4）试用频率特性法对系统进行校正，要求校正后的系统具有较高的稳态精度和适当的相角裕度。

解　1）当电流连续时，V-M（晶闸管-电动机）系统的额定速降为

$$\Delta n_{\mathrm{Nop}}=\frac{i_{\mathrm{aN}}R_{\mathrm{a}}}{C_{\mathrm{e}}}=\frac{305\times 0.15}{0.18}\ \mathrm{r/min}\approx 254\ \mathrm{r/min}$$

开环系统在额定转速下的静差率为

$$s_{\mathrm{Nop}}=\frac{\Delta n_{\mathrm{Nop}}}{n_{\mathrm{n}}+\Delta n_{\mathrm{Nop}}}=\frac{254}{1000+254}\times 100\%\approx 20.3\%$$

显然，在额定转速时已不满足 $s\leqslant 5\%$ 的要求，在最低速时就更不满足要求了。

2）若要满足 $D=20$、静差率 $s\leqslant 5\%$ 的要求，由式（C-22）可得，额定速降应满足

$$\Delta n_{\mathrm{Ncl}}=\frac{n_{\mathrm{n}}s}{D(1-s)}\leqslant\frac{1000\times 0.05}{20\times(1-0.05)}\ \mathrm{r/min}\approx 2.63\ \mathrm{r/min}$$

由式（C-21）可得，此时所需开环放大倍数为

$$K\geqslant\frac{\Delta n_{\mathrm{Nop}}}{\Delta n_{\mathrm{Ncl}}}-1\geqslant\frac{254}{2.63}-1\approx 95.6$$

此时，所需放大器的放大系数满足

$$K_{\mathrm{A}}=\frac{KC_{\mathrm{e}}}{K_{\mathrm{s}}\alpha}\geqslant\frac{95.6\times 0.18}{30\times 0.015}\approx 38.24，取\ K_{\mathrm{A}}=38.5$$

闭环系统就能够满足所需的稳态性能要求。

3）计算系统中各环节的时间常数。电力电子转换器的惯性时间常数为

$$\tau_s=\frac{1}{1000}\ \mathrm{s}=0.001\ \mathrm{s}$$

电磁时间常数为

$$\tau_a=\frac{L_a}{R_a}=\frac{0.0025}{0.15}\ \mathrm{s}\approx 0.0167\ \mathrm{s}$$

机电时间常数为

$$\tau_m=\frac{GD^2R_a}{375C_cC_m}=\frac{60\times 0.15}{375\times 0.18\times\dfrac{30}{\pi}\times 0.18}\ \mathrm{s}\approx 0.0776\ \mathrm{s}$$

为保证系统稳定，系统开环放大系数应满足式(C-16)的稳定条件，即

$$K<\frac{\tau_m(\tau_s+\tau_a)+\tau_s^2}{\tau_s\tau_a}=\frac{0.0776\times(0.0167+0.001)+0.001^2}{0.0167\times 0.001}\approx 82.3$$

显然，满足系统稳定性要求的开环放大系数 $K<82.3$，小于满足稳态性能指标的要求 $K>95.6$，因此，此时的闭环系统不稳定。

由此可以看出，上述比例控制闭环系统的动态稳定性与稳态性能要求是相矛盾的。

4）原系统的开环传递函数为

$$G_o(s)=\frac{K}{(\tau_s s+1)(\tau_a\tau_m s^2+\tau_m s+1)}$$

式中，$\tau_s=0.001\ \mathrm{s}$；$\tau_a=0.0167\ \mathrm{s}$；$\tau_m=0.0776\ \mathrm{s}$。

为满足系统的稳态性能要求，开环放大系数 $K=95.6$。容易验证，$\tau_m>4\tau_a$，因此，分母中的二次项式可以分解为两个一次项式的乘积形式，即

$$\tau_a\tau_m s^2+\tau_m s+1\approx(0.0533s+1)(0.0243s+1)$$

因此，原闭环系统的开环传递函数为

$$G_o(s)=\frac{95.6}{(0.0533s+1)(0.0243s+1)(0.001s+1)}$$

相应地，其对数幅频特性曲线如图 C-4 所示(点画线)，其中三个转折频率分别为

$$\omega_1=\frac{1}{0.0533}\ \mathrm{rad\cdot s^{-1}}\approx 18.8\ \mathrm{rad\cdot s^{-1}}$$

$$\omega_2=\frac{1}{0.0243}\ \mathrm{rad\cdot s^{-1}}\approx 41.2\ \mathrm{rad\cdot s^{-1}}$$

$$\omega_3=\frac{1}{0.001}\ \mathrm{rad\cdot s^{-1}}=1000\ \mathrm{rad\cdot s^{-1}}$$

可以求得其剪切频率 $\omega_{c1}=271.7\ \mathrm{rad\cdot s^{-1}}$(可利用分段求解或利用 Bode 图求解)，相角裕度为

$$\gamma=180°-\arctan 0.0533\omega_{c1}-\arctan 0.0243\omega_{c1}-\arctan 0.001\omega_{c1}=-2.64°$$

其相角裕度为负值，则原闭环系统不稳定，这与上一步中采用劳斯稳定判据得到的结论是一致的。

下面采用频率特性法对原系统进行校正。在选取校正装置时，由于原系统的剪切频率较大，为使系统稳定，可采用 PI 调节器。其传递函数形式可采用

$$G_{pi}(s)=\frac{K_{pi}T_i s+1}{T_i s}$$

考虑到原系统中包含了放大系数为 K_A 的比例调节器，现在换成 PI 调节器，即所需设计的校正装置是在原有系统的基础上串联添加，添加部分的传递函数为

$$G_c(s)=\frac{K_{pi}T_i s+1}{K_A T_i s}$$

该校正装置低频段为积分环节，斜率为-20 dB/dec，在转折频率 $\frac{1}{K_{pi}T_i}$ 处，一阶微分环节开始起作用，斜率变为 0 dB/dec。

原系统的剪切频率 ω_{c1} 出现在斜率为-40 dB/dec 的频段内，为使校正后的系统具有足够的稳定裕度，需将校正后的剪切频率出现在斜率为-20 dB/dec 的频段内。为此，校正后的剪切频率 $\omega_{c2}<\omega_2=41.2\ \text{rad}\cdot\text{s}^{-1}$，初步选取 $\omega_{c2}=40\ \text{rad}\cdot\text{s}^{-1}$。

另外，为方便起见，可使校正装置的一阶微分环节与原系统中时间常数最大的惯性环节抵消，从而选定 $K_P T_i=0.0533$ s。

不难发现，校正装置在斜率为 0 dB/dec 频段的增益，与校正前原系统在 ω_{c2} 处的增益相加为零，即

$$20\lg K-20\lg\frac{\omega_{c2}}{\omega_1}=-20\lg\frac{K_P T_i}{K_A T_i}$$

解得
$$K_{pi}=\frac{K_A}{K}\frac{\omega_{c2}}{\omega_1}=\frac{39\times40}{95.6\times18.6}\approx0.877$$

从而可得
$$T_i=\frac{0.0533}{0.877}\text{ s}\approx0.0608\text{ s}$$

以及
$$K_A T_i=39\times0.0608\text{ s}\approx2.37\text{ s}$$

则校正装置的传递函数为

$$G_c(s)=\frac{0.0533s+1}{2.37s}$$

校正后的系统开环传递函数为

$$G(s)=G_c(s)G_o(s)=\frac{95.6}{2.37s(0.0243s+1)(0.001s+1)}\approx\frac{40.34}{s(0.0243s+1)(0.001s+1)}$$

校正装置 PI 调节器及校正后系统的 Bode 图如图 C-4 所示(分别为虚线和实线)，校正后系统的相角裕度为

$$\gamma=180°-90°-\arctan0.0243\omega_{c2}-\arctan0.001\omega_{c2}=43.5°$$

可见，采用 PI 调节器校正后，提高了系统的相对稳定性，并且，由于校正装置引入了一个积分环节，使原来的 0 型系统变为 Ⅰ 型系统，因此校正后的系统可以对阶跃输入信号无静差跟踪，提高了系统的稳态精度。然而，系统的剪切频率从校正前的 $\omega_{c1}=271.7\ \text{rad}\cdot\text{s}^{-1}$，降到了校正后的 $\omega_{c2}=40\ \text{rad}\cdot\text{s}^{-1}$，系统的快速性大大降低了，因此，该方案是一

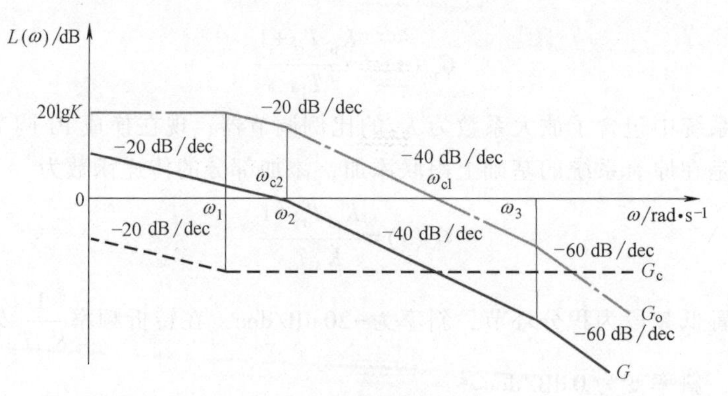

图 C-4 实例分析 Bode 图

个偏于稳定的方案。

除上述校正方案外，还可以采用其他校正方案，比如采用 PID 调节器，在保证上述方案中稳定性和稳态性能的同时，还可以使系统具有一定的快速性，当然，PID 调节器参数的求取相对较为麻烦。

另外，在实际系统中，除了采用校正方案外，还可以采用其他一些措施。比如提高电力电子转换电路中的 PWM 开关频率，其惯性时间常数 τ_s 减小，根据稳定性判别条件式(C-16)，保证系统稳定的开环放大倍数会相应地增大。

需要说明的是，本实例主要是为说明系统稳态性能与动态稳定性间的关系，以及如何采用校正装置使系统满足要求。在实例中，所给出的 PWM 开关频率为 1 kHz，远低于目前实际应用的电力电子器件所允许的开关频率，比如在调速驱动器中 IGBT 正常工作频率为几万赫兹。

目前，工业中应用的直流调速系统，其控制单元、放大单元、电力电子功率转换单元，以及相关的检测单元、保护报警单元等一般都集成在直流驱动器中，转速反馈单元常采用旋转编码器。图 C-5 所示为某型材辊压生产线及其直流驱动器，该生产线是生产某品牌汽车门框的板带辊压成型生产线，由一台11 kW的直流电动机拖动，采用的直流驱动器为欧陆 590+系列直流数字式调速器。

a)

b)

图 C-5 某直流电动机驱动的型材辊压生产线及其直流驱动器

a) 型材辊压生产线 b) 直流驱动器

习题参考答案

习题的详细解答，见本书配套的微信公众教学资源，微信扫描二维码即可打开，二维码在封底勒口，即封底折页处。

第 1 章

1-1　1）由给定元件、反馈元件、比较元件、放大元件、控制对象、校正元件六部分组成。

2）反馈是指输出通过适当的检测装置将信号全部或一部分返回输入端，使之与输入进行比较。反馈控制的原理是“检测偏差用以纠正偏差”。

3）开环控制系统：结构简单、成本较低，一般不存在稳定性问题，但系统抗干扰能力差。

闭环控制系统：控制精度高、成本较高，抗干扰能力强，但系统结构复杂，容易引起振荡，使系统不稳定。

4）同一系统稳、快、准是相互制约的。快速性好，可能会有强烈振荡；改善稳定性，控制过程又可能过于迟缓，精度也可能变坏。

5）分析问题主要是研究当系统和输入已知时，如何求出系统的输出，并通过输出来研究系统本身的问题，即分析系统的稳定性、快速性和准确性。综合问题主要是研究确定出合适的控制规律，使系统输出符合给定的要求，或在某种程度上满足最佳性能指标。

1-2　1）稳定性、快速性、准确性

2）开环控制系统、闭环控制系统

第 2 章

2-1　1）系统的数学模型是指描述系统的数学表示。本书涉及的控制系统的数学模型有微分方程、传递函数、框图等。

2）拉普拉斯变换可将微分方程变换为代数方程、传递函数，数学处理简化。拉普拉斯反变换可由拉普拉斯变换后的象函数求原来的时间函数，如求取时间响应。

3)线性定常系统的传递函数的定义是：零初始条件下输出的拉普拉斯变换与输入的拉普拉斯变换之比。否。

4）传递函数分母多项式中 s 的最高阶数代表了系统的阶次。当系统的阶次为 n 时，则称该系统为 n 阶系统。

5）框图等效变换方法和梅逊公式方法。

2-2　1）$\dfrac{45}{s(s^2+9)}$　2）$\dfrac{s^2+3s+4}{(s+1)^3}$　3）$\dfrac{10}{(s+0.5)^2+100}$　4）$\dfrac{e^{-\pi s}+1}{1+s^2}$

2-3　1）$e^{-2t}-2e^{-3t}$　2）$c(t)=t-T+Te^{-\frac{1}{T}t}$　3）$-2e^{-2t}+2e^{-t}-te^{-t}$

4）$\cos 3t+\frac{1}{3}\sin 3t$　5）$c(t)=1-\frac{2e^{-t}}{\sqrt{3}}\sin\left(\sqrt{3}t+\frac{\pi}{3}\right)$　6）$e^{t}\cos 2t+0.5e^{t}\sin 2t$

2-4　1）0　2）0

2-5　$p=-\frac{2}{3}$　$z=-\frac{3}{2}$　$c(0)=\frac{2}{3}$　$c(\infty)=\frac{3}{2}$

2-6　由比例环节、一阶微分环节、二阶微分环节、延时环节、积分环节(2个)和惯性环节(3个)组成：

$$G(s)=\frac{20}{9}(s+1)\left(\frac{1}{2}s^2+s+1\right)e^{-2s}\frac{1}{s}\frac{1}{s}\frac{1}{2s+1}\frac{1}{\frac{2}{3}s+1}\frac{1}{\frac{2}{3}s+1}$$

2-7　a）$\frac{(R_1C_1s+1)(R_2C_2s+1)}{R_1R_2C_1C_2s^2+(R_1C_1+R_1C_2+R_2C_2)s+1}$　b）$\frac{Ls+R_2}{R_1CLs^2+(R_1R_2C+L)s+R_1+R_2}$

c）$\frac{R_1R_2C_1C_2s^2+(R_1C_1+R_2C_1)s+1}{R_1R_2C_1C_2s^2+(R_1C_1+R_2C_1+R_1C_2)s+1}$

2-8　a）$-\frac{R_2}{R_1R_2Cs+R_1}$　b）$-\frac{R_2R_3R_4C_1C_2s^2+[R_4C_2(R_2+R_3)+R_2R_3(C_1+C_2)]s+R_2+R_3}{R_1(R_2C_1s+1)(R_4C_2s+1)}$

2-9　$\frac{X_o(s)}{X_i(s)}=\frac{fk_2s+k_1k_2}{m_1m_2s^4+(m_1+m_2)fs^3+(m_1k_1+m_1k_2+m_2k_1)s^2+fk_2s+k_1k_2}$

$\frac{F_2(s)}{X_i(s)}=\frac{2k_2[m_1m_2s^4+(m_1+m_2)fs^3+(m_1k_1+m_2k_1)s^2]}{m_1m_2s^4+(m_1+m_2)fs^3+(m_1k_1+m_1k_2+m_2k_1)s^2+fk_2s+k_1k_2}$

2-10　$m_0\ddot{x}_0+f_0\dot{x}_0+k_0x_0=p_LA$　$m_1\ddot{x}_1=F_w-p_LA$　$m_2\ddot{x}_2-f_1\dot{x}_2-k_1x_2=-F_w$　$h=x_1-x_2$

2-11　a）$\frac{k_1+f_1s}{(f_1+f_2)s+k_1+k_2}$　b）$\frac{f_1f_2s^2+(f_1k_2+f_2k_1)s+k_1k_2}{f_1f_2s^2+(f_2k_2+f_1k_2+f_2k_1)s+k_1k_2}$

2-12　a）$\frac{G_1G_2G_3+G_1G_4}{1+G_1G_2H_1+G_2G_3H_2+G_4H_2+G_1G_2G_3+G_1G_4}$　b）$\frac{G_2-H_1G_1G_3+G_1G_2+G_1G_3}{1+G_1H_1+G_1G_2H_2+G_1G_3H_2}$

c）$\frac{G_1G_2G_3}{1+G_2H_1-G_1G_2H_1+G_2G_3H_2}-G_4$　d）$\frac{G_1G_2+G_3G_2}{1+G_2H_2+G_1G_2H_1}$

e）$\frac{G_1+G_2}{1+G_1H+G_2H+G_1G_2}$

2-13　a）$\frac{1+G_1G_2H_1+G_2G_3H_2+G_4H_2}{1+G_1G_2H_1+G_2G_3H_2+G_4H_2+G_1G_2G_3+G_1G_4}$

b）$\frac{1+G_1H_1-G_2H_2+H_1G_1G_3H_2}{1+G_1H_1+G_1G_2H_2+G_1G_3H_2}$

第3章

3-1　1）$c(t)=c_t(t)+c_{ss}(t)$，对于一个稳定系统，其瞬态响应满足$\lim_{t\to\infty}c_t(t)=0$。

2）稳和快　准

3）是

4）系统特征根 s_i 全部在左半 s 平面，即 $\mathrm{Re}(s_i)<0$

5）否

6）系统类型决定了系统跟踪阶跃、斜坡、加速度信号的能力，决定了系统的稳态误差是零、有限值还是无穷大，利于指导系统分析与设计；静态误差系数 K_p、K_v、K_a 的大小反映了限制或消除位置、速度、加速度误差的能力。

3-2　1）$t_r=40.9\ \mathrm{s}$　2）$e(\infty)=1.86\ ℃$

3-3　1）$G(s)H(s)=\dfrac{25}{4s(s+4)}$　2 阶　Ⅰ型

2）$\dfrac{C(s)}{R(s)}=\dfrac{125}{4s^2+16s+25}$　5　无闭环零点　$p_{1,2}=-2\pm\dfrac{3}{2}\mathrm{j}$

3）$\sigma_p\%=1.52\%$　$t_r=1.66\ \mathrm{s}$　$t_p=2.09\ \mathrm{s}$　$t_s\approx 2\ \mathrm{s}$（$\Delta=2\%$）

4）$c(\infty)=10$　$c_{max}=10.15$

5）$e_{ss}=\infty$

3-4　$k=166.7\ \mathrm{N/m}$　$m=135.3\ \mathrm{kg}$　$f=98.8\ \mathrm{N\cdot s/m}$

3-5　1）$\dfrac{\mathrm{d}c(t)}{\mathrm{d}t}=\dfrac{8}{3}\mathrm{e}^{-2t}-\dfrac{8}{3}\mathrm{e}^{-8t}$　2）$K=1.6$　$T=0.1$

3-6　1）$0<a<8$　2）$a=8$　$\omega=4\ \mathrm{rad\cdot s^{-1}}$　3）$1.2<a<3$

3-7　$K=25$　$\tau=0.16$

3-8　1）$0<K_1\leqslant 42$　2）$32<K_1<252$　3）$K_1=70.64$

第 4 章

4-1　1）物理意义：在正弦输入信号的作用下，线性定常系统达到稳态后的输出信号为同频率的正弦信号，且稳态输出量与输入量的幅值比 $A(\omega)$ 和相位差 $\varphi(\omega)$ 均为频率 ω 的函数。

频率特性 $G(\mathrm{j}\omega)$ 是系统的固有特性，而频率响应是指系统对正弦输入信号的稳态响应。是。

2）频率特性可描述为实部虚部形式 $G(\mathrm{j}\omega)=U(\omega)+\mathrm{j}V(\omega)$，$U(\omega)=\mathrm{Re}[G(\mathrm{j}\omega)]$ 称为实频特性；$V(\omega)=\mathrm{Im}[G(\mathrm{j}\omega)]$ 称为虚频特性。$G(\mathrm{j}\omega)$ 又可描述为幅值相角形式 $G(\mathrm{j}\omega)=A(\omega)\mathrm{e}^{\mathrm{j}\varphi(\omega)}$，$A(\omega)=|G(\mathrm{j}\omega)|$ 称为幅频特性；$\varphi(\omega)=\angle G(\mathrm{j}\omega)$ 称为相频特性。

3）Bode 图绘制更方便，能够直观地描述系统的稳态输出随频率变化的规律。横轴上的频率 0 为理论值，若 $\omega=0$，则不存在频率特性。

4）右半 s 平面没有零点和极点且不含延时环节的传递函数，称为最小相位传递函数。该传递函数所描述的系统，称为最小相位系统。反之，称之为非最小相位系统。最小相位系统起动性能好、响应快。不一定。

5）谐振现象在不同的系统中物理意义不同。在 *RLC* 电路中，若频率为谐振值，则电路中的电流与电压同相。系统的带宽：$0\leqslant\omega_{BW}\leqslant\omega_b$。

6）谐振峰值 M_r、谐振频率 ω_r、剪切率 ω_c 等。

7）奈氏判据和对数判据是利用系统开环传递函数来判别闭环系统稳定性的几何判据。而劳斯稳定判据是以闭环系统特征方程式的系数来判断闭环系统稳定性的代数判据。

8）相角裕度 γ 和幅值裕度 K_g

9）不一定

10）是

4-2 1）$A_1(\omega)=\dfrac{5}{\sqrt{(T\omega)^2+1}}$ $\varphi_1(\omega)=-\arctan T\omega$

$U_1(\omega)=\dfrac{5}{(T\omega)^2+1}$ $V_1(\omega)=\dfrac{-5T\omega}{(T\omega)^2+1}$

2）$A_2(\mathrm{j}\omega)=\dfrac{1}{\omega\sqrt{(0.1\omega)^2+1}}$ $\varphi_2(\omega)=-90°-\arctan 0.1\omega$

$U_2(\omega)=\dfrac{-0.1\omega}{\omega[(0.1\omega)^2+1]}$ $V_2(\omega)=\dfrac{-1}{\omega[(0.1\omega)^2+1]}$

4-3 1）$A_1=\dfrac{1}{2}$ $\varphi_1=-90°$

2）$A_2=\dfrac{\sqrt{5}}{100}$ $\varphi_2=-90°-\arctan 2$

4-4 $c_{ss}(t)=\dfrac{9\sqrt{2}}{4}\cos(2t-75°)$ $e_{ss}(t)=r(t)-c_{ss}(t)$

4-5 $G(s)=\dfrac{5}{0.25s+1}$ $\omega_b=4\ \mathrm{rad\cdot s^{-1}}$

4-6 对数幅频渐近线如下：

1）

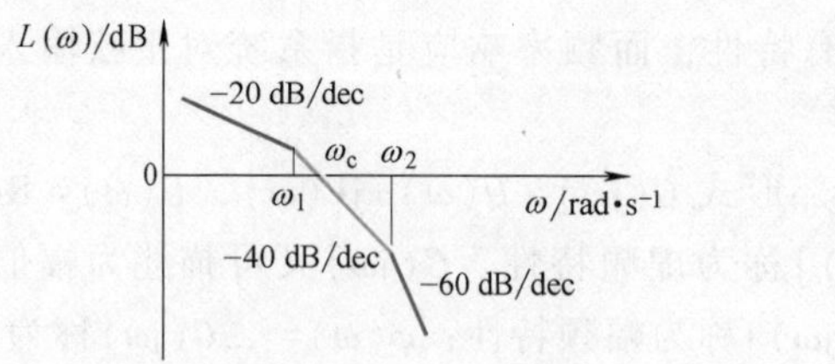

2）

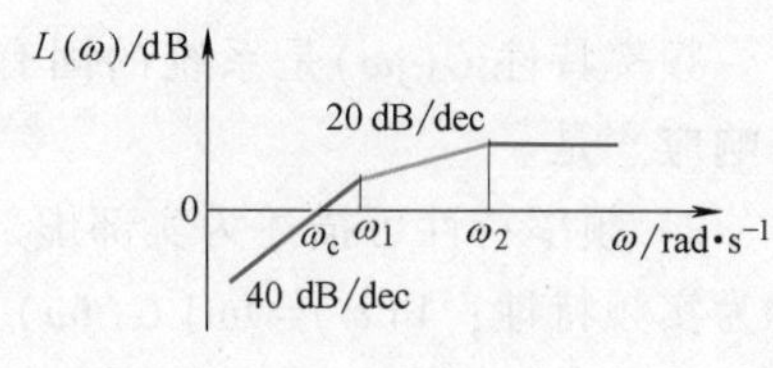

3）

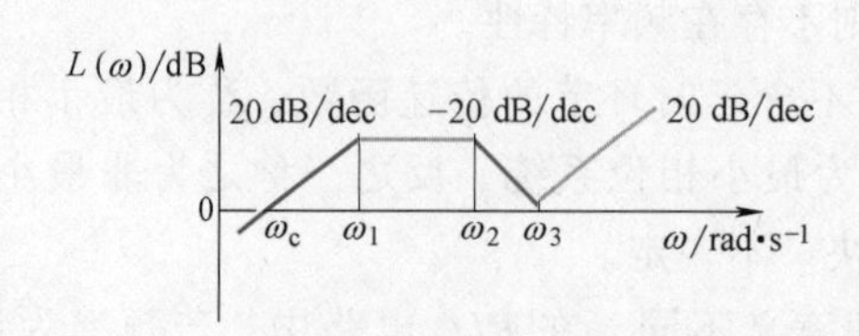

4）

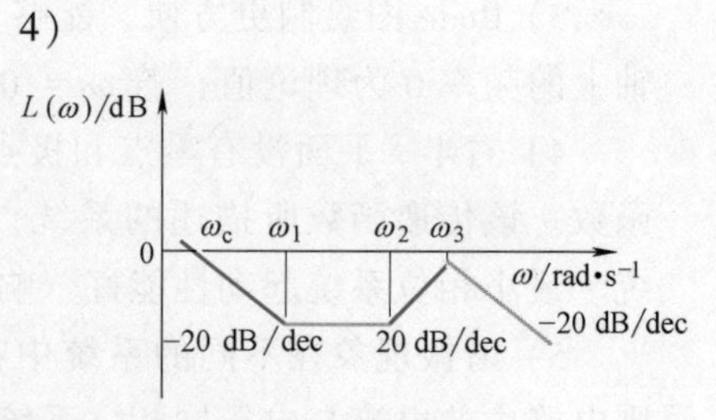

4-7 a）稳定 b）不稳定 c）稳定 d）不稳定

4-8 a）不稳定 b）稳定

4-9 $\zeta=0.5$ $\omega_n=31.66\ \text{rad}\cdot\text{s}^{-1}$ $M_r=1.15$ $\omega_r=22.39\ \text{rad}\cdot\text{s}^{-1}$

4-10 1）$\omega_g=10\ \text{rad}\cdot\text{s}^{-1}$ $K_g(\text{dB})=28\ \text{dB}$ $\omega_c=1\ \text{rad}\cdot\text{s}^{-1}$ $\gamma=76°$ 2）$K=2.5$

4-11 a）、b）、c）$K=10^{\frac{L}{20}}$ d）$K=\omega_c$ e）$K=\omega_c^2$ f）$K=\dfrac{\omega_c^2}{\omega_1}$

g）$K=\dfrac{\omega_c^3}{\omega_1\omega_2}$ h）$K=\dfrac{\omega_c\omega_2}{\omega_1}$

4-12 a）$G(s)=\dfrac{4(2s+1)}{s(0.2s+1)(0.1s+1)}$ b）$G(s)=\dfrac{16s}{(2s+1)(0.2s+1)(0.1s+1)}$

c）$G(s)=\dfrac{10(s^2+16s+6400)}{256(s^2+2s+25)}$ d）$G(s)=\dfrac{0.25s^2}{(0.2s+1)(0.05s+1)}$

e）$G(s)=\dfrac{0.25(4s+1)}{s^2(0.25s+1)}$ f）$G(s)=\dfrac{0.25(4s+1)}{s^2(0.25s+1)}$

g）$G(s)=\dfrac{10\sqrt{10}s}{(100s+1)(10s+1)}$ h）$G(s)=\dfrac{0.25(4s+1)}{s^2(0.25s+1)}$

第5章

5-1 1）控制系统综合与校正的实质就是通过加入校正装置的零、极点，来改变整个系统的零、极点分布，从而改变系统的频率特性或根轨迹，使系统频率特性的低、中、高频段满足希望的性能或使系统的根轨迹穿越希望的闭环主导极点，从而使系统满足希望的动、静态性能指标要求。在系统校正中，常用的性能指标有，①动态性能指标，分时域性能指标和频域性能指标，时域性能指标：调整时间、上升时间、超调量等；频域性能指标：开环系统有相角裕度、剪切频率、幅值裕度，闭环系统有谐振峰值、截止频率和谐振频率等。②静态性能指标：系统的稳态误差或开环放大倍数 K。

2）无源校正装置线路简单、组合方便、无需外供电源，但本身没有增益，只有衰减，且输入阻抗较低、输出阻抗较高；有源校正装置是由运算放大器和无源网络组成，其本身有增益，且输入阻抗高，输出阻抗低，需要另外供给电源。

在实现校正时，为达到理想的校正效果，无源校正需要满足其输入阻抗为零，输出阻抗无限大的条件，否则难以实现预期的效果，并且无源校正装置都有衰减性；而有源校正则能够达到较理想的校正效果。

3）PID 调节器传递函数的一般形式为

$$G_c(s)=K_p\left(1+\frac{1}{T_is}+T_ds\right)=K_p+\frac{K_i}{s}+K_ds$$

式中，K_p 为比例增益系数；T_i 为积分时间常数；T_d 为微分时间常数；$K_i=K_p/T_i$，$K_d=K_pT_d$ 分别为调节器的积分增益系数和微分增益系数。

P 的作用是使被控量朝着减小偏差的方向变化；I 的作用是为了消除系统的稳态

误差，同时还可以增强系统抗高频干扰能力；D 的作用是能够预见误差的变化趋势，可在误差信号出现之前就起到修正误差的作用。

4）欲将Ⅰ型系统经校正后改为Ⅱ型系统，应采用PI校正。

5）相位超前校正装置可产生超前相角，从而减小系统开环频率特性在剪切频率处的相角滞后，增加系统相角裕度，改善系统的动态品质。

6）当系统的动态品质满足要求且快速性要求不高，而稳定性和稳态精度较差的情况下，可以考虑加串联相位滞后校正以提高系统的稳定程度。

7）可根据扰动的性质，采用带有积分作用的串联校正或复合校正。

8）假设原系统固有部分中不希望的环节传递函数为 $G_2(s)$，加上局部反馈校正环节 $H_2(s)$ 后，$G_2(s)$ 与 $H_2(s)$ 组成的内环稳定，校正后的传递函数为 $\dfrac{Y(\mathrm{j}\omega)}{X(\mathrm{j}\omega)}=\dfrac{G_2(\mathrm{j}\omega)}{1+G_2(\mathrm{j}\omega)H_2(\mathrm{j}\omega)}$。若 $|G_2(\mathrm{j}\omega)H_2(\mathrm{j}\omega)|\gg1$，则有 $\dfrac{Y(\mathrm{j}\omega)}{X(\mathrm{j}\omega)}\approx\dfrac{1}{H_2(\mathrm{j}\omega)}$，这样，局部反馈系统的特性可近似地由反馈通道传递函数的倒数来描述。因此局部反馈补偿可将一个希望的环节代替系统固有部分中不希望的环节。

5-2　a）$\dfrac{U_o(s)}{U_i(s)}=\dfrac{1}{RCs+1}$　　b）$\dfrac{U_o(s)}{U_i(s)}=\dfrac{RCs}{RCs+1}$

5-3　a）相位滞后校正。作用是提高了系统低频响应的增益，减小系统的稳态误差，同时基本保持系统的瞬态性能不变，并且滞后校正装置带有低通滤波作用。

b）相位超前校正。作用是使校正后的系统开环频率特性在剪切频率处的相角增大，增加系统的相角裕度，从而提高系统的稳定性，改善系统的动态品质。

5-4　$G_c(s)=\dfrac{(2s+1)}{(0.25s+1)}$。串联相位超前校正。其作用：可以补偿原有系统的相角滞后，以增加系统的相角裕度，从而提高系统的稳定性，改善系统的动态品质。

5-5　1）选a。欲使稳态误差不变，超调量减小，动态响应速度加快，应选用相位超前校正装置，原系统的剪切频率 $\omega_c=30.84\ \mathrm{rad\cdot s^{-1}}$，故选a。校正后系统的相角裕度 $\gamma=33.48°$。

2）选d。欲减小系统稳态误差，应选用相位滞后校正，并且要保持超调量和动态响应速度不变，故选d。校正后系统的稳态误差减小到原来的1/5。

5-6　$K_p=43.8$　$K_i=400$　$K_d=2.18$

5-7　$K_1=2.948$　$G_n(s)=-s(s+K_1K_f)=-s(s+1.389)$　$G_e(s)=K_fs=0.471s$

5-8　1）串联相位滞后-超前校正　$G_c(s)=\dfrac{(s+1)^2}{(10s+1)(0.1s+1)}$

2）$0<K<110$

3）$\gamma=27.22°$　$K_g(\mathrm{dB})=25.6\ \mathrm{dB}$

参考文献

[1] 孔祥东，王益群．控制工程基础[M]．3版．北京：机械工业出版社，2008.

[2] 李培根．工科何以而新[J]．高等工程教育研究，2017(4)：1-4.

[3] 王益群，孔祥东．控制工程基础[M]．2版．北京：机械工业出版社，2000.

[4] 王益群，阳含和．控制工程基础[M]．北京：机械工业出版社，1989.

[5] 杨叔子，杨克冲，吴波，等．机械工程控制基础[M]．6版．武汉：华中科技大学出版社，2011.

[6] 夏德钤，翁贻方．自动控制理论[M]．4版．北京：机械工业出版社，2012.

[7] 胡寿松．自动控制原理[M]．6版．北京：科学出版社，2013.

[8] 艾超，陈立娟，孔祥东，等．控制工程基础课程教学模式的改革与实践[J]．教学研究，2015，38(4)：94-97.

[9] 王洪斌，魏立新，张秀玲，等．自动控制理论学习指导[M]．大连：大连理工大学出版社，2004.

[10] 邹伯敏．自动控制理论[M]．2版．北京：机械工业出版社，2002.

[11] 董景新，赵长德，熊沈蜀，等．控制工程基础[M]．2版．北京：清华大学出版社，2003.

[12] 吴忠强，张秀玲，刘志新，等．自动控制原理[M]．北京：国防工业出版社，2004.

[13] 王诗宓，杜继宏，窦曰轩．自动控制理论例题习题集[M]．北京：清华大学出版社，2002.

[14] 王敏，秦肖臻．自动控制原理[M]．2版．北京：化学工业出版社，2008.

[15] ÄSTÖM K J，MURRAY R M．自动控制：多学科视角[M]．尹华杰，译．北京：人民邮电出版社，2010.

[16] DROF R C，BISHOP R H．现代控制理论[M]．12版．北京：电子工业出版社，2009.

[17] 万百五．自动化(专业)概论[M]．3版．武汉：武汉理工大学出版社，2010.

[18] 王积伟，吴振顺．控制工程基础[M]．北京：高等教育出版社，2001.

[19] 杨位钦，谢锡祺．自动控制理论基础[M]．北京：北京理工大学出版社，1991.

[20] 戴忠达．自动控制理论基础[M]．北京：清华大学出版社，1991.

[21] KUO B C. Automatic Control Systems[M]. 8th Ed. New Jersey：Prentice-Hall，Inc.，2002.

[22] DORSEY J. Continuous and Discrete Control Systems[M]．北京：电子工业出版社，2002.

[23] NISE，N S. Control Systems Engineering[M]. 3rd Ed. New York（USA）：John Wiley & Sons，Inc.，2000.

[24] 李友善．自动控制原理[M]．北京：国防工业出版社，1980.

[25] 刘豹，唐万生．现代控制理论[M]．3版．北京：机械工业出版社，2006.

[26] 郑大钟．线性系统理论[M]．北京：清华大学出版社，1990.

[27] 于长官．现代控制理论[M]．哈尔滨：哈尔滨工业大学出版社，1997.

[28] 孔祥东，骆洪亮，权凌霄，等．0.6MN自由锻造液压机力闭环控制系统性能分析[J]．中国机械工程，2015，26(22)：3087-3096.

[29] 张伟，王益群．冷连轧机动态过程特性的建模与仿真[J]．工程设计学报，2002，9(5)：271-274.

[30] 薛定宇．控制系统计算机辅助设计——MATLAB语言与应用[M]．2版．北京：清华大学出版社，2006.

[31] 张晓华．控制系统数字仿真与CAD[M]．北京：机械工业出版社，1999.

[32] 楼顺天，于卫．基于MATLAB的系统分析与设计——控制系统[M]．西安：西安电子科技大学出版社，2000.

[33] 阮毅，陈伯时. 电力拖动自动控制系统——运动控制系统[M]. 4版. 北京：机械工业出版社，2010.

[34] 陈伯时. 电力拖动自动控制系统——运动控制系统[M]. 3版. 北京：机械工业出版社，2003.

[35] 国家制造强国建设战略咨询委员会，中国工程院战略咨询中心. 智能制造[M]. 北京：电子工业出版社，2016.

[36] 艾超. 液压型风力发电机组转速控制和功率控制研究[D]. 秦皇岛：燕山大学，2012.